經營管理概論

全華圖書股份有限公司

作者序

萬能科技大學觀光餐旅暨管理學院，整併了觀光休閒事業管理、餐飲管理、旅館管理、航空暨運輸服務管理、企業管理管理系暨經營管理研究所、行銷與流通管理及資訊管理系（所）等共七個系所，本學院橫跨不同專業領域，加上全院學生超過五千人，在教學內容設計上也希望能有更完善的思考方向。

本院爲整併七項專業領域，且在教學內容設計上仍完全尊重各專業領域之授課需求，本書的編寫係由企管系、資管系與行銷系三位教師共同參與，再次修訂版的部份更得到觀光餐旅暨管理學院呂堂榮副院長及陳佩君執行秘書的協助，也使得本書的內容更臻完備。

本書再版修訂前參考歷屆同學的反饋及過去教學進度規劃，修正爲七章的編排更能符合莘莘學子們的需求，內容分別爲：企業管理、生產管理、行銷管理、人力資源管理、財務管理、資訊管理與策略管理等七個章節。

爲了使學生在接觸專業課程時能與日常生活接軌，本書的編排除了理論的講述外，均於各章之首末加入生活性之實務案例，並配合管理新知的演進調整案例與講述內容，期使本書能符合理論、實務與管理趨勢並重的特性。再者，本書於各章節內容之後附上各種型式的練習題，可以提供學生自我檢視學習成果，針對教師用本書部份，則附上各章摘錄重點之教學投影片，可以提供授課教師更易於規劃教學活動。

本書的撰寫與設計，係考量一學期2學分或3學分的經營管理基礎課程爲目標，考量教學進度與學習成效，各章內容均以30-40頁爲原則，期能使師生在適當的課程配置下，進行課程的講授與學習。

本書的修訂過程係由觀光餐旅暨管理學院商管群教師共同討論，從初版使用師生的意見回饋、各章節內容的重新調整、管理實務案例的蒐集等，過程中充滿著不同的折衝、討論、協商與無數的意見溝通，但也體現了經營管理的最高境界——團隊合作效能的展現，因爲編輯團隊與協力伙伴的包容及戮力協助，使得本書的編修得以順利付梓。

本書的編修，是希望藉由定期編修內容檢視最新的管理趨勢及實務案例，而修訂的成果，則是期待能讓師生能有更好的教學與聽課體驗，讓管理專業課程的講授能更符技職教學的師生需求。

本書援引資料較多，雖在編排寫作上力求周延且經多次校稿與改寫，難免仍有疏漏謬誤之處，尚祈讀者不吝給予指正，以提供日後編修改進。

萬能科技大學觀光餐旅暨管理學院編輯群

周勝武、柯淑姮、蔡秦興 謹誌

目錄

01 企業管理

▸1-1 企業與管理導論 1-4
▸1-2 企業功能 1-9
▸1-3 管理功能 1-13
▸1-4 企業的創立 1-17
▸1-5 企業的組織形式 1-20
▸1-6 管理的演進 1-21
▸1-7 管理者的角色 1-32
▸1-8 企業環境與全球化競爭 1-35
▸個案討論 食安也需進行管理 1-42

02 生產管理

▸2-1 生產管理與企業的關係 2-5
▸2-2 生產管理的發展歷程 2-12
▸2-3 生產與生產管理的定義 2-17
▸2-4 生產策略與製程設計 2-18
▸2-5 豐田式生產管理 2-25
▸個案討論 家具霸主IKEA低價又高品質的秘密 2-30

03 行銷管理

▸3-1 行銷概要 3-4
▸3-2 行銷環境與市場區隔 3-7
▸3-3 行銷策略規劃 3-15
▸3-4 行銷4P理論 3-19

▸3-5 行銷發展與趨勢 3-35
▸個案討論 大數據行銷 3-44

04 人力資源管理

▸4-1 人力資源管理的意義與重要性 4-5
▸4-2 工作分析與人力資源規劃 4-6
▸4-3 招募 4-12
▸4-4 甄選 4-15
▸4-5 訓練與發展 4-18
▸4-6 績效評估 4-22
▸4-7 薪酬與福利 4-25
▸個案討論 臺灣最缺這三類人才，外商人資公司總座分析背後原因 4-27

05 財務管理

▸5-1 財務管理的內容與功能 5-4
▸5-2 企業的財務管理決策 5-13
▸個案討論 麥當勞與星巴克營收 5-24

06 資訊管理

▸6-1 資訊管理與組織競爭優勢 6-4
▸6-2 當代企業所使用的資訊系統 6-11
▸6-3 電子商務 6-17
▸6-4 雲端運算與物聯網 6-30
▸個案討論 ATM提款機遭駭，被盜領千萬 6-38

07 策略管理

▸7-1 策略管理的意義與重要性 7-5

▸7-2 策略分析工具 7-11

▸7-3 經營管理策略的層級 7-28

▸7-4 策略的規劃、執行與控制 7-42

▸個案討論 全聯福利中心的成功策略 7-52

A 參考文獻 A-1

B 索引表 B-1

01 企業管理

學習目標

本課程主要針對管理之基本概念進行介紹，並探討其歷史演進及企業經營時所面臨的環境，培養學生應具備之管理技巧及建構正確觀念。學習的目標將涵蓋以下幾個重點：

1. 企業功能：生產、行銷、人力資源、研發、財務、資訊、策略等功能面。
2. 管理功能：規劃、組織、協調、領導、控制等功能面。
3. 企業的創立與組織形式
4. 管理的演進與管理者的角色
5. 企業環境與全球化競爭

成功企業的共同特質－統一企業

統一企業股份有限公司（簡稱：統一企業、統一集團）創立於1967年8月25日，是中華民國經營最成功的企業集團之一，在臺灣可為家喻戶曉，甚至名揚四海，其創辦人是高清愿先生。統一企業集團之主要業務為與食品相關之製造加工及銷售，並跨入零售、物流、貿易、投資、建設等領域。其擁有之國際品牌的經營權包括：例如7-Eleven（菲律賓和上海，臺灣7-Eleven是美國7-Eleven授權永久經營）、星巴克（臺灣以及中國大陸部分地區）、Mister Donut（統一多拿滋）、Duskin（樂清服務）、酷聖石冰淇淋（Cold stone）等。此外，統一也自行創設品牌包括：統一夢時代購物中心：統一時代百貨、康是美藥妝店、速邁樂加油中心、二十一世紀風味館、統一速邁自販（自動販賣機）、博客來網路書店、統一渡假村、伊士邦健身俱樂部、統一速達（即黑貓宅急便）等。

2003年至2013年，統一企業總裁由林蒼生先生擔任，他曾撰文說明企業經營就是一項沒有終點的馬拉松競賽，是一場優勝劣敗的無情淘汰賽。任何成功絕對不是偶然，總有其背後努力的足跡，即使在一片不景氣聲中，卻依然存在「賺錢」與不斷成長的企業。顯然一個成功的企業總有其共同的特質，大家都知道「愛拚才會贏」，現在不妨改成「拚對了，才會贏」，因為完全掌握到成功的要訣，才能在競爭的激流中穩操勝券、脫穎而出。並以統一企業為例，強調成功企業的共同特質包括：

(1) 顧客滿意是起點。

(2) 經營世紀霸業需國際化、多角化。

(3) 凝聚企業向心力。

(4) 人才是最寶貴的資產。

(5) 具備回饋社會的企業倫理。

(6) 全方位品質管理。

(7) 再造工程、脫胎換骨。

林總裁分享了許多管理和經營上的觀念，並提及企業在即將邁向二十一世紀的關鍵時刻，面臨許多極具挑戰性的契機，在這個富戰略性的時代，如何運用最佳的經營理念與管理策略，使企業能如虎添翼般的贏得競爭優勢，是企業界共同深思的課題。

引言

全球經濟環境的變遷與發展趨勢，牽動我國產業未來發展方向。在企業經營環境快速的轉變中，企業管理人才之需求也日益殷切。企業管理人才是企業的核心人才，其為戰勝不景氣的關鍵，亦是能否延續榮景與永續經營的基石。若說科技人才的質與量是國家競爭力的源頭，那麼企業管理人才便是維繫臺灣產業經濟發展命脈的推手。管理的能力，決定企業的成敗。要培養企業管理人才，就須從瞭解企業管理做起。

1-1 企業與管理導論

企業管理（Business Management）一詞是由「企業」（Business）與「管理」（Management）二者合組而成，因此要了解企業管理，最好從「企業」與「管理」兩個角度出發，才能更深入企業管理的核心內涵。

1-1-1 何謂企業？

企業（Business or Enterprise），也被稱爲機構（Agency）或公司（Firm），它是人類爲謀生存與追求美好生活而形成的一種組織；同時也是每個國家社會經濟活動的重心。其中所謂的組織（Organization）是指一群人爲實現一定的目標而有意識地互相聯繫而成的團體。

企業之所以重要，乃是因爲其在經濟體系中，除了能夠爲員工提供就業的機會與爲雇主獲取利潤之外，也能整合各種不同的資源，創造出更具價値的商品與服務。因此，企業是社會經濟體系中相當重要的機制，亦是一個國家稅收與競爭力的來源。

企業廣布於資本主義之經濟體系中，大多爲私人擁有。多個私人企業可共同組成社團法人，或成爲合作夥伴。若依存在目的區分，企業可分爲以營利爲目的與非以營利爲目的兩種類型（如圖1-1所示）。一般若無特別指明是非營利目的的團體（如大學、寺廟、基金會等法人團體），往往指的是營利組織，而這也是本章所要探討的對象。企業的定義方式有很多，例如：

1. 從事商業、工業或其他專業活動的實體組織。
2. 提供必需的商品和服務，以滿足經濟系統的營利性組織。
3. 從事生產、流通與服務等經濟活動的營利性組織。
4. 應用資本賺取利潤的經濟組織實體。

■ 圖1-1　營利與非營利組織代表圖示

圖片來源：臺灣中油官網、臺灣黑熊保育協會官網

綜合上述，我們可以說：企業是提供消費者商品或服務以換取金錢的實體組織；或可簡單將之定義爲：企業是一個提供商品或服務來賺取利潤的組織。這裡的商品指的是透過製造程序而產出的實體產品；相對應的，服務則是一種無形的產出，爲履行某項任務或完成某種勞務。其特點是，服務結束後不會有實體物品留下來提供效用或滿足客戶。企業是經由眾人智慧及共同努力，加以結合擁有的各項資源（如資本、土地、勞力、技術等等），努力追求最大利益的組織體。

1-1-2 何謂管理？

管理（Management）是管理者（Manager）將所能取得的資源做有效的運用，爲達成企業組織目標所採行的活動、方法及過程。管理者是在組織內設定目標、提出可行方案，並協調、指揮與領導其他員工完成組織目標，預估工作成果並提出改進方案的人。因此管理也可以說是管理者爲達成組織目標，所從事之一連串「管事理人」的工作。然而管理的知識理論看似簡單，可能短時間即能學會，但是要能精通活用可就沒那麼容易了。管理者必須不斷累積管理知識、經驗與智慧，才能持續改善管理績效，讓管理的功能發揮到極致。

一、描述管理的方式

「管理」無時無刻皆出現在生活周遭，它幾乎可以被應用在任何事物和時間上。因此，描述管理的方式也很多，其包括：

1. 讓人們做事的藝術。
2. 管事的人所做的事。
3. 藉由他人的努力及成就而完成目標。
4. 指在一定的組織或企業內，根據一定的決策、規章進行協調活動，以達到某個明確的目標。
5. 生產的一個要素，與人員、物料、機器設備、財務、及其他資源同等重要。

由上可知，管理並沒有固定的定義。但綜合上述，我們可以說：管理是指管理者運用管理功能，藉由善用組織資源（包括被管理者的技能），有效地達到企業或組織目標的活動過程；或是將一些有用的資源（如人力、資金、技術……），經過一連串的活動（包括規畫、組織、用人、指導、與管制），有效率與有效益地達成既定目標的活動程序。亦或可簡單將之定義爲：管理係爲達成組織目標，所採行的一套有目標、有對象、有方法、有紀律，而且講求效率與效益的重複性活動程序。

二、管理的定義

其細節可進一步描述如下：

1. **組織**：是指一群人按特定的結構集結在一起以便達成共同目標的群體。
2. **有目標**：是指組織所欲達成的成果，可能是提升品質、減少工時、或降低成本。
3. **有方法**：即管理的五大功能－規劃（Planning）、組織（Organizing）、用人（Staffing）、指導（Directing）和控制（Controlling）。
4. **有對象**：是指管理的核心七要素，簡稱七個M，包含企業中的人員（Men）、資金（Money）、方法（Method）、機器設備（Machine）、物料（Material）、市場（Market）及士氣（Morale）等。
5. **有紀律**：是指以法令或領導形式來指導、調整、約束、規範組織成員的行爲準則，用於保障管理活動或程序能正確進行。
6. **效率**：效率（Efficiency）是把事情做對（Do The Thing Right），在於以最節省資源的方式，快速的完成工作，注重過程與方法。
7. **效益**：效益（Effectiveness）是做對的事情（Do The Right Thing)，在於以正確的方法或途徑，達成預定的目標，注重目的與結果。
8. **重複性活動程序**：指的就是計畫（Plan, P）、執行（Do, D）、查核（Check, C）、行動（Action, A）等合成之管理循環過程（如圖1-2所示），簡述如下：

   (1) P：設定目標、擬定計劃、分析現狀、找出問題、訂定影響因素及因應措施（或當有新的行動來的時候）。

   (2) D：整合資源、溝通協調、有效授權，執行因應措施。

   (3) C：追蹤控制、問題分析、查核結果。

(4) A：彙整經驗、訂定標準、將未解決或新問題及提昇期望納入下一循環。

表1-1　管理細節與定義

管理細節	定義
組織	一群人按特定結構集結以達成共同的目標群體。
有目標	組織欲達成的成果，例如：提升品質、減少工時、降低成本。
有方法	管理的五大功能：規劃、組織、用人、指導、控制。
有對象	管理的核心七要素：人員、資金、方法、機器設備、物料、市場、士氣。
有紀律	以法令或領導形式來指導、調整、約束、規範組織成員的行為準則，用於保障管理活動或程序能正確進行。
效率	以最節省資源的方式，快速完成工作，注重過程與方法。
效益	以正確的方法或途徑，達成預定目標，注重目的與結果。
重複性活動程序	計畫（P）、執行（D）、查核（C）、行動（A）等組成之管理循環過程。

表1-2　重覆性活動程序

階段	定義
計畫（P）	設定目標、擬定計劃、分析現狀、找出問題、訂定影響因素及因應措施。
執行（D）	整合資源、溝通協調、有效授權，執行因應措施。
查核（C）	追蹤控制、問題分析、查核結果。
行動（A）	彙整經驗、訂定標準、將問題及期望納入下一循環。

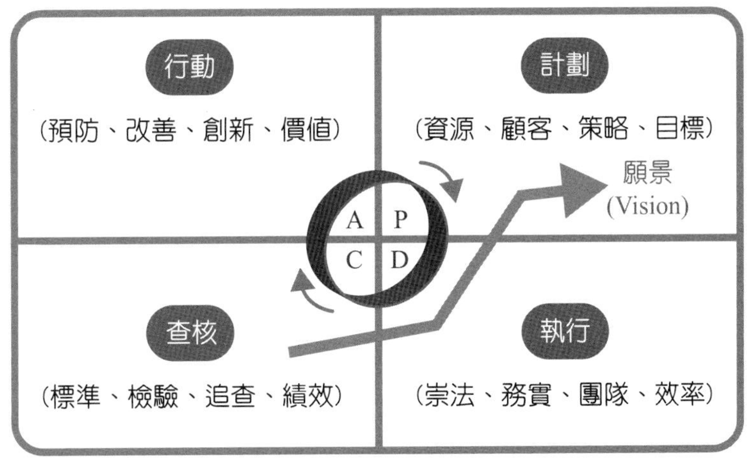

圖1-2　PDCA管理循環

1-1-3 何謂企業管理？

企業管理是指一群人在有效率及有效益的前提下，實現預期目標的行為。從「企業」與「管理」的各自角度切入後，其結合成的企業管理可以簡單的描述成：是將管理的功能，運用在企業的經營上。也就是說，企業管理是在利用管理的規劃、組織、用人、指導和控制等五大基本功能，來針對企業內的生產、行銷、人事、研發、財務及資訊技術等，和企業外的環境整合因應策略，使企業得到更有效率的產出和達成更有效益的經營目標。其中，生產、行銷、人事、研發、財務、資訊及策略也稱為企業的七項功能。若想透徹了解企業管理的完整內涵與運作方式，則需進一步將「企業」與「管理」的各自功能組成矩陣形式再加以分析，這個合組的矩陣就叫做企業管理矩陣。

1-1-4 企業管理矩陣

企業管理矩陣是將管理功能與企業功能以二維交叉的方式所呈現的矩陣，如表1-3所示。矩陣中的每一個方格代表了在功能領域上管理者的工作內容和責任所在，整個矩陣代表了組織全體的作業。此種管理概念，有助於釐清管理功能與企業功能的連帶關係，也賦予企業功能的管理內涵，結合而成：生產與作業管理、行銷管理、人力資源管理、研究發展管理、財務管理、資訊管理與策略管理。這些被賦予管理內涵的各項企業功能之間，均具有高度相關性，管理者若能加以了解、整合運用，並透過協調配合，必能將企業營運狀況達到最佳化。

表1-3　企業管理矩陣

企業管理矩陣		企業功能						
		生產	行銷	人力	研發	財務	資訊	策略
管理功能	規劃	○	○	○	○	○	○	○
	組織	○	○	○	○	○	○	○
	用人	○	○	○	○	○	○	○
	指導	○	○	○	○	○	○	○
	控制	○	○	○	○	○	○	○

1-2 企業功能

所謂企業功能是指投入生產要素轉換成產品或服務，以滿足顧客需求的基本功能，這些功能包羅萬象，例如：經營策略、生產作業、行銷、人力資源、研發、財務、資訊科技、成本、品質、物資、設施、品牌等。結合管理內涵後構成的企業功能主要包括：生產與作業管理、行銷管理、人力資源管理、研究發展管理、財務管理、資訊管理與策略管理等七項。這些企業功能各有重點，且環環相扣、相互影響，管理者應將這些企業功能與管理功能進行整合，發揮綜效。這七項企業功能除在本節略作說明之外，將在本書之後的各個章節進行詳細介紹。

1-2-1 企業的生產與作業管理

企業是提供商品或服務以賺取利潤的組織，生產與作業管理（Production and Operations Management）是在組織中負責生產商品或提供服務的部分。傳統的製造業，是以生產有形的產品爲主，藉由管理的五大功能，與管理核心七要素有效地整合與運用，使產品從投入到產出的全部過程中創造最大附加價值，達成企業或顧客期望的目標，一般會以生產管理（Production Management）稱之。近年來經濟快速成長，經濟型態改變，顧客需求不再只侷限於實體產品，更追求無形服務的滿足，致使企業重新調整經營方向，改以提供「服務」爲主的「生產」型態。也因爲企業提供的不再只是有形產品，而是比例更高的無形服務，因此將與生產產品或提供服務的系統或製程管理稱爲生產與作業管理，或只簡化爲作業管理（Operations Management）。從系統的觀點而言，一個生產／作業系統乃是輸入轉換成輸出的程序，如圖1-3所示。

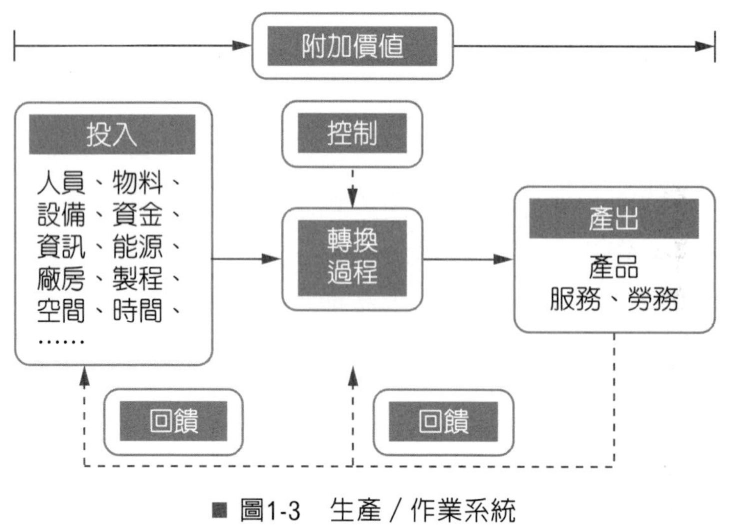

■ 圖1-3 生產／作業系統

1-2-2 企業的行銷管理

行銷管理（Marketing Management）可以簡單的看成是「運用管理的方法，來達到行銷的目的」。但這說法過於籠統，故有需要進一步深入探討。但在欲瞭解行銷管理之前，不妨先來看一下，隨著時代與環境的變遷，行銷定義及內涵也跟著變動。

首先，在1937年美國行銷學會（American Marketing Association，簡稱AMA）將行銷定義為「商品及服務從生產流向消費的商業活動」。1985年，AMA重新定義行銷是「一種執行及規劃的程序，主要是將理念、商品及服務予以設想、訂價、促銷、及配銷，其目的是在創造交換，以滿足個人及組織的目標」。2004年，AMA將行銷的定義改為「一種組織功能，也是為了組織自身及利害關係者的利益而創造、傳播、傳遞客戶價值，管理客戶關係的一系列過程」。2013年，AMA將行銷更新定義成「為顧客、用戶、合作夥伴和社會，創造、溝通、傳遞及交換產品最大價值的所有活動、體制與過程」。根據上述行銷概念之演化，我們可以瞭解行銷管理乃是「一種分析、規劃、執行及控制的一連串過程，藉此程序制訂創意、產品或服務的觀念化、訂價、促銷與配銷等決策，進而創造滿足個人和組織目標的交換活動」。

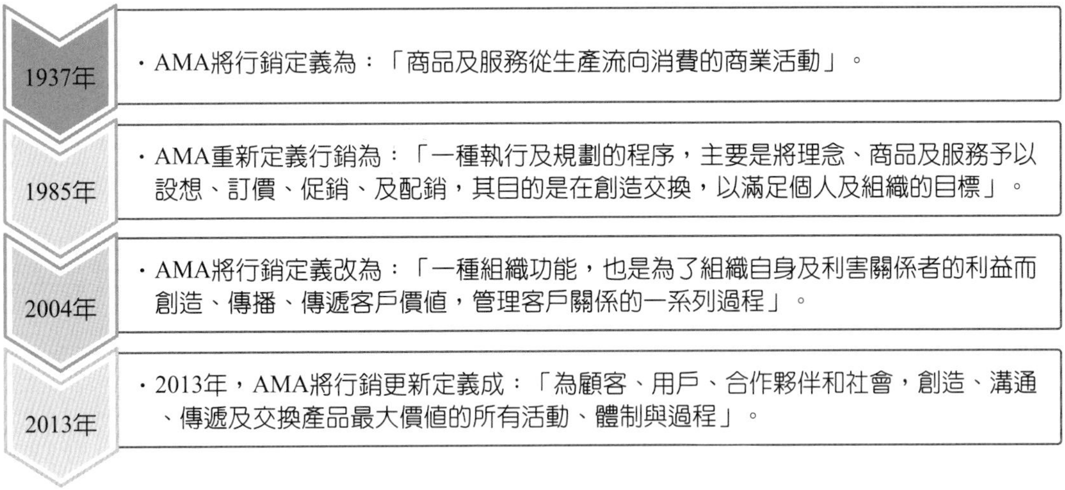

1937年	‧AMA將行銷定義為：「商品及服務從生產流向消費的商業活動」。
1985年	‧AMA重新定義行銷為：「一種執行及規劃的程序，主要是將理念、商品及服務予以設想、訂價、促銷、及配銷，其目的是在創造交換，以滿足個人及組織的目標」。
2004年	‧AMA將行銷定義改為：「一種組織功能，也是為了組織自身及利害關係者的利益而創造、傳播、傳遞客戶價值，管理客戶關係的一系列過程」。
2013年	‧2013年，AMA將行銷更新定義成：「為顧客、用戶、合作夥伴和社會，創造、溝通、傳遞及交換產品最大價值的所有活動、體制與過程」。

■ 圖1-4 AMA定義行銷

1-2-3 企業的人力資源管理

人力資源（Human Resources）是指組織中人員以及人員所擁有的知識、技術、能力、人際網絡、組織文化等。隨著知識經濟時代的來臨，知識成爲重要的資產，知識工作者更被視爲是現代企業重要的創意來源與資產。知識的主要載具是「人」，這些人在企業裡執行將資源轉變爲產品或服務的相關工作，因此，人力資源的取得與應用益發重要。當一個成功的管理者透過各種活動，激勵員工、提升員工士氣、增加員工歸屬感、挖掘與發揮員工的智力與勞力，讓整體組織的員工都能更爲有效率與效益的完成企業目標，這就是人力資源管理的功效。因此，人力資源管理（Human Resources Management）就是指爲配合企業組織的目標，管理者在管理員工時所需執行而能有效滿足人力需求的活動。這些活動包括：員工招募、甄選、工作分析、任用、訓練與發展、考核、溝通、薪酬給付、獎勵、福利與人事制度等。

1-2-4 企業的研究發展管理

研究（Research）與發展（Development）對任何企業都有直接且重要的影響，它能決定一家企業是否具有技術升級能力與市場競爭力，甚至是企業能否永續經營的依據。

「研究」是屬於科學取向，以發現和應用新知識爲目的，須靠具有傑出創造力的研究者，對特定科學領域有計劃的鑽研，才能建立完整的知識成果。

「發展」屬於技術取向或工程取向，是研究實用化與商業化的應用，在將科學知識轉化爲新的產品或服務，包括產品的設計、改進、雛型開發製造等。研究發展管理（Research & Development Management）是企業力求創新及突破，系統化的鑽研科學技術新知，或實質地改進技術、產品和服務而持續進行規劃、組織、用人、領導與控制的管理過程。

1-2-5 企業的財務管理

財務管理（Financial Management）之定義係在於尋求最具獲利性的投資方案，籌措最低成本的資金組合，支援企業活動，創造企業最大的利潤和價值，以及分配經營利潤，以保護企業各階層利害關係人的利益。

財務管理對企業的所有活動均具有影響力，意即所有企業活動皆有涉及財務功能。這些功能包括資金來源籌集、分配運用、資金融通、預算編定、成本分析與控制、財務分析等，皆會影響到企業的投資決策、融資決策、營運決策、股利決策等營運作爲。

財務管理是一個可以根據各種專案的重要性和償還能力進行資源分配的有力工具。它還可以指導組織進行完善的資源分配。財務管理是以籌資管理、投資管理、營運資金管理、利潤分配管理等方式來達成產值、利潤、股東財富、企業價值最大化的組織目標。

1-2-6 企業的資訊管理

資訊是指經過處理且對特定目的具有意義與用途的資料。當企業進行各種活動時，不管刻意或非刻意，均可透過觀察、調查或實驗產生許多的資料，這些資料初始對管理者而言，可能沒有用處，但是經過特定目的規劃、蒐集、處理（如計算、比較、排序、分類和彙總等）、分析與呈現後，資料便成爲有意義與用途的資訊，可當作管理者進行決策時之參考。資訊管理（Information Management）是探討如何運用資訊科技來創造組織的競爭優勢與提升經營績效，滿足企業經營相關參與者的需求，最終達成組織目標的一門學問。而資訊科技就是利用資訊資源（如：資訊人員、電腦軟硬體設備、網路設施、以及資訊資料等）進行各種分析、運算、傳輸、儲存和運用的科學技術。

1-2-7 企業的策略管理

企業講求績效，是以需要一套制定組織長期績效的決策與行動計畫。策略是企業爲達到組織目標所訂定的計畫方向與採用的行動準則，它也可說是企業在考量面臨各種可能發生情況下的一套完整行動計劃。一個企業組織的管理高層，必須要能規劃企業未來的發展方案與藍圖，意即要能夠提出企業的經營策略，例如：公司要如何提升獲利、如何面對競爭、如何吸引並滿足顧客、如何達到組織的目標、與如何永續經營等問題。由此也可以看出策略對一個企業的重要性。而策略管理（Strategic Management）即是組織爲求達成其目標或提升整體競爭力，由管理者在考量內在與外在的環境影響下，透過管理功能與邏輯分析所建立的一套有系統的計畫歷程與決策行動。

1-3 管理功能

卓越的管理涉及解決問題的創造力管理者和領導者須能激勵員工，並確保企業組織完成所訂定的任務和目標。上述工作將企業組織的資源進行整合，並提高運用上的效益與效率。針對這些工作的達成，在1916年就有法國工程師費堯（Henri Fayol）提出了著名的管理五大功能（Five Functions of Management）：(1)規劃（Planning）；(2)組織（Organizing）；(3)命令（Commanding）；(4)協調（Coordinating）；(5)控制（Controlling）。

這些功能整體上是一種持續不斷的管理程序，到今天仍然與企業組織密切相關。到了1984年，美國學者孔茲（Harold Koontz）和奧唐納（Cyril O'donnell）另提出了被廣泛接受的管理五大功能爲：(1)規劃（Planning）；(2)組織（Organizing）；(3)用人（Staffing）；(4)指導（Directing）；(5)控制（Controlling）（如圖1-5）。兩者雖稍有不同，但都提供有效的流程方法與參考作爲，使管理問題能夠以一些創造性的方式來解決。以下以孔茲和奧唐納的管理五大功能作進一步說明。

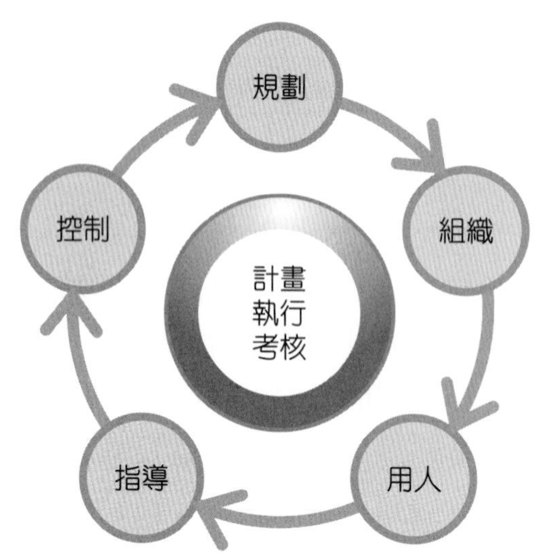

■ 圖1-5　孔茲與奧唐納提出的管理五大功能

一、規劃（Planning）

規劃是管理的基本功能，是在決定提前做什麼、什麼時候做和怎麼做，意即爲了能實現企業組織的預定目標，事先勾勒出的最佳行動方式。它是管理的五大功能中最困難的一個部分，往往需要整個組織的積極參與。規劃是行動的未來進程，確定欲達目標的行動路線，以及制定決策與解決問題，它填補了「我們在哪裡」與「我們想成爲」的差距。因此，規劃是一種爲了達成預定目標、有系統的方法和手段。爲確保人力和非人力資源的合理運用與流暢運行，規劃是必要的。它是一種無所不在的智力活動，同時也有助於避免混亂、不確定性風險和浪費等。

二、組織（Organizing）

管理的組織功能控制企業的整體組織結構。組織結構是企業的基礎，若無此結構，企業的日常業務操作將變得困難且無效。組織功能包含選定員工，且其需具備完成任務之特定技能，並訂定任務與責任，也包括開發公司內部的組織結構和指揮系統。組織是匯集人力、物力和財力資源，發展彼此良好運作的過程，使組織目標能夠順利達成。組織的運作過程包括：(1)活動的確認。(2)活動的分組分類。(3)職責分配。(4)權力的委任和責任的建立。(5)權力和責任關係的協調。

三、用人（Staffing）

管理的用人功能即是爲組織結構配置和保持人力的人員選任功能。它涉及到組織架構中的所有人才需求、角色安排與人員發展等活動。如果沒有用人的功能，組織的業務等同失敗，因爲無法讓適當的人去做適當的事。因此，用人的主要目的是要聘請合適的人在合適的崗位上以實現組織的目標。用人的活動包括：(1)人力資源規劃（評估人力需求、選擇適當人選並安置在對的職位上）。(2)招聘、選拔與安置。(3)培訓與發展。(4)待遇考量。(5)績效考核。(6)人員晉升和調動。

四、指導（Directing）

管理的指導功能是促使組織提高工作效率以實現組織目的的方法。當管理者透過明確的工作指令來指導員工時，員工會確切地知道他們該做什麼、該如何做、什麼時候做。成功的管理者往往能經由指導，清楚地與員工溝通協調，並激勵員工組成一個積極主動的團隊。它被認爲是企業組織朝向目標執行的啓動器，因爲先前的管理功能，如規劃、組織和用人都僅僅是爲實現組織目標所作的準備工作而已。管理的指導功能包括以下要素：

1. **監督**：觀看和指導員工之工作行爲。
2. **動機**：鼓舞人心或激勵下屬之工作行爲。
3. **領導**：指導下屬的工作方向。
4. **溝通**：人與人之間的信息、經驗和意見的傳遞。

五、控制（Controlling）

控制的目的就是要確保所有事情的進行均能完成並符合標準。一個有效的控制系統可以幫助預測偏差的發生，或當偏差發生時能及時採取行動，糾正其偏離的過程，以保證企業所規劃的作爲和組織的目標得以依計劃進行及實現。管理的控制功能包括以下步驟：

- **步驟一：**依組織目標建立性能標準。
- **步驟二：**進行實際性能量測與報告。
- **步驟三：**比較以上兩者性能，並找出偏差（如果有）。
- **步驟四：**根據需要採取糾正或預防措施。

表1-4　管理五大功能

規劃	組織	用人	指導	控制
1. 做什麼？ 2. 什麼時候做？ 3. 如何做？	1. 活動的確認。 2. 活動的分組分類。 3. 職責分配。 4. 權力的委任和責任的建立。 5. 權力和責任關係的協調。	1. 人力資源規劃。 2. 招聘、選拔與安置。 3. 培訓與發展。 4. 待遇考量。 5. 績效考核。 6. 人員晉升和調動。	1. 監督。 2. 激勵。 3. 領導。 4. 溝通。	1. 依組織目標建立性能標準。 2. 進行實際性能量測與報告。 3. 比較以上兩者性能，並找出偏差（如果有）。 4. 根據需要採取糾正或預防措施。

將管理的程序劃分爲這五種功能，只是爲了進一步勾勒和分析管理的條理。事實上，這些功能之間都有密不可分的關係，亦是一個具有回饋效應的循環系統。例如，規劃是依據組織需求設立欲達成目標；組織與用人選任了最合適的員工和資源，完成執行任務活動的基礎架構；指導透過溝通與協調，激勵員工提高整體工作成效；控制建立績效標準，以確保目標的達成，不致偏離或失控。而獲致的實際成果，又可以回饋到其他功能上進行校正與修訂，創造出更完善的管理的程序。

然而，企業爲何需要管理？當我們仔細思量後可以發現，「企業」的重點在於「要做甚麼？」，而「管理」的重點在於「要如何做？」。由企業的定義可知它是一個提供商品或服務來賺取利潤的組織。其中商品指的是實體的有形物件（如汽車、電腦、手機、書報等，皆歸屬於製造業），服務指的是不具形體，但是可以使顧客受益的活動（如保險、運輸、金融、娛樂、修繕、醫療與教育等，歸屬於服務業）。在提供商品或服務的生產（Production）與作業（Operation）過程中，裡頭至少牽涉到人、機器、物的配合以及品質管理、倉儲、行銷、財務金融，甚至研發設計與資訊應用等等作爲。因此，需要將管理妥善運用在企業上，才能夠深入了解市場環境，提供企業潛在的成長和財務可行性；重視人才吸收與激勵，增加組織的功能；提高產品質量，降低成本，提高產量，並創建就業和獲利機會。如同上述，有了「管理」的「企業」才會是公司組織的建立、營運與發展成功的關鍵。

1-4 企業的創立

「創立新企業」是很多人的夢想，尤其是剛畢業的莘莘學子，充滿雄心壯志及滿腹理想，都想一試身手，以免人生留下遺憾，故而積極投入創業的行列。然而，年輕人想一圓創業夢卻更加艱難，主要是因為缺乏財務資金、操作和經營的管理經驗或組織團隊等，因而必須比別人付出更多心力。為了提高成功的機會，創業者最好在投入前先評估自己有哪些資源，例如：產品技術、自有資本、對投入產業的瞭解等，甚至必須考量適合的企業經營組織、公司架構以及商標權、知識產權保護、公司成立等法律問題。

1-4-1 從個人觀點看企業

阿里巴巴集團董事局主席馬雲，在2015年對臺灣年輕人的一次演講中提到：「現在是創業最好的時代！」並且分享其創業成功的七大關鍵觀點，值得每一位想圓夢的創業者自我省思和學習：

一、學英文開拓視野

從學習語言的過程中，了解一個國家或地區的文化及思考方式。

二、希望別人比自己好

創業的過程，要能希望員工超越自己，個個做得比自己好。

三、人生最大的財富是失敗

要珍惜失敗的經歷，因為很多次失敗才能帶來一次的成功。

四、創業者要有樂觀主義的精神

創業過程中的麻煩與痛苦隨處而在，但要學會樂觀，不要抱怨。

五、檢查自己的問題

失敗不要都覺得是別人的錯。要多研究自己和別人失敗的原因，避免重蹈覆轍。

六、超越一般人的堅持能力

要以不同的角度去看待問題，堅持到最後一刻。

七、現在是絕佳的創業機會

進入資料與資訊科技時代，人們已經從簡單製造，走向眞正的創造、創意和創新。現在的社會是思想觀念的變革，而這正是年輕人的契機。

1-4-2 從中小企業的創業模式看企業

隨著新興科技的發展，創業模式不斷推陳出新，創業者的型態也隨之改變。綜觀企業的創業模式（如圖1-6）可分以下幾種：

一、網際網路創業

主要有兩種形式：

1. 網路開店（在網上註冊成立網路商店）。
2. 網上加盟，可依託成熟的電子商務平臺，利用母體網站的貨源和銷售管道經營。

二、加盟創業

可支付一定的加盟費來獲得企業品牌的經營權利，有直營、委託加盟、特許加盟等各種形式。

三、代理創業

是一種很常見的創業方式，可選擇發展潛力大的公司產品進行代理，藉助別人的品牌發展自己。

四、團隊創業

具有互補性或者有共同興趣的成員組成團隊進行創業。

五、大賽創業

利用各種商業創業大賽，獲得資金提供平台，如Yahoo、Netscape等企業都是從商業競賽中脫穎而出的。

六、概念創業

憑藉創意、點子、想法去找到贊助者創業。

七、內部創業

員工在企業的支持下，承擔企業內部某些業務或項目的創業模式。

八、在家創業

就是獨立工作，不隸屬於任何企業組織或雇主。

九、收購現有企業創業

藉由接手經營別人的公司或收購公司重組開創事業。

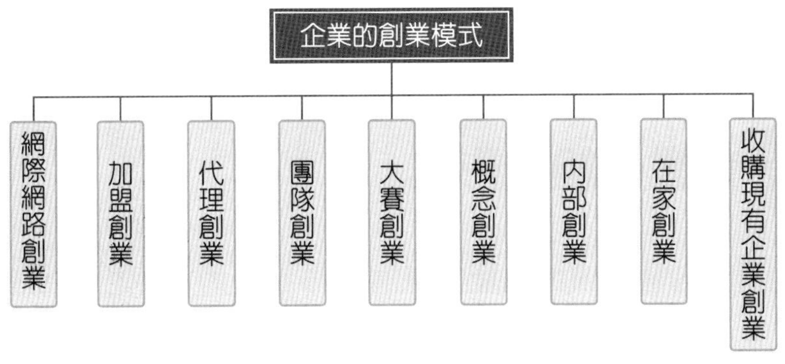

■ 圖1-6　企業的創業模式

1-4-3　從政府觀點看企業

臺灣已邁入創新驅動經濟階段，而創新創業在產業結構調整過程中扮演非常重要的角色。爲了以「創新與創業」帶動產業的轉型、升級與加值，實踐「爲青年找出路」和「爲企業找機會」的精神，行政院於2014年12月31日成立創新創業政策會報，在傳統的中小企業及創新型的新創企業上，做了許多有關創新創業政策重大事項之整合及協調，以及相關方案與重大計畫之督導。創新創業政策會報之組織架構及任務如圖1-7所示。在數位經濟的潮流下，今日的新創事業可能是臺灣經濟的明日之星。經由創新創業政策會報整合推動的政策下，已顯現初步成果，在法規、資金、國際鏈結方面均具有突破性、開創性成果。

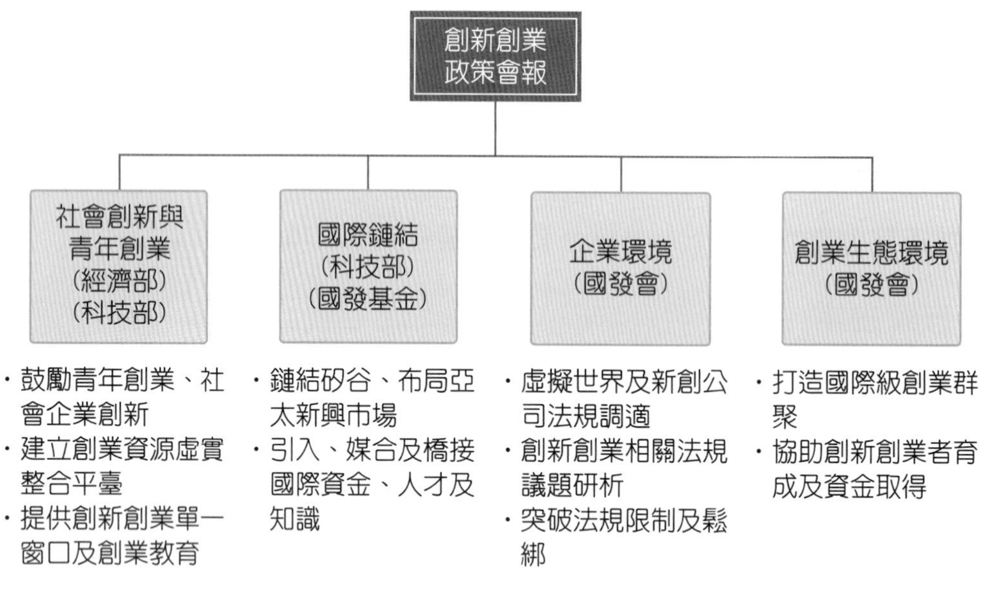

■ 圖1-7　創新創業政策會報之組織架構及任務

1-5 企業的組織形式

組織是指由各種不同的功能，且有助於整體的單位組成之有機體。因此，組織結構（Organizational Structure）可定義為由各種不同功能的部門，以特定方式所組成的一個有機體。在本章中並未將企業和組織做嚴格區分，事實上這兩個名詞還是有所不同，一般可規範企業都是組織，而有營利目的的組織才歸為企業，也就是企業並不含非營利組織。企業組織結構界定了組織成員間分工的架構與合作關係、企業的地位和行為方式，以及企業與出資人、債權人、其他企業、政府等之間的內外部關係。

當個人或組織要合法營業時，就必須依法設立營利事業，但是設立營利事業必須選擇適當的營利事業型態，因此有必要對企業經營組織作進一步了解。以營利為目的的企業經營組織，其法律型態有公司、獨資、合夥、關係企業（控制從屬與相互投資）等類型；另外，法律未規範者，如連鎖加盟，關係如圖1-8所示。

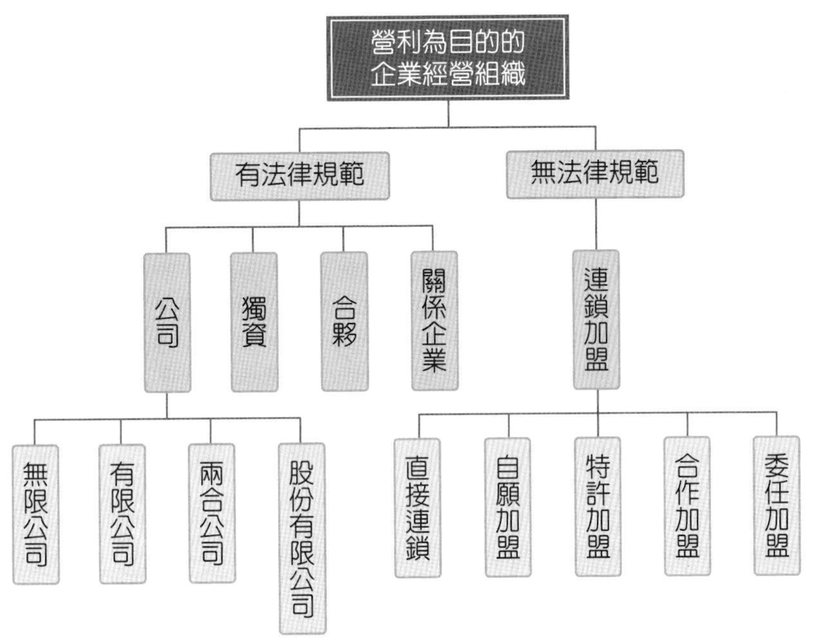

■ 圖1-8　以營利為目的的企業經營組織

1-6 管理的演進

「管理」的概念和行爲無時無刻在發生，其重要性也一直受到重視。但管理的思想其實都受到時空背景的影響，經過不斷的累積、蛻變、與時俱進。因此學習管理首要條件就是瞭解其歷史演進，看看前人如何透過管理的經驗，建立管理基礎，引領我們走向新世代

探討管理理論之學派演進，大都從20世紀初期開始，並依序將之命名爲古典管理理論、行爲管理理論、管理科學理論、組織環境理論、與近代管理理論等，以下也一一介紹之。

1-6-1　古典管理理論

古典管理理論時期約在西元1900至1920年，此一時期的管理理論著重在員工個人的工作效率提升上，可由幾位代表性的人物進行說明：

一、科學管理理論

科學管理（Scientific Management）理論係以個人爲研究中心，在以科學的方法尋求個人工作效率的極致表現，因此會把人當機器般研究。代表性的人物有：泰勒（Frederick W . Taylor）、吉爾佈雷思（Frank B. Gilbreth）與甘特（Henry L. Gantt），說明如下：

(一) 泰勒—科學管理之父

1911年泰勒出版了《科學管理原理》一書，認爲科學管理的根本目的是謀求最高的勞動生產率，而要達到工作效率的最高化，就需要以科學化的、標準化的管理方法來取代當時主流的經驗管理，因此泰勒也被推崇爲「科學管理之父」。泰勒提出了科學管理的四大原則如下：

1. 對工人操作的每個動作進行科學研究，以取代傳統的經驗法則。
2. 以科學方法挑選員工，並進行培訓和教育，使之成長。
3. 確保一切工作都按研究出來的科學原則完成。
4. 平均分配工作給管理者和工人，並由管理者承擔成敗責任（因爲當時大部分的工作及職責都是在工人身上。）

(二) 吉爾佈雷思—動作研究之父

1911年，吉爾佈雷思出版了《動作研究》一書，他認爲所有工作的操作皆由17個基本要素構成，這17個要素又被稱爲17個動素（Therbligs）。

動作研究強調的是研究和確定完成一個特定任務的最佳動作個數及其組合，因此吉爾佈雷思被公認爲動作研究之父。其後，在1920年吉爾佈雷思及其夫人共同出版《時間研究》一書，研究設計最佳工作方法，對各種工作之作業動作和時間進行測定，以訓練和規範工人按規定速度工作。

(三) 甘特

1917年甘特提出了甘特圖（Gantt Chart），作爲管理者規劃與控制排程的工具，可讓管理者得知在整個計劃的期間，工作目標執行的狀況，以及實際與預定進度之間的差距，以便在必要之時進行調整。甘特非常重視工業中的人爲因素，因而提出了任務及獎金制度，也因此被譽爲人道主義之父。

二、行政管理理論

行政管理理論係以組織中上層的工作爲研究中心，探討如何設計企業組織結構，透過職務或職位進行控制，以增加組織管理的效率與效能。代表性的人物有：韋伯（Max Weber）與費堯（Henri Fayol），說明如下：

(一) 韋伯—組織理論之父

韋伯被譽爲是「組織理論之父」，其所提出的行政組織理論主要反映在1922年出版的《社會組織與經濟組織理論》一書中。他認爲一個組織要實現其目標，必須具備某種形式的權力基礎才能有秩序地運行，而權力類型主要有：

1. 理性或法定的權力。
2. 傳統的世襲權力。
3. 魅力型權威。

這三種權力形態中，只有理性和法律的權力才能保證組織健康發展，並作爲行政組織的基礎。而理想的行政組織體系需要具備許多特點，例如：

(1) 組織體系在分工的基礎上明文規定權力和責任。

(2) 按職權接受指揮、控制和監督，並爲自我行動負責。

(3) 組織職位須是需要的，並由通過訓練或考核的稱職人員擔任。

(4) 理性（非感情）的行政組織體系能提高工作效率、精確性、穩定性和紀律性。

(二) 費堯—現代管理之父

1916年費堯出版了《工業與一般管理》一書。他以大企業爲研究對象，綜合整理有關管理的經驗與知識，提出了著名的經營六職能（含管理五大功能）和十四條管理原則的學說。至今，這些學說在管理活動中仍然隨處可見，因此他也被稱爲「現代管理之父」。費堯認爲組織或工業經營的所有職能可分爲如下六類：

1. **技術活動**：生產、製造、調適。
2. **商業活動**：買、賣、交換。
3. **財務活動**：取得、優化和利用資本。

4. **安全活動**：財產和人身保護。

5. **會計活動**：清查，資產負債表、成本、統計。

6. **管理活動**：規劃，組織，指揮，協調，控制（亦即管理五大功能）。

表1-5　職能六大類

	範例
技術活動	生產、製造、調適
商業活動	買賣、交換
財務活動	取得、優化及利用資本
安全活動	財產和人身保護
會計活動	清查、資產負債表、成本、統計
管理活動	規劃、組織、指揮、協調、控制（亦即管理五大功能）

三、費堯的管理十四原則

1. **分工原則**：工作專業化以提高產出效率。

2. **權責原則**：工作權責必須相當，不可有權無責，也不可有責無權。

3. **紀律原則**：員工必須遵守組織規則，良好的紀律來自勞資雙方的清楚和公平協議。

4. **統一指揮原則**：每個下屬應該只有一位上司。

5. **統一管理原則**：具有相同目標的組織活動應當由單一管理者使用單一計劃指導。

6. **個人利益不應該超越組織整體利益原則**。

7. **獎酬原則**：雇主必須支付公平的工資，獎勵應作爲激勵的一個工具。

8. **集權化原則（Centralization）**：集權乃必要，決策是否集中或分散爲比例的問題。

9. **階層鏈鎖原則**：溝通應該沿著這條鏈鎖進行。但爲避免延誤，若各方同意則越級也被允許。

10.秩序原則：組織內的所有事物及人員，甚麼時間在甚麼位置應該正確。

11.公平原則：管理者應該是善良、公平地對待下屬。

12.職位安定原則：員工流動率高會導致效率下降。

13.主動原則：管理者應激發員工的主動精神，方能提高活力和熱忱。

14.團隊精神：培養團隊合作精神是建立員工之間和諧與團結的方式。

1-6-2 行為管理理論

不同於科學管理理論強調人的機械性與行政管理理論對規章制度的過分重視，行爲管理理論的研究發展重點放在人的行爲本身上，以研究人的行爲產生、發展和相互轉化的規律，來預測和控制人的動機、行爲和表現，並把重點放在個人動機以及人際關係的探討上。代表性的人物有：芙麗特（Mary P. Follett）、梅堯（George E. Mayo）、巴納德（Chester I. Barnard）、馬斯洛（Abraham H. Maslow）與麥格雷戈（Douglas M. McGregor），說明如下：

(一) 芙麗特

1918年芙麗特出版了《新國家：大眾政府解決方案的集體組織》一書，1924年又出版企業哲學著作《創造性的經驗》，在長時間從事公益性的社會工作，以及推廣民主化的管理方式之下，她極力鼓吹將社會科學的理論用到企業管理上，其管理理論強調：

1. 企業不僅是一種經濟組織，亦是一種社會服務組織。
2. 管理的本質是尋求合作，意即領導不再是對他人的統治和支配，而是領導者與被領導者相互影響。
3. 領導者是一個可以匯集經驗的人，他們懂得如何組織一個企業的全部力量，領導並非僅讓部下服從自己，而是都服從於共同目標。
4. 任何組織系統，都應被視爲一個整體，透過溝通及協調，建立良好的人際關係，並創造和諧的組織氣氛，使成員能發揮最大潛能。
5. 只有經過訓練並有紀律的人，才能擁有完善的職能。
6. 強調領導與部下的協調，認爲領導者應該善於培養下屬。

(二) 梅堯

從1924年開始到1932年結束，梅堯在美國西方電器公司（Western Electric Co.）所屬「霍桑工廠」展開一連串以科學管理邏輯爲基礎，探討生產力的實驗。這就是影響行爲科學理論甚鉅的霍桑實驗。在霍桑實驗中，梅堯發現生產條件的改善並未明顯提升生產率，甚至在某些時候，條件變差績效反而提升，因此認爲：

1. 改變工作條件和勞動效率之間沒有直接的因果關係。
2. 提高生產效率的決定因素是員工情緒，而不是工作條件。
3. 關心員工的情感和員工的不滿情緒，有助於提高勞動生產率。

據此，梅堯得到人際關係才是績效提升的主要因素，並提出了自己的管理觀點，如：

1. 工人不只是「經濟人」，亦是「社會人」，會有社會、心理方面的需求。
2. 企業中除了正式組織，還存在非正式組織，有著共同遵循的觀念、價值標準、行爲準則和道德規範等，對企業生產有很大的影響。
3. 對生產率而言，提高工人的滿意度更甚於改善生產條件或工資報酬。

(三) 巴納德

1938年，巴納德出版了《行政人員的功能》（The Functions of the Executive）一書，認爲組織是一個互助的系統，人們會基於互惠原則而相互合作，進而提升個人與組織績效。組織是由互動的成員所形成，成員必須要有共同目標與貢獻己力的動機。而動機除金錢與物質外，尙有心裡的滿足感，包含尊重、下情上達，有自我實現的機會。正式與非正式組織應以溝通、協調等，達成雙方共識，並善用非正式組織。組織權威的產生除了領導者由上而下訂定規章外，尙須有成員由下而上的服從意願。組織功能與個人滿意度必須相互配合，唯有效能（Effectiveness）與效率（Efficiency）皆達到時，團體才能保持長期的進步。

(四) 馬斯洛

1943年，馬斯洛在其〈人類動機的理論〉論文中提出需求層次理論（Maslow's Hierarchy of Needs）使用了「生理」、「安全」、「社會」、「尊重」、「自我實現」等不同需求，描述人類動機推移的脈絡（如圖1-9所示）。

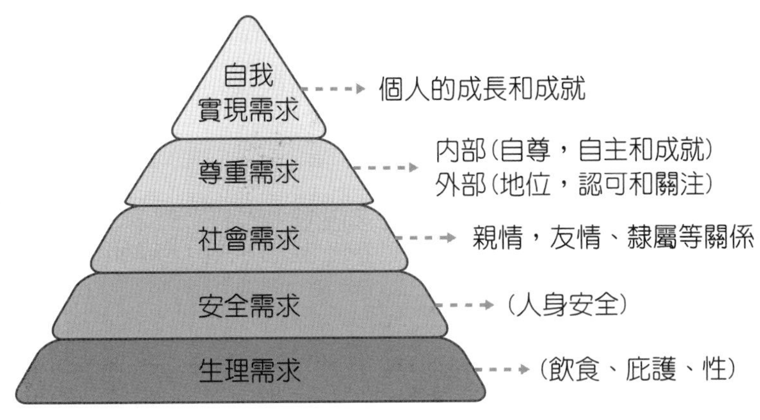

■ 圖1-9 Maslow需求層級圖

(五) 麥格雷戈

1957年，麥格雷戈在美國《管理評論》雜誌上發表了《企業的人性面》（The Human Side of Enterprise）一文，提出了有名的「X理論－Y理論」，並於1960年再以書的形式出版。他的「X理論」中強調人性本惡，認爲有些人天生懶惰，沒有抱負，總會盡可能逃避工作，且畏懼承擔責任，寧可被他人領導。因此，對這些人必須採取強迫命令或加強監督，採取軟（金錢、物質）硬（懲罰、解雇）兼施的管理措施。他的「Y理論」與其相反強調人性本善，認爲一般人並不天生厭惡工作，而是願意對工作負責，並有相當程度的想像力和創造才能。對這些人則不能只有控制和懲罰，還需滿足其愛、尊重和自我實現的需求，使個人和組織目標融合一致，達到提高生產率和實現企業目標的目的。並強調如果員工績效不彰，問題的癥結往往是在管理者的管理方法上。

1-6-3 管理科學理論

1950年代左右，以計量方式解決管理問題的理論興起，這種計量管理的方法也被稱爲「作業研究（Operations Research）」或更通用的「管理科學（Management Science）」。儘管科學管理（Scientific Management）與管理科學在中英名詞上都雷同，但兩者在管理學的演化階段與實質內涵上均有很大差異。管理科學係以科學的計量理論、工具與方法，來分析有限資源的分配問題，並提供具體數據及可行方案，協助管理者對組織績效進行衡量與控管，做出更好的決策。其主要目標是探求最有效的工作方法或最優的方案，或以最短的時間、最少的支出，取得最大的效果。一般常用的計量方法則包括：統計、數學模型、最佳化理論、資訊模型、電腦模擬、與電腦技術等，處理的也是企業組織上整體性與複雜性較高的管理決策問題。

管理科學的發展時期與運用範圍涵蓋較廣，有從二次大戰中發展的「運籌學」開始算起至今，甚至認定的起源更早。但因各種理論研究是百花齊放又各據山頭，故較難列舉出代表性的人物。管理科學理論的主要共同特點是：

1. 建立和運用「客觀」的數學模型來減少個人「主觀」的決策方法。
2. 以經濟效果的「最佳化」來作為可行方案的評選依據。
3. 廣泛使用電腦來處理複雜的計量運算。

其解決問題的步驟可彙整成六點，依序列出如下：

步驟一：提出並闡述問題。

步驟二：建立數學模型（含目標、變數、限制、相關性等）。

步驟三：得出模型答案。

步驟四：檢驗模式及解的實際意義。

步驟五：對所求的解進行控制。

步驟六：把方案付諸實施。

1-6-4 組織環境理論

組織環境理論從1960年代開始發展，主要的理論有「開放系統理論」與「權變理論」兩者。在組織環境理論發展之前，管理理論的重點幾乎都集中在企業內部的問題上，較少談及組織外部環境對組織有無影響、會受甚麼影響、或會發生什麼影響。

組織環境理論使用系統的觀念，說明系統的基本組成是輸入（Input）、過程（Process）和輸出（Output）三大部分，以及它們互為聯繫的元素和過程的集合。而在系統管理理論中，系統被分為封閉式系統（Closed System）與開放式系統（Open System）兩大類（如圖1-10）：封閉式系統是指不與外在環境互動、不受外在環境影響的系統；開放式系統則是不斷與外在環境互動與影響的系統。因此，「開放系統理論」即在討論企業組織的管理，在這種受環境因素互動影響的條件下，管理者應協調組織內各不同部門，確保他們有良好的互動，進而專注在研究如何掌控組織與環境的關係，並對系統環境作出積極的反應，與所有會影響的環境因素達成動態平衡，以達成組織目標。

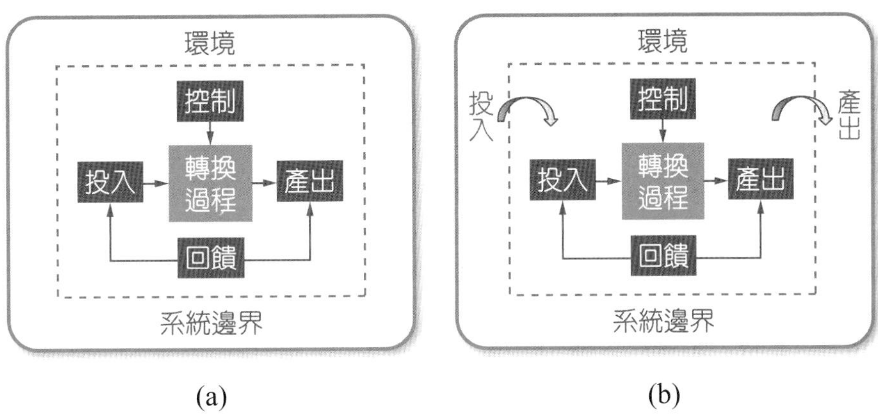

■ 圖1-10 封閉式系統圖(a)與開放式系統圖(b)

「權變理論」與「開放系統理論」的相同點是在強調組織系統並非完全的封閉，都會受到外在環境變動的影響，因此都必須去因應存在的不穩定性。但「權變理論」強調組織在面對不同情境時，應採取不同管理方式，各種行動的導向應由環境的需求來決定。注重外界環境的影響而因應，乃是權變理論的焦點所在。而管理者最好的處理方式應該是保持彈性，將組織內部之設計和管理方法連結到組織外部的變動環境，以便視情況採行適當的決策。權變理論認爲內部特性能夠符合環境需求時，才會達到最大效果。而組織的最好策略就是能依環境的特性而變動。一般而言，「權變理論」會透過先分化後整合的概念，先將組織系統分割爲數個次級系統分別處置後，再經協調與統合各次級系統朝組織的完整目標前進。

1-6-5 當代管理理論

1970年代後，隨著科技的迅速發展，特別是運輸和通訊技術，以及政治、經濟、社會和文化等因素的混和糾結，全球的企業環境起了巨大的變化，引發了全球化競爭的衝擊。爲了謀求長期生存發展，企業管理的重點也由系統內部資源的效益與效率追求目標，擴大延伸到對企業外部動蕩環境的研究、分析與統合管控，並開始注重策略管理理論，以建構企業長期規劃與競爭優勢。

當代管理理論代表性的人物有：杜拉克（Peter Ferdinand Drucker）、波特（Michael E. Porter）、哈默（Michael M. Hammer）與錢皮（James A. Champy）等，說明如下：

(一) 杜拉克

1954年杜拉克出版《管理實踐》一書，提出了一個具有劃時代意義的概念－目標管理，從此將管理學開創成爲一門學科。1973年，杜拉克又出版了被稱爲管理學聖經的巨著《管理：任務，責任，實踐》。杜拉克廣泛建立了以實踐爲基礎的管理學相關專著，細數不下30餘部，因而也奠定了其現代管理學開創者的地位，被譽爲是「現代管理學之父」。杜拉克對管理學的貢獻良多，以下簡述一二：

1. 將管理學開創成爲一門學科。
2. 提出目標管理概念，認爲管理者應該確定組織目標，並通過目標對下級進行管理。目標可以層層分解，各層管理者再根據分解目標的完成情況對下級進行考核、評價和獎懲。
3. 強調顧客導向、企業目的不在追求利潤極大，而是創造顧客、對職員和社會的責任、以及永續經營。
4. 組織的目的是爲了創造和滿足顧客，企業的基本功能是行銷與創新。
5. 績效和成果比效率更重要，做對的事情比把事情做對更重要，每一項工作都必須以「達到企業整體目標」爲目標。
6. 提出「知識型員工」的概念，強調知識經濟、知識社會時代的來臨，知識已經取代了以往的勞力、自然資源、以及資金，成爲企業的主要資源。
7. 強調目前的經濟已由「管理的經濟」轉變爲「創新的經濟」。沒有創新的企業，縱使沒犯錯，也經營不久。

(二) 波特

1980年波特出版了他的第一部廣被流傳的著作《競爭戰略》（Competitive Strategy），其後又有《競爭優勢》（Competitive Advantage, 1985）與《國家競爭力》（The Competitive Advantage of Nations, 1990），被稱是管理學領域經典的「競爭」三部曲，陸續開創了企業競爭戰略理論，並引發了全世界對「競爭力」這項綜合性的經營指標之重視。波特的學說重點主要有：

1. **五力分析模型（Five Forces Model）**：從五個面向針對一個企業在產業中的競爭力高低，包括新加入者的威脅、客戶的議價能力、替代商品或服務的威脅、供應商的議價能力及既有競爭者的威脅。
2. **三種一般性策略（Generic Competitive Strategies）**：探討可讓企業獲得較好競爭位置的三種策略，包括總成本領先策略、差異化策略及專一化策略。
3. **其他**：價值鏈（Value Chain Model）、鑽石體系（Diamond Model）、產業集群（Industry Cluster）等。其中相關的策略學說將於第九章策略管理中再作詳述。

(三) 哈默與錢皮

1993年哈默與錢皮提出了企業流程再造（Business Process Reengineering, BPR）的管理理論，認爲企業爲了適應世界競爭環境，必須摒棄舊有運營模式和工作方法，而以工作流程爲中心，重新設計企業的經營、管理及運營方式。BPR的重點在於組織的業務流程，包括資源如何被用來製造產品和服務，滿足特定客戶或市場需求的步驟、支配和程序。BPR的定義亦可說是從根本的重新思考和業務流程的徹底再設計，以實現關鍵性能如成本、質量、服務和速度等之顯著改善。這個定義包括四個關鍵詞：根本的、關鍵、顯著和流程，以反映出BPR的精神所在。

BPR給企業帶來許多好處，例如：優化業務流程，協調員工工作，減少冗員和浪費，增強工作效率，以及組織結構重整。其主要內容可歸納爲三個方向：

1. **觀念重建**：追求企業整體最佳化。
2. **流程重建**：找到核心流程和瓶頸環節，進行優化重建。
3. **組織重建**：調整組織機構使其趨向合理、完善。

企業流程再造的基本作法約可分爲五個步驟：

步驟一：確認顧客的核心需求。

步驟二：決定改造的關鍵流程。

步驟三：擬定流程改造的標竿學習對象和訂定流程績效目標。

步驟四：腦力激盪尋找解決方案，重新設計流程。

步驟五：改變思維，塑造新文化。

(四) 其他值得重視的管理理論尚有：

1. 資源基礎理論（Resource-Based View, RBV）（1984）。
2. 學習型組織（Learning Organization）（1990）。
3. 知識管理（Knowledge Management, KM）（1990）。

1-7 管理者的角色

管理者（Manager）是企業或部門的負責人，也是控制和操控一個單位的資源和支出的人。他在組織中擁有權力、負有責任，因而能夠實質性的影響所處組織的經營成果。因此，一個管理者可以定義爲負責規劃、協調、指導和監督他人工作，並在必要時採取糾正措施，以完成組織目標的人。一個管理者還需要具備某些專業領域的技能，如生產、行銷、人事、研發、財務、資訊或策略等，才能激勵下屬有效率地運行業務，爲組織創造更大的利潤。但除此之外，一個管理者還須培養個人的人格素質，才能夠更有效地執行其工作。例如，一個企業管理者應能接受來自員工建設性的批評、發展社交能力、會組織，能夠採取正確的決策和發展與員工親密的關係。此外，企業管理者應善於傾聽員工和客戶的需求、創造更好的工作環境及公司的榮景。

1-7-1 管理者的層次、結構與偏重特性

一個管理者本身也是組織的成員，只是位階較高，並有著組織正式授權的管理權限。在組織中，管理者通常可分成三個層次：高階，中階和低階。組織的管理者階級與人數結構類似一個金字塔型（參照圖1-11），由低階到高階快速遞減。由於每一個管理層級的主要職責不同，他們的職稱和工作內容也不同，需要的相關管理技能也就有所差異。例如，高階管理者主要職責是決策，需要訂定組織的計畫與目標，因此較需經營的整體概念與決策經驗以迅速

做出結論，並提供組織未來發展方向與方法的能力。中階管理者主要職責是要思考在高階管理者的決策目標確定後，要如何的推行，包括如何發展具體可行方案、控制資源分配、承接上級命令與反饋下級意見，因此需要全面性的溝通、協調、激勵與指導等銜接上下的能力。低階管理者主要職責是負責日常生產性或庶務性員工的管理工作，例如，員工人數的管控和工作內涵的配置。他們每天與第一線員工爲伍，雖然不爲組織設定目標，卻是對公司生產力最具影響的人，故最需具備生產之專業知識與技術，以及具體的管理工作能力。綜合以上，對於不同階層管理者所需的管理技能之偏重特性可呈現如圖1-12。

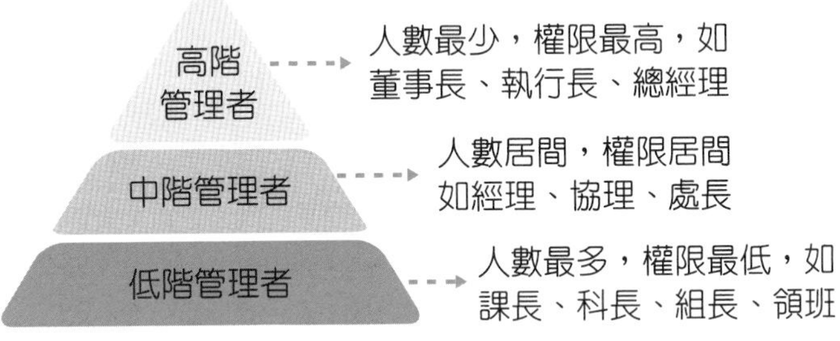

■ 圖1-11 管理者階級與人數結構圖

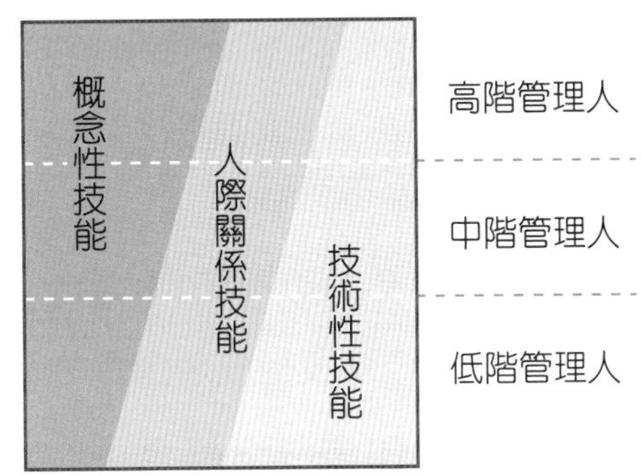

■ 圖1-12 管理者的管理技能偏重特性

1-7-2 管理者的角色

管理者的角色是指管理者在企業組織中可能扮演的不同職位、功能或工作職稱。1989年明茨伯格（Henry Mintzberg）在他的專著《明茨伯格論管理》（Mintzberg on Management: Inside Our Strange World of Organizations）一書中，臚列了管理者的十種可能角色，說明如下：

一、代表者（Figurehead）

代表部門在組織中給予績效獎勵並發揮領袖的作用者。

二、領導者（Leader）

擁有合法指導下屬的職權者。

三、聯絡員（Liaison）

能與組織中其他部門協調或外部組織聯絡者。

四、監督者（Monitor）

洞察環境，充當組織內、外部信息的神經中樞者。

五、傳播者（Disseminator）

擁有源於組織內、外部的關鍵信息，並能傳遞信息給組織中需要的人。

六、發言人（Spokesperson）

代表組織向外界發佈有關組織的信息者。

七、企業家（Entrepreneur）

把握經營機會，領導組織變革與創新者。

八、危機掌握者（Disturbance Handler）

能預防或消除混亂的出現，或控制與補救危機者。

九、資源分配者（Resource Allocator）

能決定組織資源的配置與應用方式者。

十、談判者（Negotiator）

代表組織對內、外部單位或人員進行調停、協商者。

這十種管理者的角色，又可依屬性歸爲人際角色、資訊角色與決策角色三大類，關係如表1-6所示：

表1-6　管理者的角色分類

人際角色	(1)代表者
	(2)領導者
	(3)聯絡員
資訊角色	(4)監督者
	(5)傳播者
	(6)發言人
決策角色	(7)企業家
	(8)危機掌握者
	(9)資源分配者
	(10)談判者

1-8 企業環境與全球化競爭

1-8-1　企業環境

企業環境指的是影響企業經營狀況的所有內部因素和外部因素的總和。其中，內部因素和外部因素還可能各自影響、或共同影響一個企業。相較之下，外部因素也會比內部因素更無法控制。企業環境的因素很多，如：客戶、供應商、競爭對手和業主、改進的技術、法律和政府活動、市場、社會和經濟趨勢等。管理者若能管理企業內部運作的優勢，並認識到企業外部潛在的機會和威脅，就能掌握企業成功的關鍵。現在讓我們先以屬性的方式進行分類，來看看企業環境的主要內部因素與外部因素（參表1-7）各有哪些：

一、內部因素

內部因素是指那些會影響企業且存在企業之內的因素。這些因素包括：企業目標、企業策略、產能、製造方法、管理資訊系統、組織結構、企業文化、領導與風格、人力資源規劃等等。這些因素通常是企業可以控制的，且這些因素的資訊對於企業的內部環境，以及內外環境之間互動的研究非常重要。

二、外部因素

外部因素是指那些會影響企業且存在於企業之外的因素。有些外部因素會與一些特定公司的關係非常密切，有些則會影響整個企業界。企業可能無法控制這些因素，但這些因素的資訊對於企業的外部環境之研究卻相當重要。因素如下：

(一) 政治因素

政治因素是指可能會影響企業的政府活動和政治條件，例如：法律、法規、關稅和其他貿易壁壘、戰爭或社會動亂。

(二) 經濟因素

經濟因素是指會影響所有企業經營與投資的一系列基本信息。這種因素的影響是全面性的，不會只對某些特定企業造成影響。例如利率、失業率、匯率、消費者信心、消費者的可支配收入、儲蓄消費率、經濟的衰退或蕭條等。

(三) 社會因素

社會因素是指與一般社會有關或對企業會有影響的因素，像文化傳統、價值觀念、教育水準以及風俗習慣等。例如：社會運動（如環保運動）、在時尚和消費者偏好上的變化（像隨著季節變化的服裝流行款式）、或者當前對綠色建築及有機食品偏好的趨勢。

(四) 科技因素

科技因素是指技術、工藝、材料上的創新，但這可能造成企業受益或損害不一。一些技術創新可以提高企業的工作效率和利潤率，如電腦軟件和自動化生產。但另一方面，一些其他技術的創新也可能帶來對企業的生存威脅，如網路串流（Internet Streaming）對DVD租賃企業所引起的挑戰。

(五) 法律因素

法律因素是指組織外部的法律、法規、司法狀況和公民法律意識所組成的綜合系統。

(六) 人口統計變數

人口統計變數是指人口規模、結構與分配、年齡、教育程度、生育率等人口特徵。

企業環境可如圖1-13所示，它是多元的、複雜的、動態的，會對企業的生存和發展產生深遠的影響。企業若能與其環境維持密切和持續的良性互動，將有助於加強企業的經營成效。這些成效包括：

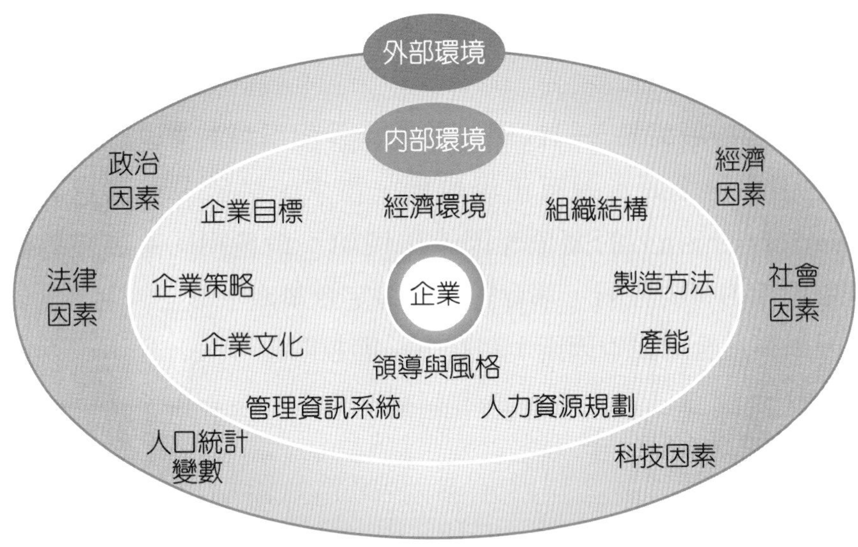

■ 圖1-13　企業環境

表1-7　企業環境的內部與外部因素

企業環境		範例
外部因素		客戶、供應商、競爭對手和經濟趨勢
內部因素	政治	法律、法規、關稅和其他貿易壁壘、戰爭或社會動亂
	經濟	利率、失業率、匯率、消費者信心、消費者的可支配收入、儲蓄消費率、經濟的衰退或蕭條
	社會	文化傳統、價值觀念、教育水準以及風俗習慣
	科技	技術、工藝、材料上的創新
	法律	組織外部的法律、法規、司法狀況和公民法律意識所組成的綜合系統
	人口統計變數	人口規模、結構與分配、年齡、教育程度、生育率

1. **確定機會和威脅**：分析企業與環境之間的相互作用，有助於企業確定面臨的外在機會與威脅，成功地迎接挑戰。
2. **指引成長方向**：與環境的相互作用，將有機會幫企業確認與開拓新的成長領域。

3. **持續學習**：透過環境分析，管理者將會更容易應對企業所面臨的挑戰。管理者會產生學習動機，不斷地更新自己的知識、理解和技能，以滿足企業所預測的新改變。

4. **樹立形象**：企業對環境的理解可以顯示他們在工作環境上的敏感性，有助於改善形象。

企業的環境包羅萬象，只談內部環境與外部環境其實並不完備，例如：介於內、外部環境之間，還有市場規模、需求、供給、與供應商和銷售鏈（Distribution Chain）的關係等因素，例如：銷售相同產品零售商店的家數，或競爭對手的實力強弱，都會對某些特定企業產生影響。另外，在企業外部環境中並未列入全球競爭因素，將在下一節說明。

1-8-2 全球化競爭

2000年，國際貨幣基金組織（IMF）指出全球化的四個基本面向是：貿易和交易，資本和投資流動，遷移和流動，知識的傳播。此外，也說明環境的挑戰，如全球暖化、跨界水污染和空氣污染、海洋漁業過度捕撈等也都與全球化密不可分。全球化爲企業經營的趨勢，是產品與服務互惠共享、互相交流所產生的國際一體化進程。企業的活動會超越地區市場、國內市場，進一步轉移到國際的其他市場，從而提高不同市場的相互聯繫。全球化不僅在國際經濟、金融、貿易和通信上顯現效果，同時也在文化交流上起了作用。最近幾年，全球化藉由技術、通信、科學、運輸和工業的進展，促使全球經濟和文化活動邁向更進一步的相互依存關係。

全球化的市場提供企業進軍世界各地的機會。它允許企業可以更專注於自己最擅長的專業分工上，以及選擇最有利的市場。這意味著企業有機會獲得更多的資本流通、技術，廉價進口和更大的出口市場。然而，市場並不確保效率提高的好處是雨露均霑。有些企業可能獲得好處，有些也可能是風險與挑戰。尤其是比較落後的國家，起步都較慢，各方面也處於弱勢，面對全球性的競爭，考驗將更激烈與嚴峻。

一、企業全球化的原因

全球化其實是世界邁向相互依存及整合的趨勢，企業全球化的目的是爲了尋求更大的市場與更好更便宜的資源，以追逐更高的利潤及更大的競爭優勢。

因此可歸納出四個主因：

(一) 爲現有的產品和服務尋找新客源

在本國市場趨於飽和或失去新鮮感時，爲現有的產品和服務開闢不同國家的新客源。

(二) 爲尋找更好品質或更低成本的資源

企業可在國際市場尋找更優質和更低廉的資源，獲得低成本優勢。這些資源包括原材料、勞動力、技術和資金（稅）。

(三) 爲尋找更多訂單或更高價格的市場

企業可在國際市場尋找高銷售量或銷售價格的產品和服務市場，獲得高利潤優勢。

(四) 打造核心競爭力

企業要永續經營，必須擁有比競爭對手更優秀的核心能力。企業全球化讓企業直接面對海外市場，能更快的學習新的科技與管理經驗，打造出更強的核心競爭力。

二、企業全球化的影響

企業全球化是在突破不同國家的藩籬，進入他國從事生產、銷售、服務等活動。當本國企業進軍國際之時，全球企業亦從四面八方不斷地入侵。市場的開放往往是雙向的，有得失、利弊、機會，以及更多的挑戰。全球化的主要影響可分成以下幾個方面說明：

(一) 國家主權

主權弱勢的國家可能受到不公平待遇，進而影響國家利益，但也可能透過全球化的相互合作、融合、制約，進而保持國際間的和平。

(二) 政治

透過自由化、民主化、及民主轉型的發展，掀起全球民主化的浪潮，讓更多人享有自由、平等與人權。

(三) 經濟

有利於資源、生產要素、產品與服務互通有無的整體成長。但應愼防金融風暴發生、貧富差距拉大、企業出走及大量失業人口等經濟衝擊。

(四) 文化

文化會透過媒體滲透，進而改變人民的價值觀和生活習性。強國的文化傾銷可能帶來未知的後果，但也能以本土文化相互抗衡。

(五) 社會

本土社會的慣性狀態，可能會在全球化的衝擊中產生安全制度上的危機（如資本外移、政府稅收短缺、生態改變等），這需要社會整體系統的調適或堅持。

(六) 環境

全球化有助於建立溝通平台與互助機制，以利於相互制約，並合作協商，共同解決如環境汙染、氣候暖化或能源及糧食短缺等問題。

在很多情況下，全球化受到政府的積極推動，而個別企業若無政府政策支持，在國際間競爭亦相對地艱難。但若政府的政策錯誤或執行不力，也會大大的影響企業的競爭力。因此，政府應有明確的政策與果斷的領導，企業才能夠與世界各國的企業競爭，也才能夠於競爭劇烈的環境中屹立不搖。政府在協助企業全球化的政策有：

1. 成爲企業全球化的前導與後盾，在資源整合、法令、資金、人才等，都能給予幫助。
2. 積極參與國際經貿組織，尋求可進行雙邊貿易的夥伴，開展國際經貿舞臺。
3. 以國際視野規劃產業的國際分工，再以國際分工之架構積極參與區域經濟，並推動自由貿易區。
4. 強化我國地理優勢，使臺灣成爲企業東進或西行的營運中心。
5. 儘早促進兩岸三通或簽訂自由貿易協定（FTA），協助廠商佈局全球。

而企業要進軍全球化的相關作爲，可概述爲以下六步驟：

- **步驟一：**啓動企業全球化計劃，進行需求評估與目標設定－必須先評估意願與準備程度，才能開始行動。
- **步驟二：**進行國外市場研究，並確定國際市場。通盤了解國際市場的商品和服務供需資訊。
- **步驟三：**評估和選擇配銷產品出口的方法。可以從多種方式中選擇，如在海外開設自己的子公司來與代理商、代表或經銷商等合作，或設立合資企業。
- **步驟四：**瞭解如何制定價格、洽談交易和導航出口的法律困境。文化、社會、法律和經濟的差異對出口企業而言都會是挑戰。
- **步驟五：**瞭解政府和私人的金流來源，並確保您會得到報酬。例如：透過第三方支付平台。
- **步驟六：**確保貨物能透過交通運輸系統進入指定的國際市場，並按照其市場法規包裝和標記。不同國家的市場會依循不同的法令規章，這點需特別注意。

個案討論

食安也需進行管理

長久以來，國內、外的食安問題都像是不定時炸彈般，不時就被引爆。2013年，歐盟曾曝光一份報告指出，國外有10大造假食品值得注意，其中包含橄欖油、魚類產品、有機食品、乳品、穀類、蜂蜜與楓糖漿、咖啡與茶、調味料、葡萄酒和果汁等，其中以品質和標示不一最為常見。而黑心食品在中國大陸更是猖獗，而最令人聞之色變的十大黑心食品由頭至尾則是：地溝油、大便臭豆腐、假酒、毒奶粉、假雞蛋、垃圾牛、羊尿鴨肉、頭髮醬油、毒饅頭與毒豆芽，單看這些名字都會讓人頭皮發麻、噁心反胃。這些「食品」的成份充滿了禁藥、致癌物質、細菌、病毒和重金屬等，對身體的危害可想而知。可悲的是，號稱美食王國的臺灣，竟也在食安問題上風波不斷。例如：米糠油中毒、假酒、人工香精、瘦肉精肉品、塑化劑、黑心油等等，不一而足。

問題討論

1. 面對食安問題，你覺得政府該怎麼做？
2. 面對食安問題，你覺得企業該怎麼做？
3. 面對食安問題，你覺得你自己（每個人）該怎麼做？

討論引導

究竟什麼原因導致黑心食品層出不窮，讓這些企業、商人罔顧消費者權益呢？在一篇新聞鏡（The News Lens）的關鍵評論中指出，食安問題無法解決的四大主因為：

(一) 食物生產工業化

在這種非自然的生產方式中，很容易提供造假和摻加非法物品的機會。

(二) 業者推波助瀾

食物只注重色、香、味，還要求成本低廉、供貨迅速。

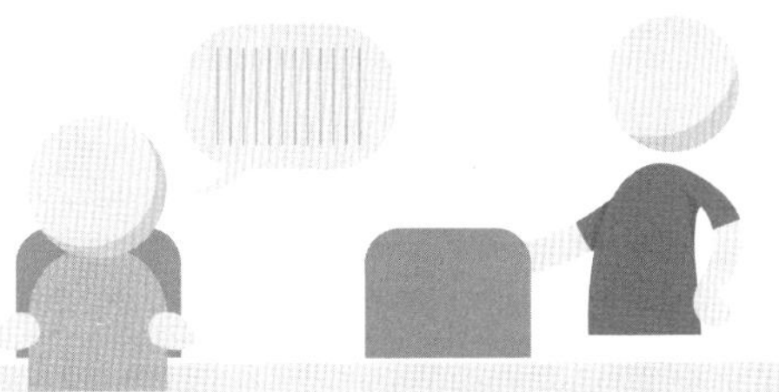

(三) 暴利的驅使

幾乎所有食安問題都在於不肖業者使用極低成本的劣質原料來製作食品，例如：原料以工業用等級來矇混食品用等級，受到暴利的誘惑，許多人就會不顧良心、以身試法。

(四) 官方後知後覺

政府經常查核不力。食安問題是經由媒體、專家或業內率先檢舉披露，監管部門總是後知後覺。

2016年1月20日消費者文教基金會發布消費者最關注的2015年10大重要消費新聞。前三名分別是頂新偽油案被判無罪、八仙樂園塵爆案和福斯汽車造假案。值得注意的是，臺灣在過去4年的消費問題中，從美牛進口、塑化劑到頂新案，食安問題總位居排名之首，顯見解決食安問題與重拾消費者對食安的信心是刻不容緩。面對食安問題每年必上榜，消基會提出三項新辦法：第一、由消基會擔任食品檢驗。第二、加強立法。第三、推動消保學生社團。消基會董事長陸雲表示，希望透過業者對消費者資訊透明化、加強立法監督行政，以及發起學生對消費意識的抬頭，來改善食安問題。

自我評量

一、是非題

1. (　　) 企業是一個提供商品或服務來賺取利潤的組織。
2. (　　) 組織可以說是管理者爲達成管理目標，所從事之一連串「管事理人」的工作。
3. (　　) 科學管理（Scientific Management）係以科學的計量理論、工具與方法，來分析有限資源的分配問題，並提供具體數據及可行方案，協助管理者對組織績效進行衡量與控管，或做出更好的決策。
4. (　　) 組織是指由各種不同的功能，且有助於整體或集體功能的單位組成之固定型態。
5. (　　) 管理的控制功能是在確保組織的所有其他功能均能成功運行。它包括建立績效標準和監督員工的成效是否符合這些標準。
6. (　　) 控制是管理的基本功能，是在決定提前做什麼、什麼時候做和怎麼做，也就是爲了能實現企業組織的預定目標，在事先所勾勒出的最合適行動方式。
7. (　　) 管理的指導功能是驅動組織提高工作效率以實現組織目的的方法。
8. (　　) 企業環境指的是影響企業經營狀況的所有內部因素和外部因素的總和。內部因素也包括政治因素。
9. (　　) 企業環境指的是影響企業經營狀況的所有內部因素和外部因素的總和。內部因素也包括企業策略和企業文化。
10. (　　) 企業全球化的目的是爲了尋求更大的市場與更好更便宜的資源，以追逐更高的利潤及更大的競爭優勢。

二、選擇題

1. (　) 下列何者有誤：(A)服務是一種無形的產出 (B)服務可能是履行某項任務或完成某種勞務 (C)商品是透過製造程序而產出的資源 (D)服務和商品都能用來滿足客户。

2. (　) 下列何者正確：(A)高階管理者最需要概念性技能 (B)中階管理者最需要技術性技能 (C)低階管理者最需要溝通技能 (D)以上皆非。

3. (　) 「科學管理之父」係指那一位學者？ (A)甘特（H. Gantt） (B)馬斯洛（A. Maslow） (C)泰勒（F. Taylor） (D)吉爾佈雷思（F. Gilbreth）。

4. (　) 下列那一位學者曾提出有名的「管理的十四項原則」？ (A)費堯（H. Fayol） (B)梅堯（E. Mayo） (C)韋伯（M. Weber） (D)泰勒（F. W. Taylor）。

5. (　) 下列對於企業的敘述何者不正確 (A)企業是由個人或一群人所組織而成 (B)從事經濟活動的企業單位 (C)以追求利潤爲目的 (D)不需兼顧服務社會大眾。

6. (　) 下列哪一種理論最重視組織中人性因素對生產力的影響？ (A)管理科學理論 (B)行爲管理理論 (C)組織環境理論 (D)科學管理理論。

7. (　) 全球化的主要影響中，會透過自由化、民主化、及民主轉型的發展，讓更多人享有自由、平等與人權的因素是：(A)國家主權 (B)政治 (C)文化 (D)社會。

8. (　) 管理科學理論中，一般常用的計量方法包括：(A)統計 (B)數學模型 (C)電腦模擬 (D)以上皆是。

9. (　) 霍桑實驗讓我們學習到的是：(A)改變工作條件和勞動效率之間有直接的因果關係 (B)提高生產效率的決定因素是工作條件 (C)人際關係才是績效提升的主要因素 (D)關心員工的不滿情緒，有助於改善工作條件。

10. (　) 下列有關麥格雷戈的X理論－Y理論何者正確：(A)X理論－Y理論是一種管理科學理論 (B)X理論中強調人性本惡 (C)Y理論中認爲有些人天生懶惰，總會盡可能逃避工作 (D)以上皆非。

三、問答題

1. 何謂管理？何謂企業管理？
2. 試簡述PDCA管理循環。
3. 何謂企業功能與管理功能？請以企業管理矩陣的方式呈現其關係。
4. 試以圖示方式說明企業的生產與作業管理系統。

02 生產管理

學習目標

希望透過本章的學習，能使同學了解生產的定義及在企業中扮演的角色，此外也能初步認識生產管理之範疇及其演進過程，最後能具體將生產管理的概念融入於現代化企業經營的模式中。

圖片來源：http://www.freepik.com/free-photo/close-up-of-a-spoon-of-red-beans_902080.htm

引導案例

IKEA如何用「設計」征服全世界！

從瑞典鄉間的一家小雜貨店，到全球最大家具製造與零售商，進軍52個國家，展店超過300家門市，IKEA魅力橫掃全世界。不過你可能不知道，IKEA設計的，從來不只是家具的外型！

從訪問開始，耗時兩、三年開發新產品，IKEA 365+系列，一直算是IKEA的經典系列產品，能自然融入使用者的日常生活，同時持久耐用，這正是「IKEA 365+」系列的目標。系列商品包含各種尺寸的盤子、玻璃杯、鍋子和刀具等烹調工具。IKEA推出的365+餐具系列，乍看之下好像沒什麼特別之處，事實上可是花了長達三年的光陰才改良而成。

即使在日本，也很少為了開發日常生活用品，花費這麼漫長的時間。負責開發365+餐具系列的IKEA主管喬瑟芬・薛瓦（Josefin Sjövall）女士和產品開發人員卡琳・恩奎斯特（Karin Engquist）女士告訴我們：「在IKEA，花上兩、三年的時間開發商品，並不稀奇。」IKEA開發商品時，會先從「家庭調查」開始。開發部門的員工每年訪問1,000個左右的家庭，從調查結果分析消費者生活上有什麼煩惱、希望追求什麼樣的生活。

以365+系列為例，除了每年訪問超過1,000個家庭外，開發人員又更進一步地進行了名為「靈感之旅」的視察——IKEA透過旅行，廣泛接觸單憑家庭訪問無法了解的異國文化，仔細觀察人們的生活，把旅行得到的收穫活用於商品開發，做出更多人需要的設計。從這個視察中得出的其中一個結果，就是「有限的空間」。這個結果，影響了IKEA如何傾力投注於亞洲市場。今後，IKEA便將365+系列的開發重點集中於如何讓消費者在都會區狹窄的住宅舒適度日。

現代的年輕人並不追求寬敞，居住的空間通常比較小巧，在這樣的趨勢中，如何有效運用空間就成了無可避免的問題。IKEA為了解決這個問題，開始採用新的商品開發與改良方法，從家具到生活用品，力求滿足人們在有限空間中的生活。

以「餐具」來講，IKEA如何讓餐具因應生活空間的變化呢？他們想出的做法，就是在設計中加入「具備超多功能」、「疊放收納時美觀」和「不占空間」的要素。

IKEA開發人員走訪世界各地，近身觀察各國的飲食生活，發現年輕人的用餐習慣已經大幅改變，他們觀察到，年輕人「上餐桌吃飯」的觀念已經逐漸淡薄。像是在美國，盤腿坐在沙發上享用裝在大碗裡的義大利麵，已經是稀鬆平常的事情；許多人也喜歡在天氣好的日子，坐在陽台或院子吃午餐；早上在床邊享用托盤上的水果或麥片……等。飲食習慣變得多元，因此餐具不但要能適用於不同的用餐場景，最好還能在烹飪時當成工具靈活使用。

1. 平底設計，能直接把杯子放在盤子上走來走去

   而IKEA為這種多元化飲食習慣推出的系列，就包含了各種尺寸的餐具。考量到經常吃麵或蓋飯的亞洲消費者，也顧及到習慣舉辦派對的國家，需要站著用餐，因此採用平底設計，能直接把杯子放在盤子上走來走去。

2. 收納性能，考量廚房與產品空間平衡的完美設計

   至於重視疊放時的美觀和收納性能，則是為了有效運用有限的廚房空間，因此IKEA 365+的餐具不但都可以疊放收納，疊放時外觀看起來很俐落，可以說是考量整體平衡的完美設計。

3. 餐具尺寸，一致的圈足高度提升細節美感

   餐具的尺寸，則是考慮使用時方便與否和疊放時的美觀而推算出的結果。除了追求眼睛看得見的造型之美，也很注重整體的細節，例如全系列餐具的圈足高度都是一致的。

4. 合理價格，來自簡易的設計素材與物流技術

   IKEA的商品開發和設計，可不止於外形，更重要的是設定出能讓更多人負擔得起的價格，而價格的關鍵就在於工廠與物流。

以IKEA 365+的餐具為例，分別在全球三個不同的工廠製造。為了讓三個工廠可以使用相同素材、製造出相同的形狀、維持相同的品質，完成大量生產的任務，必須設計出易於製造的外形；而為了控制成本，每個棧板必須要能容納更多商品，為了維持一定的強度，也必須仔細考量厚度。

IKEA認為：人人都負擔得起的價格，才是好商品、好設計。

為了做出好設計，開發人員必須不斷下工夫，反覆修正，才能找出最佳平衡。大眾化設計，就是連製造一個餐具，也能反映出社會環境的變遷，並且解決人們生活上的問題。

資料來源：日經設計，非買不可！IKEA的設計，天下文化出版，2017。

引言

家具與家庭生活用品，是每個家庭生活的必需品，且有一定程度的汰換需求，但每個國家、城市或地區往往都有不同的生活習慣或型態。大多數的家具製造商往往由當地消費者的需求進行生產管理的思考，而IKEA在面臨跨國界、城市的消費需求上，採取家庭調查與體驗式觀察等不同方式，整合出家具及生活用品在都會生活中的關鍵需求，更同時考量消費者可接受價格、物流系統整合等各項生產管理所必須解決的實際問題。為了使同學對生產管理有更具體的認識，本章將由生產管理的基本概念進行說明，並由企業主的角色分析生產管理對企業經營的重要性。

2-1 生產管理與企業的關係

2-1-1 生產管理的功能與策略

在一個企業中，生產管理主要的功能著重於產出新製品及相關產品服務，從生產原料投入、生產、到產出的過程，可分為五大步驟—投入（Input）、轉換（Transformation）、產出（Output）、管制（Control）及回饋（Feedback）（如圖2-1所示）。

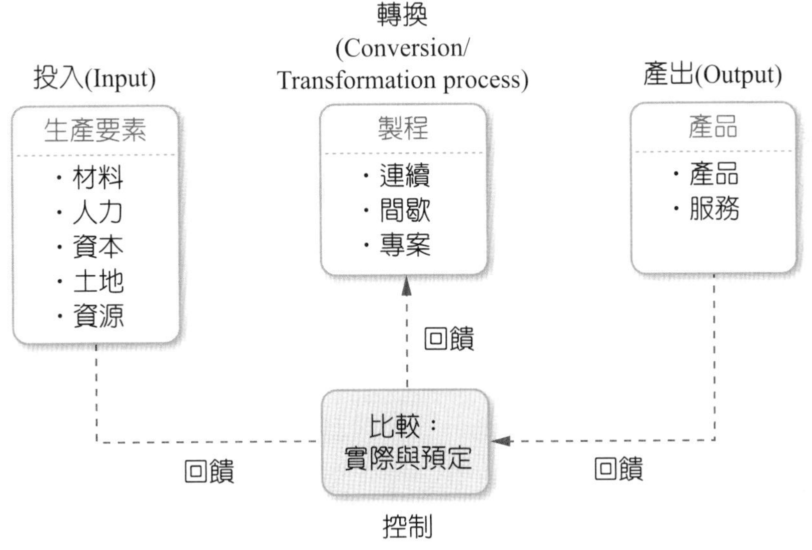

■ 圖2-1 生產管理系統

投入要素包含人員、物料、服務、土地及所需要的能源，透過中間製程轉換，最後產出符合社會需求及企業目標的商品或服務，完成企業的工程管理。而中間的製程轉換，則包含管控連續或間歇作業，偶爾針對產品製程提出策略；商品產出後，透過不間斷的資訊回流與消費者回饋改善產品品質，形成一套完整的生產管理系統。如圖2-1所示，產品要素由左邊的投入端，經由管理活動以及生產製程後形成產出，當產出的產品或服務到達消費者手中後，便由消費者產生回饋到系統中。

就時間軸方面，企業中生產管理的決策可以分為三類：長期的策略性決策、中期的技術性決策、短期的作業規劃與控制決策，如表2-1所示。

表2-1　生產管理功能內的管理決策

期間	決策分類	定義
長期	策略性決策	了解客戶需求，進而影響企業長期的有效性。
中期	技術性決策	在策略性決策的限制下，有效率的安排物料和人力。
短期	作業規劃與控制決策	公司中短期之既定條件或限制，範圍較小與較短期最佳成效。

在短期目標中，主要著重於作業性的規劃與控制，關注範圍較小，例如：處理今天或本週要做的事是什麼、本週優先產品排程、任務指派等；中長期目標則進行戰術性的規劃，擴大控制範圍，有效率的安排物料和人力，解決在短期策略無法改善的限制因素，例如：如何有效利用物料和人力、需要多少人手、何時需要、訂購的物料何時進廠、物流規劃等；長期目標中，企業需了解客戶的需求，促使企業能有效的長期經營並持續通過市場考驗，配合消費者需求不斷精進求進。

在企業中長期的生產管理策略中，可從兩大層面分析更仔細的計畫。第一，投入生產前的相關前置作業，包括：投資分析、產品設計、品質規格、生產程序設計、廠房佈置、物料搬運、工作設計、工作衡量等；第二，投入產品生產至產出的過程，包括：生產效率管理、庫存管制、物料需求計劃、生產預測、資源需求計畫、生產排程、品質管制等。

一、生產前分析層面

(一) 投資分析

在企業經營初期，投資分析是一重要環節，包括機器設備的購買或租賃、前期投入金額大小、產品生產數量的控制、企業收益平衡成本的時間的長短皆是分析的重要面向，其中又可以牽涉到利息、折舊、殘值、投資報酬率、機會成本、維護成本、稅等問題，是企業起步的一個關鍵環節。

(二) 產品設計

產品生產開始到完成上市後，修正及挽回的成本遠比生產開始前要高。因此，在產品設計階段，須廣納各個層面，包括顧客需求、顧客偏好、價格、成本，甚至生產材料、生產設備等，儘可能完善生產前的產品設計，避免造成企業額外的龐大支出。

(三) 品質規格

有關產品的品質規格也需要廣納市場及消費者的需求與意願，並妥善配置相當的成本及價格，此階段也須在產品生產前一併考慮。

(四) 生產程序

產品生產程序的安排，需從效率又不影響品質的方向做規劃，必須在前置作業階段即完善整體的過程編制，與產品設計及規格息息相關。

二、生產過程分析層面

(一) 生產績效管理

在產品生產過程，從客觀公正的角度去衡量及分析生產線、工廠人員的績效，管控無效率之行爲，以提升企業產品產出之效率。

(二) 庫存管制

庫存的規劃對企業是一種沉重的負擔，如何安排庫存量，需透過公司產品及客戶方互動中去分析拿捏，以避免成爲企業運行中龐大的負債面。

(三) 生產預測

市場上的變化往往難以預測，也是企業所需面臨的一項難題，在不確定的環境下，如何準確分析投資，是一項艱難且重要的任務。

(四) 資源需求計畫

在製造產品或提供服務時，公司須有持續且充足的資源，以利整體生產的運行，達成企業之營運目標，爲此須訂定資源需求計畫，妥善規劃產能。

(五) 生產排程

生產排程是生產管理最基礎且重要的技術之一，排程的方法很多，端看商品特性或企業生產方式的不同而異。

(六) 品質管制

品質管制牽涉到設計、進料、製程、成品、服務等多方面的問題，其目的爲防止不良品的發生。

綜上所述，從作業策略至經營策略，皆需相當審慎小心。而企業對其本身的定位影響更爲深遠，其主要能引領及平衡各層面作業，使之穩定發展並產出符合需求的商品以獲得最大的競爭優勢。

2-1-2　生產管理與企業各部門的關係

生產管理在企業中隸屬的管理部門與其它部門之關係非常密切，就上述介紹，生產活動之產出與管理並非單靠管理部門，而是需要全體單位共同努力才能成功。有關生產管理部門與營業、財務、會計、採購、及人事等部門之關係分述如下：

一、營業部門

分別以銷售預測、銷貨訂單資料之提供、顧客之品質需求、新產品或服務方式之情報、顧客訴怨情報、正確資訊的提供與交流等說明如下：

(一) 銷售預測

正確的銷售預測以及市場需求變動分析可使生產管理部門有效的規劃未來生產計劃，並調整生產因素。

(二) 銷貨訂單資料之提供

營業部門的訂單資料必須隨時提供給生產管理部門，使其了解應生產的品種、數量、交期，以利生產安排。

(三) 顧客之品質需求

營業部門最接近顧客，因而可以了解顧客眞正需要的是何種品質，生管部門可據此情報計畫合適的機器、工人、工具、製造等，以迎合顧客的需要。

(四) 新產品或服務方式之情報

營業部門可從顧客或競爭廠商處獲知有關新產品或服務的創意，提供給生產管理部門或設計部門。

(五) 顧客訴怨情報

營業部門之售後服務單位（有的公司服務單位獨立）最容易取得顧客對產品的批評、抱怨或使用上的問題，這種情報非常寶貴，公司可據此改進，以減少顧客之不滿，創造更大的銷售量。

(六) 正確資訊的提供與交流

生產管理部門亦應提供給營業部門有關訂單何時完成、何時裝運、產品之期望品質、可用材料、顧客如何使用等情報。

二、財務部門

(一) 預算資料之提供

公司內各單位皆須定期地向財務部門提出預算計劃，包含預計之財務需求與支出。在與財務部門決定預算之內容時須特別謹慎，因其影響未來之生產效果甚鉅。

(二) 投資分析

生管部門若面臨設備或存貨投資時，通常會求教於財務部門，因為這些決策須應用許多知識，如：投資報酬率、折舊、投入資金、回收期間、複利計算等。此外，投資時也會牽涉到一些問題，如：稅務結構、稅務法規等，皆須仰賴財務部門解決。

(三) 改善生產所需資金之提供

生產製程的改善往往需要大筆資金，如興建新廠、擴建廠房、重新佈置、搬運工具自動化等。

(四) 工廠狀況資料之提供

財務部門提供各種財務報表，如資產負債表、損益表等，生管部門可從這些報表上了解生產實際績效與公司目標之配合情況。

三、會計部門

(一) 提供成本資料

生管部門從會計部門得到原材料、人工、製造費用等資料，可了解產品成本以及製造績效。採購單位亦可根據這些資料與生管部門共同作自製或外包的決策。

(二) 生產系統特殊報告之提供

會計部門能提供許多資料，如：損料、重加工、原材料庫存、半製品庫存、成品庫存、零件庫存、工作時數、加班時數等，這些都是相當有用的「回饋資料」，生管部門可據此改善或控制生產活動。

(三) 生管部門亦應提供會計部門許多資料

如：工作日報表、工作單、出庫單、交貨單、領料單、驗收單、損料單……等。

四、採購部門

採購部門的任務是在適當的時間，以適當的價格取得合適的品質、原料的數量、設備、服務、物料等，其與生管部門之關係如下：

(一) 採購之決定

生產部門主管往往因個人偏好或對市場行情不了解，無法適當地採購用品，這時應由採購部門決定之，或由採購部門提供品牌、價格行情等資訊。

(二) 批量及購入日期之決定

採購部門根據生產計劃庫存狀況等資料，決定批量及交期，使材料及時在生產需要時進廠。

(三) 新材料、新產品、新製程之發現

由於採購部門也是與「環境」接觸頻繁之單位，因而能提供各種新情報，尤其在新材料或新供應商方面。

(四) 庫存控制

生管部門應該經常與採購部門協調、溝通，使採購部門取得明確之原料庫存、半製品庫存、成品庫存等資料。如此，才能適當地控制屯貨數量，不致因缺料而停工，也不會造成材料、半製品、成品庫存太多、資金積壓等現象。

五、人事部門

(一) 徵募人員

生產單位最頭痛的問題之一就是人員徵募，尤其在臺灣，人員流動相當頻繁，幾乎每週甚至每天都要面臨這個問題。因此，人事單位可代爲登報、招募、遴選、測試，最後再交由使用單位決定。員工辭職的手續、善後等問題也須由人事部門代勞。另外，員工的調遷等處理，亦是人事部門之責任。

(二) 訓練人員

許多與生產有關的訓練也可由人事部門舉辨，如：機器操作、圖面識別、報表填寫、領導能力……等。

(三) 舉辨活動

許多活動雖非生產性，但卻與生產有關。如舉辨品管圈壁報比賽、安全衛生演講比賽，又如旅行郊遊、組織社團等，皆可聯絡感情，加強對公司之向心力，進而影響到生產效果，因此通常由人事部門負責。

(四) 勞工關係事件處理

工廠內有時會發生抱怨、集體抗議、糾紛、怠工等事情，這些通常發生在生產單位，卻是由人事單位來協助處理。

(五) 安全衛生

工業安全已是受大眾注目的問題，須由人事部門協助，配合國家法令，制定各種規則與防患措施。

六、研究開發或設計部門

1. **新產品圖面設計之日程協調**：此與生產計劃之排定有關。
2. **零件表之發行**：此爲生產管理不可或缺之工具。
3. **設計變更之聯繫**：技術部門一有設計變更，一定要與生管部門聯繫。
4. **新產品之知識取得**：新產品、新程序、新生產工具等知識可由此部門取得。

5. **現有產品改善**：現有產品在生產上之改善建議。

6. **設計瑕疵即時反應**：生產單位亦可反映因設計不良而產生之加工上的不便，供設計部門研究改進。

七、工業工程或生產技術部門

1. **方法分析結果之提供**：工業工程部門經由分析不同方法，得到最佳操作方式，提供給生管部門實施，以求工作之改善。

2. **工作衡量結果之提供**：衡量工作內容、估計製程時間、設定標準時間，並提供給生管部門使用。標準時間極爲重要，例如：實施獎工制度就必須要有標準時間。

3. **治具之計劃、設計、製作**：生產上所需之治具往往經由工業工程或生產技術人員加以設計、改善。

4. 工廠佈置、協助物料搬運方法之改善。

5. 工廠維護制度之設計及協助實施。

2-2 生產管理的發展歷程

生產管理的觀念發源甚早，其演進過程受到各階段的環境氛圍影響，如表2-2所示，不斷改進以符合社會潮流，其中重要階段的影響包括工業革命（The Industrial Revolution）、科學管理（Scientific Management）、人際關係運動（The Human Relations Movement）、決策模型與管理科學（Decision Models And Management Science）、日本製造業者（The Influence Of Japanese Manufacturers）的影響。

表2-2　生產作業管理沿革

年代	代表	原則
1910	科學管理的原則	時間研究和工作研究的觀念
	工業心理學	動作研究
	移動式裝配線	作業排程圖

年代	代表	原則
1930	品質管制	抽樣調查和統計圖表
	霍桑研究	工作抽查
1940	跨學門團隊以解決複雜的系統問題	線性規劃之單純法
1950-1960	大量作業研究工具	模擬、等候線理論、決策理論、數學規劃、電腦軟硬體、PERT、CPM待專案排程技巧
1970	大量的應用電腦	排程、物料管理、預測、專案管理、MPR
	服務品質與生產力	服務性的大量生產概念
1980	製造策略典範	以製造為競爭武器
	及時生產（JIT）、全面品質管理（TQC）、工廠自動化	看板管理、防呆裝置、CIM、FMS、CAD / CAM、Robots
	同步生產	瓶頸分析、OPT、限制理論
1990	TQM	美國國家品質獎、ISO9000系統、品質機能展開及同步工程、持續改善
	企業流程再造	徹底變革
	電子化代業	網際網絡
	供應鏈管理	SAP/R3，主從架構軟體
2000	電子商務	網際網絡、全球資訊網絡

一、工業革命

生產過程的首次大幅度轉變可追溯至工業革命，早期的生產活動是由一位或少數有技術的工匠，運用人力生產商品，數量少、耗時、成本高，不具有規模經濟，而工業革命有效的解決傳統生產模式的困境。

英國經濟學家亞當史密斯（Adam Smith）在1776年著「國富論」（The Wealth Of The Nation）即對工業革命的規模性經濟生產，指出分工的三個基本優點：

1. 單一工作重複操作的技巧發展。
2. 節省作業變更所致的時間損耗。
3. 工人專精於工作之特定範圍常可造就機器或工具的發明。

之後，英國的巴貝奇（Charles Babbage）在1882年撰寫「機器與製造的經濟」（On The Economy Of Machinery And Manufactures）一書中又進一步提出有關生產組織及經濟性的一些發人深省的問題。舉例來說，巴貝奇分析當時代一般直針的製造，共有七項基本分工作業，包括：(1)拉線、(2)直化、(3)尖化、(4)扭曲及切頭、(5)頭部成形、(6)錫化或白化、(7)包裝。若工廠每位人員均做相同工作，則其工資將難以訂定，因爲當工人在作直化、頭部成形、包裝等簡單作業時，雇主仍得付給他錫化技術的較高代價，然而在採行分工時，就不致有上述情形。因此，若採用分工式的生產，除了史密斯所發表之生產力優點外，還可以作爲薪酬分級的標準。

二、科學管理

上述研究旨在提高生產效率，有關生產管理的概念起源於1910年代泰勒之科學化管理概念。泰勒式哲學主要有三個重要觀點：

1. 強調科學法則能分析一個人的產能。
2. 管理者須藉此認知應用於生產作業。
3. 工人須準確的達成管理者期望。

泰勒在生產管理的領域中付出極大貢獻，在當時，工人通常依照過去經驗及本身技巧來決定如何生產零件，這種不確定性經常造成生產時間及成本的增加。泰勒首先發現其中問題，因而提出將科學方法應用到管理問題上，並主張工作方法應經由科學化的調查決定。

發現箇中問題並有解決方式後，泰勒開始進行一些頗具創意的實驗，包括基本生產組織、工資理論以及當時鋼鐵工業基本作業之發展，如金屬切割、銑鐵塊的搬運、鏟掘等項目。爲了針對不同的切割機器原料，訂出其適宜的進料及運轉速度，泰勒在十年間不斷進行金屬切割實驗，用了數以千磅的金屬，終於找出最適宜的生產方式，也驗證科學化的管理概念。

三、人際關係運動

1930年代，生產管理除著重生產的工作設計，也加入「人」的要素。在西方電器的霍桑工廠所進行的研究顯示，除了工作環境中的生理與技術層面外，員工士氣也是提高生產力的重要因素。[1]

1. 霍桑效益。

四、決策模型與管理科學

在管理學之父泰勒（F.W. Taylor）於1911年的科學管理原理以後的研究者，思考大規模生產所遭遇的重大困難時，任一問題的變數看來都互相關連，這顯然需要些數學技巧，而且縱使分析出可用的數學公式，卻沒有足以計算的工具可供使用，以人工運算可能要耗費大半輩子才可能解出。因此，現代化的高速電腦乃成爲必要的數學運算工具。然而，直到50年代以前，就連最大的公司也沒有電腦可用。

1915年，哈里士（F.W. Harris）開始以數學分析爲工具，他發展出第一個簡單條件下的經濟批量模式，其後由雷蒙（F.E. Raymond）及其他人士繼續發展，但是這種觀念在當時的工業界並不普遍。1931年，薛瓦特（W.A. Shewhart）提出統計品質管制並引介到工業界，而蒂貝特（L.H.C. Tippett）則提出工作抽查理論，使統計品管的觀念快速地成長，普遍應用到品質管制上。第二次世界大戰後，工廠的變遷伴隨著多種定量技術的發展，各領域專家仍持續發展與修正決策工具，並開發出適用於預測、存貨管理、專案管理與其他作業管理領域的決策模型，現代化生產生產領域因而更爲蓬勃發展。

生產管理之觀念、理論及技術之快速發展開始於二次大戰後，軍隊所作戰爭的研究產生了新的數學和計算技巧，並使大家瞭解舊有技巧如何應用到戰爭作業上，戰爭作業的問題與生產作業的問題相似，故其方法漸移工業運用。線性規劃是一項有意義的發展，它可以當作解決生產系統中有限資源分配的一項數學工具，也可以處理許多大型、複雜的排程，而高速電腦的發展正好使得大型線性規劃問題得以求解。

電腦出現不只可擔負冗繁的計算工作，更重要的是它可在給予適當的實際條件後模擬並建立生產系統。之後也陸續發展出其他數學方法，例如：在電話業用來分析電話系統的等候線理論，開始應用到生產線以及機器維護等問題上面，存貨理論也發展出更新、更切合實際的模式，包含了變動及不確定需求和其他條件等，其他如汰舊換新（更新）、維護以及競標等等理論的出現，都加強了生產管理的技巧。

電腦對自動化作業的新領域也卓有貢獻，經由程式設計，電腦可以控制機具且不藉由人工即能完成產品的生產，這方向的未來發展無論從社會觀點或經濟觀點來看，均有重大意義。當這方面技術更加成熟時，電腦將會按照其決定的日程規劃出數字控制的機具系統，這就是所謂的自動化工廠。舉例來說，在連續的化學加工如肥皂、石油製造業中，加工的自動控制就甚爲普遍，其人員大都是屬於間接控制的本質。

五、日本製造業者

有些日本工廠經由不斷地努力而能控制製程，避免不良發生，使得品質有重大的改進；同時，這樣的改進行動也大幅降低工廠中的篩選、不良修理以及現場的品質保證成本。這種強調產品品質、持續改善、員工團隊精神與賦權的做法，帶動工業化國家的品質革命，也激發了以時間爲基礎的管理崛起（如及時生產方式）。

如圖2-2說明，許多日本公司同時達成了品質與成本的改良，係代表品質和成本兩個向度同時受到公司的重視，則連接品質與成本效率兩頂點的邊便會縮短，使得整個金字塔重心傾向於該邊，從而表示出強調此兩個特性的定位決策，如圖2-2(a)。另外，許多日本工廠也對其操作人員施予密集交叉訓練，使他們成爲多技能勞工，再加上工廠佈置及設備能夠配合生產產品的切換而改變，使工廠的產出增加多元性且成本並未大量增加，大幅提高工廠的彈性，也代表成本與彈性兩項特性同時受到重視，因此成本效率與彈性兩頂點的邊也會縮短，整個金字塔的重心便移向品質、成本效率和彈性等三個頂點，如圖2-2(b)。

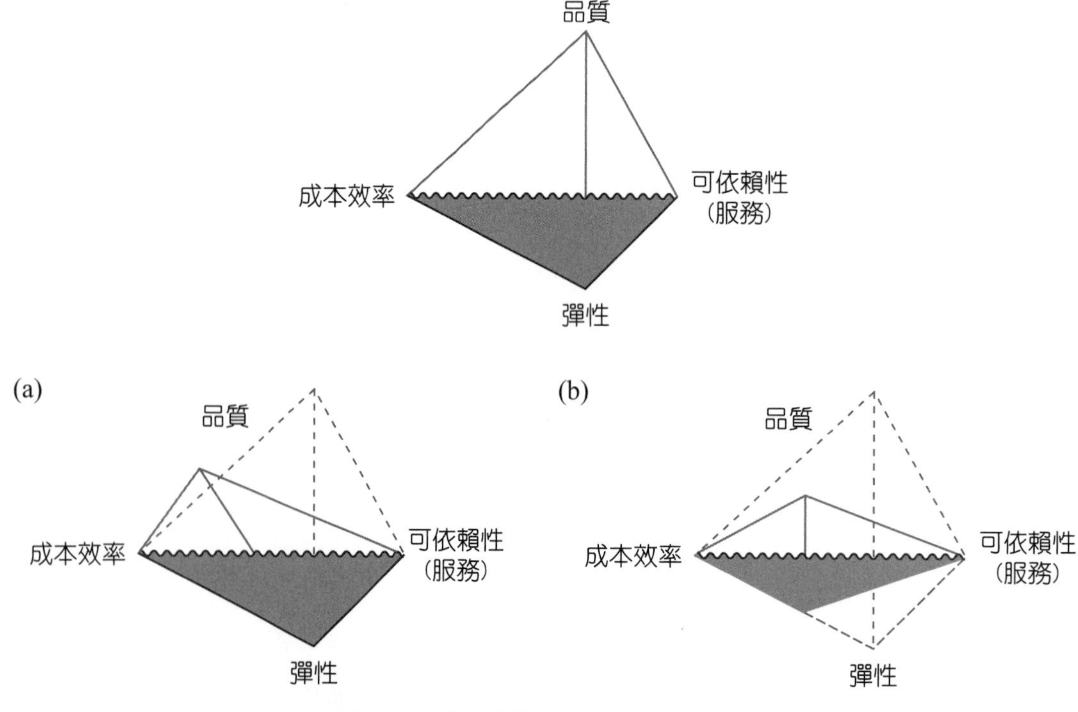

■ 圖2-2　公司對管理策略的定位情形

2-3 生產與生產管理的定義

爲因應市場的需求與消費者的期待，從投入原料，經過人爲處理並改變原始形態，以新製品呈現的產生過程及相關活動，稱之爲「生產」；而對生產製品的過程或衍生性服務的活動管理，即稱之爲「生產管理」。

企業之重要集體經營活動即爲生產活動，有關生產活動的相關管理，舉凡爲符合市場需求及滿足消費者期待之生產設計、有效產生新製品之過程、改進生產過程效率之作業等行爲管理，如圖2-3所示，皆能稱爲廣義的「生產管理」。

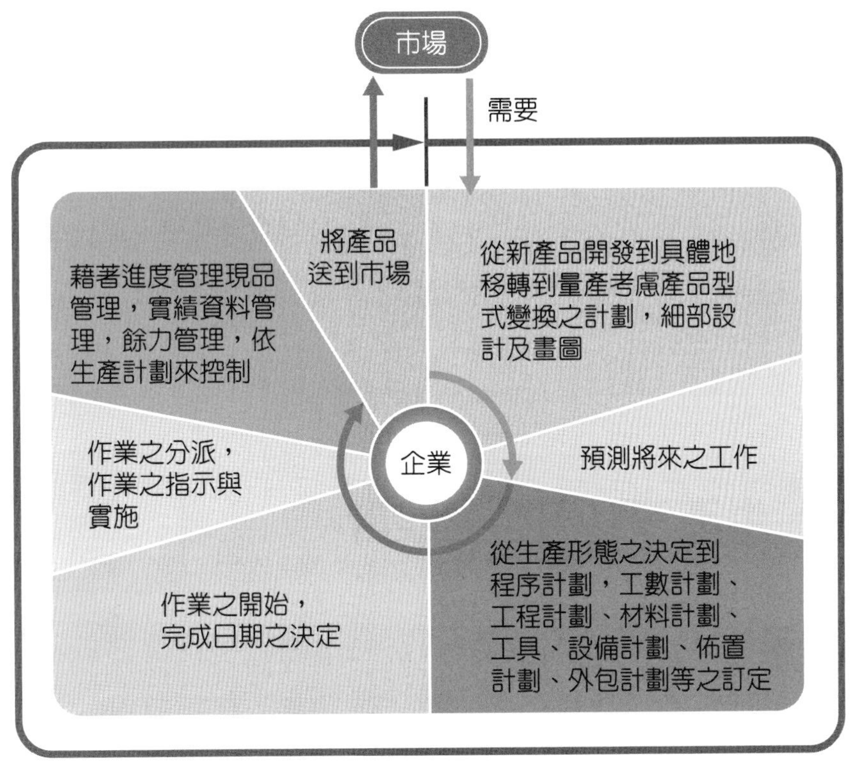

■ 圖2-3　企業生產活動圖

基礎的生產管理三要素爲工程管理、品質管理及成本管理，其分別針對交貨日期、產品品質及生產成本三大方面。一般可稱此三大管理爲第一次管理，而針對不同生產目標或企業文化有加強式的重點管理，稱爲第二次管理。

一、工程管理

爲了能在既定的期程內順利完成生產，需要有效率的安排生產過程，合理地運用材料、人員及機械設備，因此產生工程管理。換句話說，工程管理即對工廠之生產活動作概括式的管理，其目標在於控管交貨日期準確性及提升生產效率。

二、品質管理

將消費者的需求以科學的品質規格、品質式樣呈現，並以有效率的方法製造出此一產品，在銷售中滿足消費者需求及符合市場期待，這一連串業務即爲品質管理。除了在製造過程中及產品出貨時對其進行品質檢查，以保證產品的使用性能及壽命，持續追蹤消費者對產品的滿意度也屬於品質管理的範疇。

總而言之，品質管理之目標在於提高產品加工的精確度，避免不良品影響產品的保證性。

三、成本管理

常見的成本管理即對生產材料及生產過程中的勞力進行控管，有效利用資源以降低生產費用，另一方面，在企業日常中盡可能維持企業產品目標，以確保能符合市場期待，獲得預定的企業利益。簡易的成本管理是分析預定成本及實際成本，延伸降低成本策略的控制方式；全面的成本管理除針對產品製程進行管控，也針對經營條件、生產環境等方面進行改善，以利資源運用。

2-4 生產策略與製程設計

2-4-1 生產與製程的關係

一種產品可能由數千種的零件組合而成，例如：汽車、CNC工具機等，這數千種零件有些爲自製、有些爲外購。每種自製的零組件均有其製造程序，如何將其製程細分以便建立基本單元，乃是製程設計之基本工作。

而製程工程師在分析製造程序時，必須要有區分的基準，在整體的計畫製程中，一種簡便且綜合的區分基準稱之爲製程單元。所謂的製程單元就是在無干擾的情形下，將材料經過作業後所造成之改變，該一自成系統的製程作業。以製程單元作爲區分基準有下列之優點：

1. 製程單元可以很清楚地說明原料要經過哪些作業，有助於製造程序的分析。

2. 製程單元提供有系統且詳細的製程情報，做爲改善或簡化作業的基準。
3. 製程單元具有成本特性的比較基礎，使得選擇製程方案時有所依循。
4. 製程單元對於新製程的設計具有基本單元的綜合性，使其結構（工程、搬運及現場管理等）更形健全。

製程的分類常以使用的機器設備和型式來區分，這種分類方法某些時候是有幫助的，但是也會產生誤導。例如：有些機器設備有多種製程能力，以油壓衝床來說，可做沖孔、衝壓、擠型、粉末成型、鍛軸等工作，而車床更可做旋轉成型、鑽孔、滾螺紋、輥花紋、插溝、搪孔、銑切、攻牙等工作，因此容易造成誤解和困擾。

所謂製程技術可分成三個層次加以界定：

一、第一階層乃為技術專家的觀點

製程技術包括製造工程（Process Engineering）與工業工程（Industrial Engineering）。製造工程包括機械加工、表面處理、化學變化等；工業工程則包括人因工程（Human Engineering Or Ergonomics），主要著眼於效率的提高。此外，勞資關係（Labor Relation）、物料與資訊管理亦在此範圍。

二、第二階層乃為作業經理（或廠長）的觀點

主要著眼於整合與控管作業系統。作業經理關心的事項包括系統特性、限制條件、設備使用的經濟性以及作業系統所面臨的問題，製程選擇可以大致分爲五種，如圖2-4，說明如下：

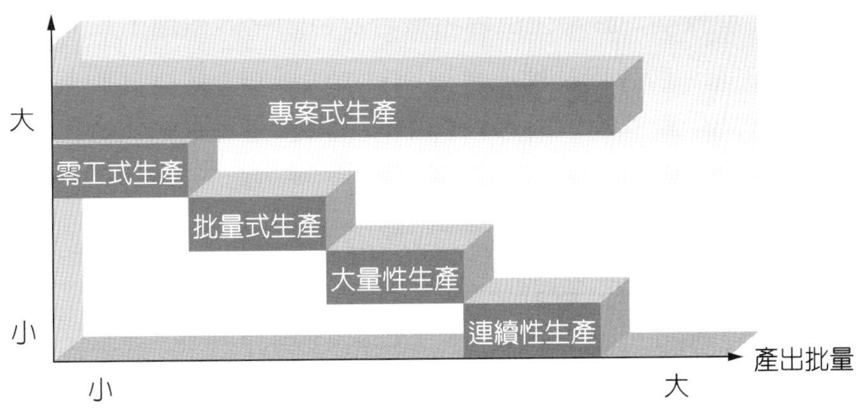

■ 圖2-4　各種生產製程的比較

(一) 零工生產（Job Shop）

當需求量低且產品變異性大時，通常會使用這種加工方式。其生產機具的選擇爲彈性較大的泛用機，而生產現場的佈置方式通常是將相同類型機具安置於同一區，例如：所有的鑽床放在同一區，而車床則放置於另一區。模具的生產過程就是典型的零工生產方式。每一個待加工的工件通常會有一張加工程序單（Routing Sheet），上面註明本工件所需的加工機台及加工時間，此工件便依照加工程序單所註明的機台順序在生產現場流動。此種生產方式彈性大但產量低，對交期的控制較爲困難，同時也需要技能程度較高的操作員。

(二) 專案生產（Project）

專案生產通常針對單一、規格特殊且缺乏重複性的產品，例如：一艘軍艦或一棟體育館的建立過程便是典型的專案生產。專案式生產最主要爲控制其進度，主要考慮專案中各生產活動之前後相依關係，並以網狀圖形的概念找尋其關鍵路徑、考慮各生產活動的成本，以進行適當的進度及成本控制。

(三) 批量或間斷式生產（Batch Process）

當產量介於零工生產與大量生產之間時便使用批量生產。一般在批量生產中，使用彈性較大的半自動加工機具，機具換模過程多半爲手動。例如：許多糕餅業的生產方式爲批量或間斷式生產。

(四) 大量生產（Mass Production）

一般所謂的生產線生產便是指大量生產，其爲常見的生產方式之一。大量生產爲提升生產效率，經常使用專用機台及自動化的搬運工具，例如：輸送帶，如圖2-5所示。同時，因爲使用專用機台，換線的困難程度便大幅提升，因此通常需要較大的生產批量。例如：車輛的生產過程。由於分工較細，通常員工技能多樣化的程度較低。

■ 圖2-5　行李輸送帶解決大量行李搬運問題

圖片來源：http://www.rolconrollers.com/industries/airport-conveyor-rollers.aspx

(五) 連續生產（Continuous Production）

連續生產通常是全自動化的一貫生產作業，使用在生產數量極大且產品標準化程度高的產品上，例如：罐頭或水泥的生產。連續生產講求的是高效率，因此，任何的生產中斷或生產線的更新均帶來昂貴的成本。

製程選擇是生產活動中最重要的關鍵之一，製程一旦決定之後，生產機具的選擇、產品的數量、品質，甚至廠房佈置都隨之改變。例如：在零工生產的環境下，生產機具會選擇彈性較大的泛用機，而大量生產的生產機具則會選擇彈性較小的專用機。

三、第三階層為最高階層觀點

主要關心製程技術配合特定需求的程度，這些特定需求包括顧客需求、財務上的限制，新產品發展週期等。因此，高階主管（或總經理）對於製程技術的看法，應界定爲整合第一線員工、製程工程師與外包廠商之間的連繫流程與控制技術，且爲整體性、廣泛性、以及有機性的改進。

■ 圖2-6　最高階層觀點

圖片來源：http://blog.boardsync.com/2016/01/26/four-tips-making-presence-felt-meetings/

2-4-2 製程設計之程序

有關製程設計之程序，如圖2-7所示，說明如下：

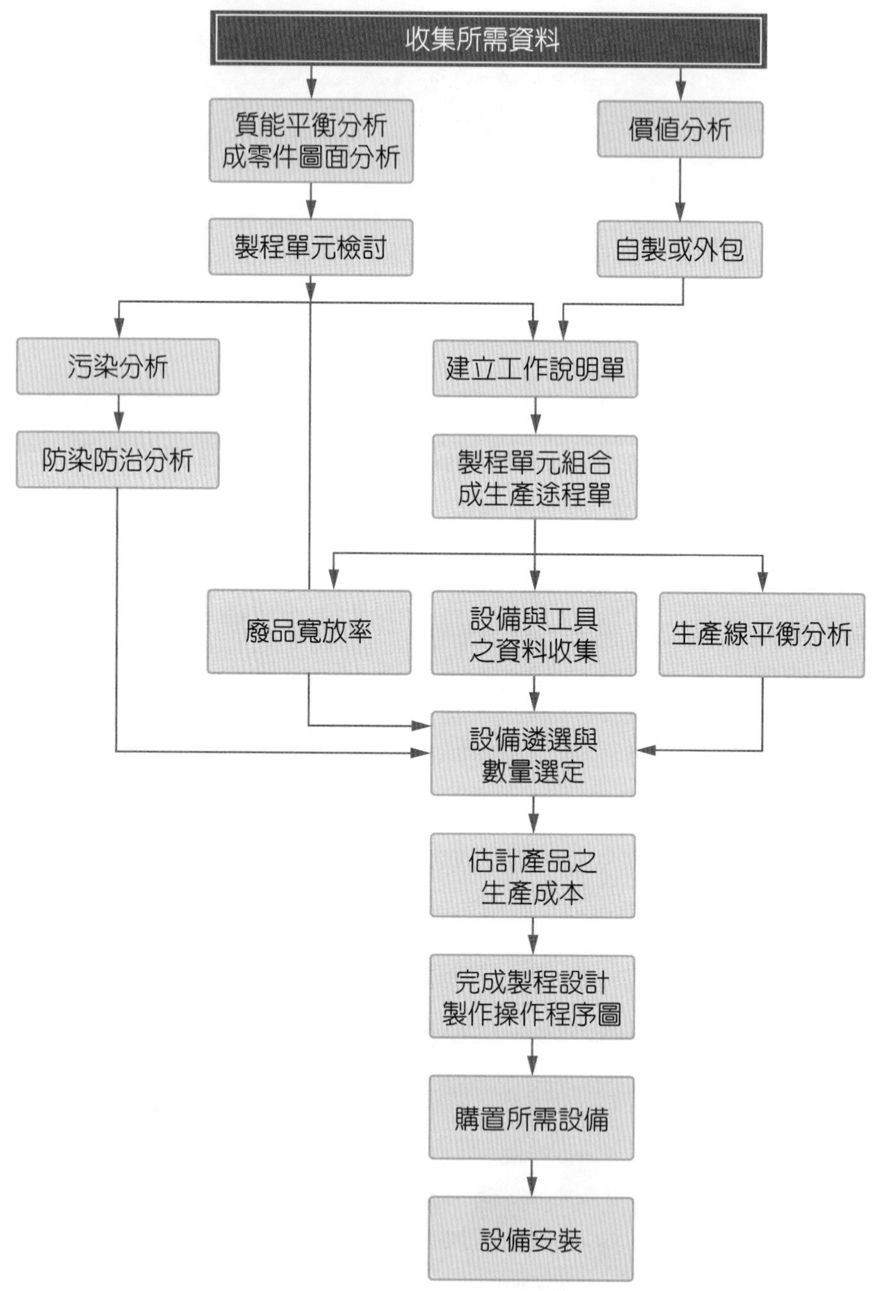

■ 圖2-7 生產製程設計程序

一、收集所需資料

1. 取得產品及其零組件之圖面。
2. 了解產品基本及附屬機能、品質、外觀、規格、形狀、公差、物理及化學特性等。
3. 由材料表得知產品所需之物品、零件及數量。
4. 總生產量。
5. 生產速率。
6. 原定交貨期限。
7. 零組件供應狀況。

二、質能平衡與零件圖面分析

(一) 質能平衡分析（Material & Energy Balance）

連續式生產線如化工程序工業及金屬和冶金工業在設計製程時，首先要考慮的就是質能平衡分析。所謂質能平衡分析是依據在一定時間內，進入反應的物質總和及能量總合，與離開反應之物質總合及能量總和相等之原理，來分析計算各反應製程前後之物質、能量之關係，進而設計所需設備管線大小，其所需之技術涉及化工之專業知識，在此不予贅述。

(二) 零件圖面分析

對於非連續式生產線如化工程序工業之生產，我們必需進行零件圖面分析之過程，其包含的範圍有：(1)零件特性的了解。(2)裝配圖與次裝配圖的了解。(3)零件依其重要性予以ABC分類。(4)工作審視。(5)選擇物料。(6)估計廢品率。(7)規格之研究。(8)尺寸分析。(9)公差分析。(10)製造程序之類型與方案研擬。(11)輔助性支援作業的了解。(12)關鍵性加工作業規範表整理。(13)加工作用面之了解與建立。(14)加工涵蓋的區域。

三、價值分析

價值分析乃就產品之價值（使用、成本、貴重、交換等價值），從設計到物料來源及加工方法等過程，予以組織、系統性地分析方法。

四、自製或外包分析

分析零件來源，獲得適當、合理且成本低之可靠來源。

五、製程單元檢討

對於各製程單元，針對其需要性、合理性、操作之經濟性，運用分析、剔除、合併、重排、簡化等方法予以檢討，再以時間、該製程所需設備產能大小、數量所產之影響做深入探討。在化工程序工業以單元操作命名，在此涵蓋其他行業，故皆以製程檢討統稱之。

六、污染分析與防治對策

針對製程中所可能產生之污染物質、數量、特性、防治方法、管理控制計畫以及廢棄物再處理方法等做有系統的分析、計算，並選擇適當的污染防治設備予以有效地設置和管理。

七、建立工作說明單

工作說明單是一張列有零件全部製程的詳實表格，它包括(1)零件樣式、形狀和規格；(2)零件內部無法顯示於圖面上的資料；(3)製造過程中所需的工作元素等，以利往後的製程分析和設計工作。

八、製程單元組合成生產途程單

有關生產途程單將於本章稍後說明。本步驟是將製程單元歸類成在特定工具或設備上操作完成的特定工作。

九、生產線平衡分析

在設計製程時，考慮在完成某件工作的過程中，使每個工作站的員工在負荷及單位時間內的產出件數相同的一種分析方法。

十、設備與工具之資料收集

包括設備規格、機制整理、工具、量具等之資料、報價、交貨日期的審核與收集。

十一、設備遴選與數量決定

包括規格審核、廢品寬放計算、產能檢討、生產成本、設備費用之考慮，選定設備及所需數量。

十二、估計產品之生產成本

針對每一個案之年成本、投資報酬率或每一單位產品之生產成本來計算，做出可行方案之成本比較，以做爲最後選擇之依據。

十三、完成製程設計製作操作程序圖

操作程序圖可幫助吾人看出產品整個生產程序的輪廓，是一個非常有效的分析工具，已在前節中介紹過。

十四、購置所需設備

呈建議書、做決定及採取行動。

十五、設備安裝

包括事前準備、監督安裝作業之進行及追蹤等項目。

2-5 豐田式生產管理

2-5-1 豐田式生產管理的架構

豐田生產系統（Toyota Production System, TPS）又名豐田式生產管理（Toyota Mangement），是日本Toyota汽車副社長大野耐一（Taiichi Ohno）所建立的現代化生產管理模式，其結合豐田集團的即時管理系統（Just In Time）與看板管理（Kanban），再加入高度自動化生產及生產制度落實與規劃，發產出一套獨特且完整包含經營理念、生產組織、物流控制、品質管理、成本控制、庫存管理、現場管理和現場改善的作業體系。豐田式生產管理能夠有效降低企業的生產成本、提高生產效率，且逐步改善產品的生產品質，是目前最受矚目的企業管理理論之一，豐田式生產管理的架構圖如圖2-8所示。

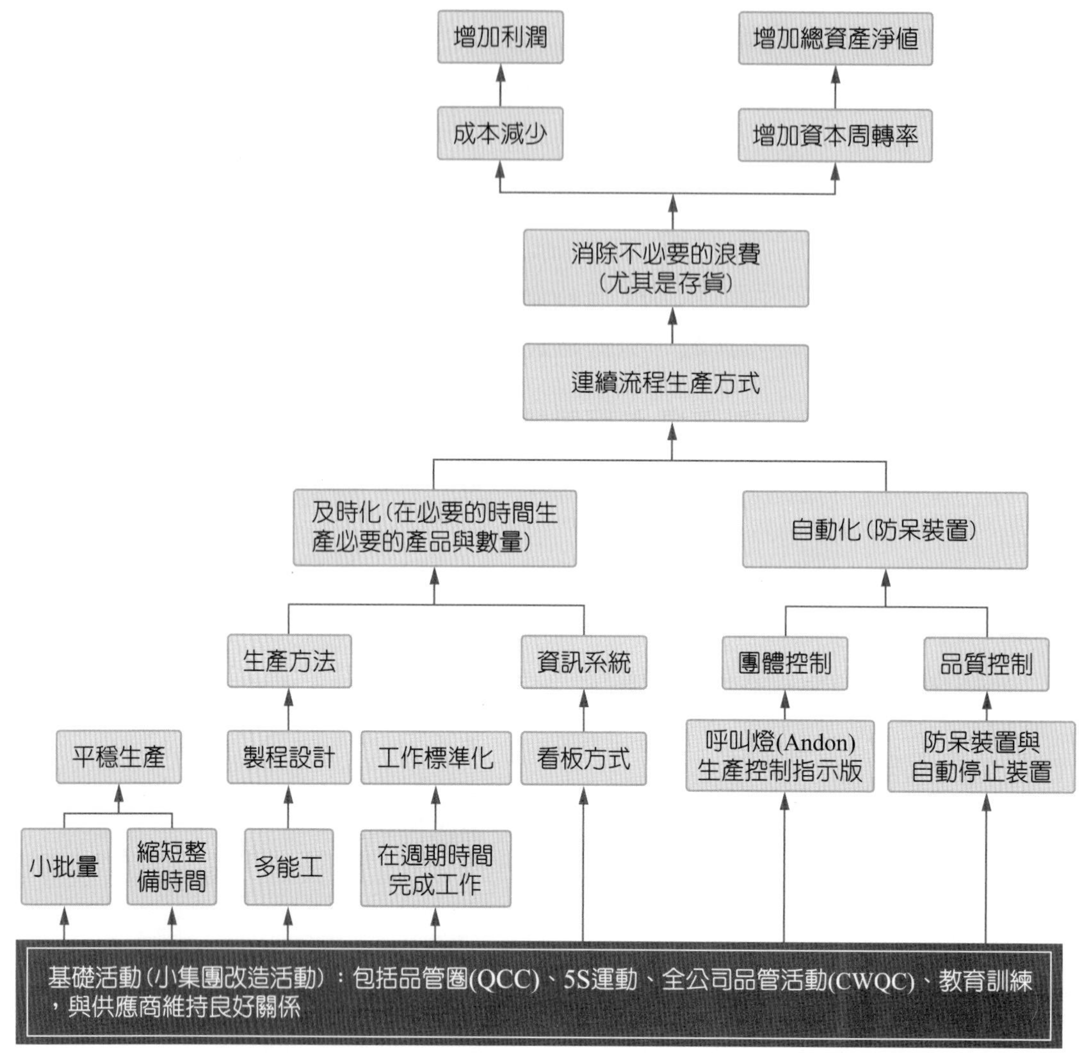

■ 圖2-8　豐田式生產管理的架構圖

降低成本即為豐田式生產管理著名的管理目標，同時可使資本週轉率增加，進而提升生產力和競爭力，而其做法是將可能影響生產成本的各種浪費徹底的消除（尤其是存貨），以期能削減製造工時，達到降低成本，增加利潤的目標，而要消除這些浪費的手段是使生產連續流動。

2-5-2　傳統生產與豐田式生產之差異

為什麼豐田企業的生產管理方式會在現代管理界引起大量學習風潮，其與傳統式的生產管理方式有極大的差異，說明如下：

一、傳統的推式生產與豐田拉式生產之差異

傳統生產方式以計畫式生產的做法爲多，由生產管理部門擬定生產計畫，現場作業人員依製造命令生產。然生產計畫偶爾會因預測偏差、物料管理錯誤、不良品的發生與整修、機品設備故障、出勤狀況等變化而必須更動調整，使生產線出現停工待料或庫存過剩等情況發生，企業在無形中累積許多生產成本，這種從某一期間的需求預測與現在庫存，來求出計畫生產量，再由各層次某一時間的標準資料來決定開始生產時間，而由前製程向後製程給予物料或零組件之生產方式被稱爲「推式生產系統」（Push Type Production System）。

因此，豐田公司採用「後製程在必要時間，由前製程製造必要的製品」，亦即前製程僅製造後製程所需的數量，這就是所謂「拉式生產系統」（Pull Type Production System），利用看板（Kanban），清晰表明「在何時需要多少數量的何種物品」，經由看板在各個製程之間流轉，控制生產必需的數量，而在最後製程中被利用的各種零件，則向前製程領取，如此逆向製造程序，直到原物料準備部門爲止。

二、物料需求計畫與豐田式生產方式之比較

豐田式生產方式與物料需求計畫，在實施的環境與發展過程中差異極大。物料需求計畫係將企業全部資源（工程、生產、行銷、人事、財務及研發等功能活動）皆納入系統內，以提升企業整體之經濟效益；而豐田式生產方式則是採用看板系統來傳達生產資訊，以逆回的方式依序向前傳送生產及物料搬運資訊的一種拉式生產系統。以下將兩者相互比較，說明其共同性及差異性。

(一) 共同性

從生產管理的目的而言，物料需求計畫與豐田式生產方式，兩者有相同欲改善之目標，皆在強調經營績效整合，考慮整體系統運作。有關兩者之相同點，如表2-3之說明。

表2-3　物料需求計畫與豐田式生產方式之共同性

共同性	豐田式生產方式	物料需求計畫
降低存貨投資成本	認為一切浪費根源在於生產過剩，因而強調及時化，除手上擁有一單位之存貨以供微調，不再有多餘存貨。	強調獨立需求物料與相依需求物料之區別，利用電腦嚴密精確計算相依需求物料，檢核存貨管理以降低存貨水準。
降低成本，提高生產力	致力於整備時間之縮短，開發自動化機器設備以降低不良品，並僅用多功能作業員有效率地。	利用模擬技術（Simulation）使主日程計畫的準確度提高，並使產能需求規劃能夠有效率地利用產能，降低現場的人工閒置。
對於環境的適應能力	盡量縮短製造生產前置時間、營業前置時間（從接單到訂單處理時），又因採取混和生產線使每一產品之生產週期較短，復以看板做為調整工具，因而對市場環境之變化能迅速的調整，可謂對於環境的適應能力極強。	透過精密周詳的計畫修正及模擬應用，若發覺環境變異則立即輸入變化資料，快速更新計畫，因而對環境的適應能力亦很強。
提高準時交貨之服務水準	產銷方面之密切配合，從接受訂貨至交貨時間能夠縮至最短，因而對顧客提供之準時交貨服務水準很高。	經由對物料、產能之嚴密有效控制，對於顧客之承諾交貨日期得以確保，提高對顧客之服務水準。

(二) 相異處

如上表所述，傳統的物料需求計畫是一種推式生產，其製造資源規劃強調電腦整合，而豐田式生產方式是一種拉式生產，其採用看板管理以達到改善浪費的目的，有關兩者的差異，如表2-4說明。

表2-4　物料需求計畫與豐田式生產方式之差異性

相異處	豐田式生產方式	物料需求計畫
物料管控方式	看板系統基本上是一種人為的物料管理及生產控制方法，在此系統下，生產線只生產下一製程所需之零組件，因而節省大量的庫存成本。	保守的方法，全部的零件都保有某些應急之安全庫存，提供長期規劃之安全保證。
對電腦之依賴程度	利用電腦來進行複雜的混和生產線排序（Sequence）而生產線上情報的傳遞，則依靠看板，從最終至裝配向前製程拉出所有層次需求之零件，因此對於電腦之應用的依賴程度較小。	物料需求計畫與產品結構表之展開計算，皆需借助電腦快速的計算與記憶儲存能力，對於電腦之依賴程度較大。

相異處	豐田式生產方式	物料需求計畫
生產進度之同化	豐田式生產方式之看板與目視管理之應用，當生產線上有任何製程發生異常，則需停止整個生產線以免累積過多存貨，且前後製程人員立刻會同協助，共同發現及解決問題，此即是要求各製程間之生產同步化。	有異常情況時，其他製程能按照原訂計畫進行，不致影響其他製程之生產效率，對各製程生產進度同步化之要求較低。
對縮短換模時間的要求	著重於生產平準化，要求小批量生產之混合生產線系統，因此必須儘量縮短換模調整之整備時間，以達到經濟效率的生產。	因規劃時間較長，採批量生產，對於整備時間長短的要求較不強調。
基準存貨量	在所有製程間均握有基準存貨量，只需備有一單位的手頭庫存以供微調整所產生之需求差異。	以安全存量為主要考量。
製程微調能力	若計畫有變更，只需在最終製程生產線上之混和生產線排序（Sequence）稍微調整即可，生產線上全然沒受到任何計畫變更之影響。	透過模擬技術之應用，做出適當的調整，並通知生產線上各製程存貨管理人員，因而較為麻煩。
對不良品之要求	實施豐田式生產方式中之看板制度，先決條件即不良率為零，不容許有不良品流入下一個製程，因而致力於自動停止裝置等自動化機器設備開發，以防止盲目作業。	並未有不良率為零之要求，在系統中已把不良率因素放入安全存量考慮，又由於利用電腦精確計算，不致有缺料之虞，故此對不良品之要求較不嚴格。
團隊精神之重視	對整體生產線要求同步化，並可按下燈籠按鈕停止生產線，相當重視團隊精神。	強調精密的專業分工與密切配合，較不要求發自內心之互助或合作團隊精神，個人色彩較濃。
與供應商之關係	要求與供應商維持長期的供應關係，共同致力於中心衛星工廠之品質、生產成本、生產力等問題的改善。	較不重視此層關係。
對產品自製力之要求	強調及時化供應以降低庫存，並以看板作為傳遞情報的工具，因此所有物料及零組件均需由自己或衛星工廠生產，或向國內廠商訂購，且供應商之距離不宜相距太遠。	規劃期間較長，所以可以向外面企業訂購，甚至有充裕時間由外國進口。

個案討論

家具霸主IKEA低價又高品質的秘密

IKEA定期會向媒體開放它在中國的供應鏈體系（IKEA內部稱之為「價值鏈」），以期向外界展示：在漂亮樣板間和瑞典肉丸的龐大藍盒子的背後，IKEA競爭力究竟何在？

1. 在地採購，減少運輸成本

   一個值得注意的現象是，作為全球採購、全球銷售的跨國公司，IKEA已經把越來越多的職能機構設在了中國，這和巨大的採購量有關——2016年IKEA在中國的採購額超過了25%。在成為最重要的目標市場之前，中國首先是IKEA最重要的「生產基地」。

2. 地利之便：設計中心與供應商工廠相近，有效減少商品設計溝通磨合時間

   上海龍田路190號，一個IKEA風格的設計間裡，堆放著正在研發或即將面世的IKEA新品，比如一款白色餐椅的彩色版本，和一款流線型的金屬書架。這裡是IKEA在瑞典之外的唯一設計機構（Product Development Center，簡稱PDC），它距離IKEA在中國大陸的第一家標準商場徐匯店只有1公里遠。

   PDC成立於2011年，最主要職責是為IKEA發驚喜價（breath taking item）和低價（low price）產品。選址上海則讓它離供應商的工廠更近，從而縮短雙方溝通、打樣、測試再修改的時間，讓產品更快面世。PDC被要求產品從研發到上市的平均期程是正常商品的1/3。

   對於產品設計細節掌握程度精準，並對零件設計的安全性與材質強烈把關，PDC針對供應商設計產品的細節都需要參與其中。上海供應商黃福順的工廠就曾和PDC一同開發一款Forsynt的掛鉤，兩端在牆上固定完成後，就立刻掛上照片或是遮陽簾。比起同類的金屬製品，它的塑料材質更安全，也更便宜。

3. 生產技術改善，有效降低生產成本

   富億德為IKEA生產的是塑料配件，就是當你購入IKEA書櫃時，零件包裡的相關零件組。2016年富億德的產值達到1.2億人民幣，其中35%是IKEA採購的。且IKEA中產品代號128815的門吸（磁鐵吸扣）IKEA全球100%的採購都由富億德生產。而造就全面採購的秘密在於——自動化。之前的供應商們都

是依靠工人把兩個塑料件、一個鐵片和一個磁鐵組裝在一起。但富億德自主研發的自動化設備，只需要在加料和包裝二個製程環節需要人力介入。而該項技術改造讓產品的價格兩年間下降了10%。

4. 供應商發展計畫，IKEA壓低購買價格但保證收購數量

IKEA規定供應商每年必須降低1%的供應價格，IKEA稱為「供應商發展計劃」（Supplier Development Project）。這項計劃也使得IKEA和供應商產生微妙的互動——2012年更有供應商聯手停止向IKEA供貨，理由是IKEA的壓價政策使得它們沒有利潤。但這也迫使IKEA和供應商們討論，如何促成供應商願意發展技術和工藝的改善而達成降價的目標。

當然，這一切都基於一個前提——IKEA能為供應商帶來足夠大的訂單。在富億德的經驗中也找到另一個案例，有關家具組合連接件（shelf support）產品的製程，研發了另一套自動化組裝設備，能夠仿人手去執行鎖螺絲的動作，速度快且均衡，而每年給IKEA的收購數量可以達到1.5億件。

5. 「精益生產」工作室——明確訂定生產妥善率

「精益生產」工作室是IKEA的另一個傳統，它致力於幫工廠認識生產浪費，最終目標自然還是降低成本。在供應商富億德車間的牆上，張貼著兩張巨大的「精益生產看板」，在解釋完「什麼是精益生產」、「什麼是七大浪費」以及「怎樣消除浪費」後，富億德把不良成本的目標定為「≤0.15%」。

IKEA的業務組還會把不同的供應商聚在一起，鼓勵他們分享那些不具備專利性的技術。IKEA和供應商的利益緊緊捆綁在一個循環中。

資料來源：Tech Orange科技報橘，2017。

問題討論

1. 有關IKEA在面對市場競爭下，如何透過生產管理的方式有效降低成本？
2. IKEA屬東方菜餐飲界的供應商發展計劃如何執行？
3. IKEA在中國的產品研發中心PDC主要負責那些產品的研發？對研發時程的控管是否有要求？

討論引導

1. 綜觀IKEA的生產管理策略，包含在地採購、設計中心貼近市場、鼓勵供應商改善生產技術、明確訂定產品妥善率等，都是IKEA降低成本的有效策略，但在與供應商合作的過程中，也發現公開資訊和分享，對於供應商彼此激勵有正向循環。
2. IKEA規定供應商每年必須降低1%的供應價格，此項政策對供應商產生很大的壓力，甚至有供應商停止向IKEA供貨。但此項政策的主要目的是在促成供應商願意發展新的技術或和工藝，而使生產成本降低。而該計畫仍可持續推動的重點在於IKEA能為供應商帶來足夠大的訂單與收入。
3. 中國的PDC成立於2011年，最主要職責是為IKEA發驚喜價（breath taking item）和低價（low price）產品。PDC的被要求產品從研發到上市的平均期程是正常商品的1/3。

自我評量

一、是非題

1. (　　) 企業投入原料，經過人爲處理而改變原始形態，以呈現新製品的產生過程及相關活動，稱之爲「生產」。
2. (　　) 商品製造過程及完成時對品質的監控稱之爲品質管理，而商品售後的使用性能及壽命的管理則不屬於品質管理的範疇。
3. (　　) 亞當史密斯在其著作「國富論」即對工業革命的規模性經濟生產，指出分工的優點。
4. (　　) 1930年代，生產管理除了著重生產線的設計，也開始重視工作環境中的生理與技術層面。
5. (　　) 豐田式生產系統，是早年最受矚目的企業管理理論之一。
6. (　　) 生產管理之長期策略性決策著重於作業性的規劃與控制。
7. (　　) 企業取得顧客對產品的批評、抱怨，或使用上的問題，這種情報非常麻煩，會拖累整體企業的經營管理。
8. (　　) 工程管理即對工廠之生產活動作概括式的管理，其目標在於控管交貨日期準確及提升生產效率。
9. (　　) 有關產品的品質規格也需要廣納市場及消費者的需求與意願，並妥善配置相當的成本及價格，此階段也須在產品生產前一併考慮。
10. (　　) IKEA和供應商之間的合作，IKEA只負責要求降低價格，供應商的研發和品質管理IKEA不干涉也不過問。

二、選擇題

1. (　　) IKEA的產品設計要求每年要拜訪多少的顧客？ (A)100户 (B)500户 (C)1,000户 (D)不一定。
2. (　　) 利用科學能妥善分析產品的生產過程，進而瞭解工人的產能及對生產作業的方式，是誰利用一連串的分析實驗驗證科學化的管理概念？ (A)巴貝奇 (B)霍桑 (C)泰勒 (D)亞當史密斯。

3. (　　) 1950年代後，什麼工具的出現讓生產管理的數學分析研究有了很大的進步發展，使生產的線性規劃及模擬生產系統得以求解？ (A)電腦 (B)基礎計算機 (C)電話 (D)數據看板。

4. (　　) 將商品的製作零組件分析出其製造程序，並將製程細分，以便建立其基本單元，稱之爲？ (A)工程設計 (B)製程設計 (C)組合設計 (D)品質設計。

5. (　　) 豐田式生產系統，是由哪一家企業所建立的現代化生產管理模式？ (A)法國Lancome (B)日本Toyota (C)美國Disney (D)臺灣Giant。

6. (　　) 豐田式生產系統是哪一位大師所建立的現代化生產管理模式。 (A)豐田喜一郎 (B)大野耐一 (C)豐田章男 (D)彼得杜拉克。

7. (　　) 爲達成控制浪費的手段，哪些不是豐田式生產連續流動的方法？ (A)及時化 (B)自動化 (C)專業化 (D)以上皆非。

8. (　　) 現代商品越趨精緻且擁有複雜功能，因此，將商品的製造程序建立系統相對重要，哪些不是商品製程設計中的一環？ (A)收集資料 (B)零件圖面分析 (C)建立工作說明單 (D)員工心理素質分析。

9. (　　) 企業的生存模式包含著各種部門的專業運作與其互相合作，請問哪一個部門與企業管理部門無關？ (A)營業部門 (B)採購部門 (C)研發部門 (D)以上皆非。

10. (　　) 工業革命爲當時的生產模式譜寫出一段新篇章，經濟學家亞當史密斯也曾在其著名的「國富論」中分析工業革命分工模式相較於傳統生產模式的優點，後期英國學者巴貝奇也在其著作中分析哪一個產品的製造過程來歸納分工的優點？ (A)燈泡 (B)針 (C)煉金 (D)汽車。

三、問答題

1. 生產管理系統有哪五大步驟？
2. 生產過程分析層面包含哪些？
3. 製程技術可分爲哪三種層次？
4. 連續生產的實例爲何？試舉一例說明。
5. 豐田式生產方法的兩大支柱爲何？

03 行銷管理

學習目標

現今企業必須面臨整體行銷的挑戰，已無法單以行銷部門來執行行銷活動。無論是哪個產業或企業的成員，都必須視「行銷」為個人知識的一部分，行銷可以說是個人與組織以及顧客間交流的語言，甚至可以說已經變成一門創造顧客真正價值的藝術。學習行銷已非商科同學的專利，處處都可以發現行銷的脈絡與影響，因此「行銷」不僅會一直活躍下去，還會不斷地推陳出新。行銷大師菲力普．科特勒（Philip Kotler）曾經強調：行銷界中最重要的是「想像」與「創造」的能力，常常發現有許多非本科系專長與背景的人開創出許多行銷奇蹟，哪怕只是在夜市的一個小攤小店，都有機會走向國際舞台，這也就是所謂從自創品牌到國際行銷。

本章希望讓同學們能從週遭的行銷活動中認識行銷，以淺顯易懂的方式講述行銷理論與實務，在趣味之中能快速吸收，並能在最短的時間內靈活運用。

行銷大師菲力普．科特勒

讓家成為入口

Amazon是全球最大的電子商務公司，也是最積極投入「客戶服務」的科技公司，透過科技創新，將行銷通路由「線上」轉移到「線下」的家中，如圖3-1。

在家中適當地方裝置按鈕（Button）、塑膠棒（Dash）、收音喇叭（Echo）等，當消費者需要訂購時，只要透過這些裝置即可送出訂單。例如將Tide洗衣粉按鈕貼在洗衣機上，當消費者的洗衣粉快用完時，按下按鈕，Amazon就會收到訂單並快速送貨到家，滿足消費者需求，使用說明如表3-1。

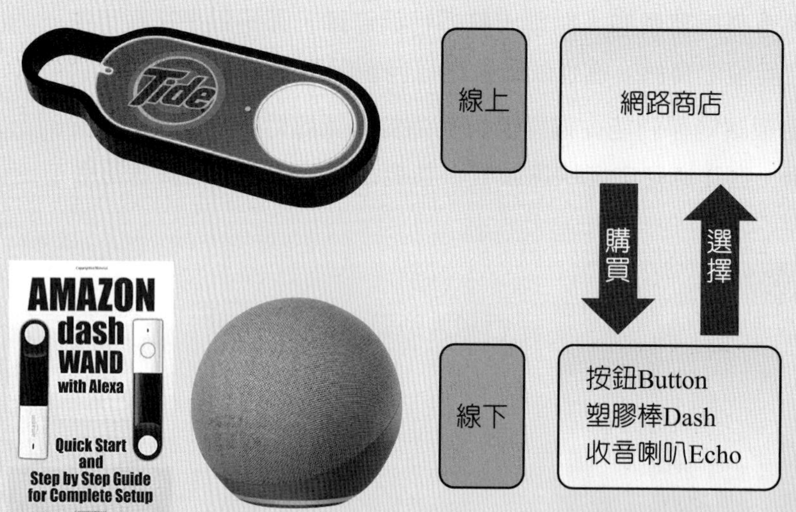

■ 圖3-1　Amazon行銷通路拓展到消費者家中

圖片來源：Amazon官網

表3-1 Amazon透過Button Dash Echo創新科技裝置行銷

按鈕 Button	固定採購的商品，如：洗衣精、衛生紙……，每一個產品製作一個小按鈕，讓客戶將此按鈕貼在適當的地方，例如：洗衣精按鈕貼在洗衣機上，洗衣精快用完時，按一下按鈕，按鈕便自動發出訂單。
塑膠棒 Dash	長約15公分的塑膠棒，上方是麥克風，下方是條碼閱讀器，在家中想要購買某商品時，若此商品有條碼，就對此商品進行條碼掃描，商品無條碼，例如：水果，對著麥克風說「蘋果」，就可發出訂單。
收音喇叭 Echo	它是一個可以收音的喇叭，24小時監控家中所有聲音，具有語音辨識功能，一旦偵測出聲音中包含關鍵字，「Alexa」，就會解讀接續的語句，並轉換為指令。Alexa就是一個超級家庭助理，可以回答天氣、交通問題，更可以為你進行採購、餐廳預約，因為結合雲端資料庫及人工智慧，因此Alexa是個會越來越聰明的管家。

資料來源：市場行銷實務250講，林文恭、俞秀美撰，碁峯出版社，2020。

引言

行銷不但無所不在，而且手法日新月異。行銷最重要的是要有創新思維，並以消費者需求角度為出發點，才能獲得消費者青睞。本章行銷管理，主要從行銷概要、行銷環境、行銷策略、行銷發展等為主軸說明。

3-1 行銷概要

3-1-1 行銷定義

美國行銷協會（AMA）的定義爲：「行銷是理念、商品、服務、概念、訂價、促銷及配銷等一系列活動的規劃與執行過程，經由這個過程，可以創造出交換活動，滿足個人與組織的目標」。

■ 圖3-2　美國行銷協會的標誌

至於行銷管理，菲力普．科特勒在《行銷是什麼》中提出了他的定義：「行銷管理是一門選擇目標市場，並且透過創造、溝通、傳送優越的顧客價值，以獲取、維繫、增加顧客的藝術和科學」。接著他又更進一步說明與詮釋：「行銷是一個企業功能，用來找出尚未得到滿足的需要，界定並衡量這些需要的強度和潛在的獲利能力，決定哪一個目標市場組織可以服務得最好，決定用來服務這些目標市場的合適產品、服務和規劃，並且要求組織裡的每一份子都要爲顧客著想、爲顧客服務」。

以上可以看到行銷的核心觀念與延伸，其中包括了需要、慾望、需求、市場區隔、產品與服務。

3-1-2 行銷與銷售之差異

一般觀念覺得跑業務、推銷、打廣告就是行銷，其實這只是銷售推廣，屬於行銷的一部分。眞正的行銷應該要洞悉消費者行爲、了解消費者需求（如圖3-3）、選擇目標市場、訂定行銷策略，整合產品（Product）、定價（Price）、販售通路（Place）、促銷推廣（Promotion）等才是行銷的概念。

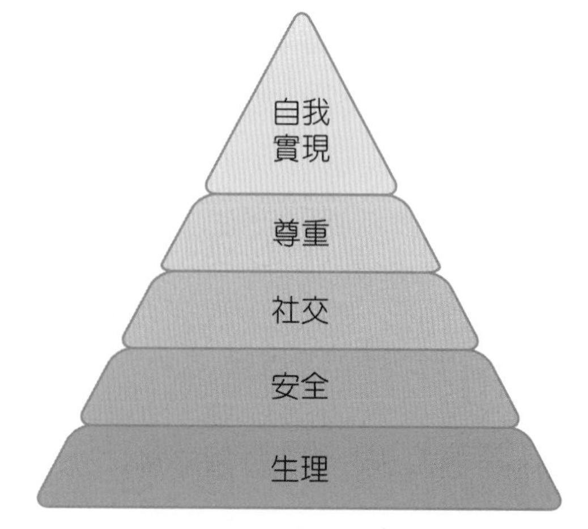

■ 圖3-3　馬斯洛（Maslow）的需要層級理論

行銷與銷售之差異如圖3-4。銷售的焦點在「產品」，產品生產後才展開銷售；行銷的焦點在「顧客需求」，為了滿足顧客需求，在產品生產之前便已經開始一連串的規劃與決策，並隨著產品在市場上的情形與其顧客滿意程度，不斷調整與創新。行銷是以客戶為中心的完整銷售服務程序，包含銷售前、銷售及售後服務。當然行銷企劃人員與銷售業務人員的工作也不同，區別如表3-2。

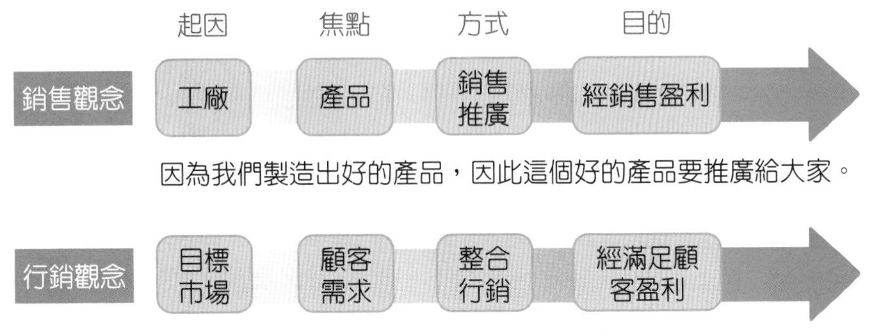

■ 圖3-4　銷售與行銷的區別

表3-2　銷售業務人員與行銷企劃人員的區別

銷售業務人員	依照公司制定的商品售價、交貨條件、服務準則的資訊，為客戶提供服務，並以達成業績目標、賺取佣金為努力目標。
行銷企劃人員	遊戲規則的制定者：商品定價、商品包裝、廣告費用、通路選擇、佣金規則、展場規劃、業務協調等規則的制定者。必須能夠掌握企業內外資源、競爭優勢劣勢的狀況，讓企業永續經營穩健成長。

3-1-3　行銷標的

一般而言，大眾對於行銷標的可能僅停留在產品與服務上，意即有形與無形的差別。事實上，若是我們用心看、仔細聆聽，就可以發現行銷的範疇與標的已多達數十種。

現今諸多行銷活動所產生的行銷標的有以下十種：

1. **商品（Goods）**：凡食、衣、住、行等各項行業，所生產的實體物品皆可做成商品，例如：茶飲、漢堡、電腦、手機等。
2. **服務（Service）**：包括飯店、百貨業、金融業等，無不提供貼心的服務，不僅有有形的服務，甚至增添視覺空間的享受。
3. **經驗（Experience）**：例如，迪士尼樂園為顧客回憶並重溫「愉快童年」經驗的地方。

■ 圖3-5　迪士尼樂園

4. **事件（Event）**：例如，一些運動會、藝術季、特殊民俗活動等皆能更進一步運用在行銷上。
5. **人物（Person）**：運用知名度頗高的人士代言，以吸引特定的族群。
6. **地方（Place）**：例如，東港黑鮪魚季、宜蘭冬山河、烏來湯花戀等皆結合主題行銷，以創造顧客需求與新鮮的體驗。
7. **所有權（Property）**：例如，房屋仲介公司積極促成或尋求所有權者。
8. **組織機構（Organization）**：許多企業會與藝術館、博物館、公益機構合作，以積極提昇企業的公益形象。
9. **資訊（Information）**：在網路世界中，經常出現具有主題的網站提供消費者希望獲得的資訊。例如：旅遊網站、美食網站等。
10. **理念（Idea）**：許多企業藉由傳遞理念，進一步銷售相關產品。例如，圖3-6聯邦快遞所傳達的「使命必達」，藉以表明服務至誠的信念。

■ 圖3-6　聯邦快遞「使命必達」

3-2 行銷環境與市場區隔

3-2-1 行銷環境

企業在行銷規劃前，必須先對於目前市場環境進行分析及了解。包含了解總體環境與個體環境。總體環境包含人口、環境、經濟、科技、社會文化等（如圖3-7）；個體環境是指直接對企業行銷會造成影響的個人或群體，包含顧客、中間供應商、競爭者等。面對許多環境變化的考驗與威脅，企業必須有一套因應的策略才能化危機爲轉機。因此在制定行銷策略時需要進行優劣勢分析（SWOT）。

一、行銷的總體環境

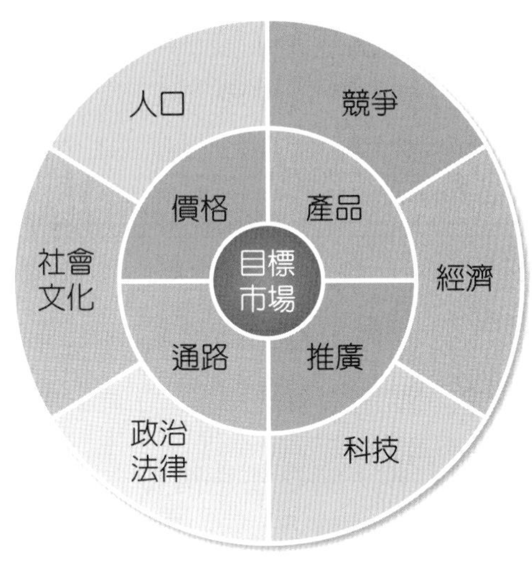

■ 圖3-7　行銷的總體環境

(一) 人口環境

市場主要由人口組成，企業必須重視人口環境的變化，並透過這種變化來做適度的調整。人口包括了數量、密度、性別、年齡、種族、職業及其他的統計數字。以人口年齡結構來說，目前國人生育率降低及社會高齡化，行銷的市場可以針對銀髮族來展開。而人口的年齡層通常可分別歸納爲六種，如表3-3所示。當行銷人員在選擇目標市場時，可因應這六種人口年齡層之區別，設計適當的行銷活動。

若以教育程度來分析，臺灣每年的大學畢業生比率愈來愈高，不少在職人士也重返校園繼續深造等。在任何社會中，一般可以區分爲五種教育程度：(1)不識字；(2)高中肄業；(3)高中畢業；(4)大學；(5)專業程度。目前許多企業也要求員工要取得相關證照，因此行銷行人員可因應教育程度企劃出最佳的行銷組合。

表3-3　人口環境

人口環境	
人口年齡層	1.學齡前 2.學齡兒童 3.青少年 4.青年 5.25至40歲的成年人、40至65歲的中年人 6.65歲以上的老年人
教育程度	1.不識字 2.高中肄業 3.高中畢業 4.大學 5.專業程度

(二) 經濟環境

經濟環境除考慮國民所得外，還要注意消費支出的變動、利率水準、物價水準、景氣循環等因素都會影響市場。例如經濟景氣好，消費者收入提高，帶動運動、保健食品、有機食品等健康養生相關產業；反之經濟環境差的話，收入減少、失業率提高，上述健康養生產業發展就會趨緩或下降。

(三) 自然環境

在資源有限的條件下，像是因天災所造成原物料短缺、能源成本增加、環境保護訴求壓力等，都會影響到一個地區乃至國家經濟的正常運作。規劃行銷時也必須明瞭自然環境所帶來的威脅與機會。甚至要體認到自然環境變遷下的趨勢，並且進一步創造行銷的契機。

(四) 科技環境

由於現今網路的便捷性，讓愈來愈多顧客習慣透過網路來消費各種產品或服務，企業不得不以「e化」的方式來服務顧客（如圖3-8）。在網路交易過程中爲了顧及到安全性及隱密性，企業紛紛以結合金流或是物流的方式，著手建立自己的行銷網，而這就凸顯出行銷環境與市場在變遷下所造成的影響力。「科技」可以說是現代企業應具備的基本能力，從網路盛行、智慧型手機、AI人工智慧、物聯網、電動車等，顯現出科技不但影響消費者行爲，更是影響行銷發展的重要環節。如何密切掌握科技改變的步調與速度，也是行銷策略擬定與執行的重要考量。

■ 圖3-8　透過e化讓行銷與服務更加無遠弗屆

(五) 社會文化以及政治法律環境

以社會文化環境來說，例如生活品質水準、企業倫理與社會責任等，都會造成影響；而政治環境，例如兩岸政治問題會左右企業投資意願及發展方向；法律環境，例如消費稅若提高，商品會漲價，連帶降低消費意願。

二、行銷的個體環境

除了上述的整體環境，行銷還要考慮個體環境，也就是直接對企業行銷造成影響的個人或群體。例如：企業內的各部門、供應商、顧客、競爭者、行銷中間商以及公眾等，這些都是傳遞公司價值的重要角色。

(一) 企業本身內部溝通

行銷企劃中，從產品開發到促銷活動皆需顧及其整體性，每個環節都是成敗的關鍵。而行銷人員必須邀集公司相關部門，包括高階主管到第一線人員，或者從生產部到業務部（產、銷、人、發、財等）共同參與面對。

(二) 供應商

供應商可以說是企業進行「顧客價值傳遞」的重要環節。當供應商無法正常提供企業所需要的資源時，將會嚴重影響其正常運作。因此，供應商的問題，像是否會供應延遲或短缺、或是供應商是否會發生罷工等事件，都將造成企業經營極大的威脅，不僅企業受損，甚至會連帶影響到對於顧客關係的經營。

(三) 顧客

近年來行銷愈來愈注重顧客關係管理，特別是在網路上經常看見顧客透過社群來連結對企業與產品的觀感，形成一股不容忽視的力量，這些社群甚至可以主導一家商品行銷的命運。

(四) 競爭者

在行銷策略規劃程序中，通常會做SWOT分析。分析時，其中一項就是與競爭者做比較。因此，行銷人員應密切注意競爭者的現況再做進一步的策略研究。

(五) 行銷中間商

行銷中間商是代表協助公司販售、促銷或配銷產品到最終購買者的廠商。

(六) 公眾

一般所提到公眾（Public）時，可以分成七種類型來談（如表3-4），因為不同的公眾可以組成行銷活動中的重要環節。他們對於企業行銷目標的達成與否，有著實際及潛在的影響力。

表3-4 公衆種類

種類	範例
財務公眾	銀行、投資公司等。影響公司取得資金的能力。
媒體公眾	報紙、雜誌或電視等。
政府公眾	政府的發展現況會影響行銷的結果。例如：產品安全、消費者權益、廣告的誠信等議題。
公民團體	企業行銷決策會受到消費者組織、環保團體及一些少數團體的質疑。企業公關部門可作為消費者與公民團體之間溝通聯繫的橋樑。
地方公眾	指的是鄰近居民與社區組織。企業會派遣社區關係人員，協助處理相關事務、解答各項問題或贊助公益活動。
一般公眾	觀察企業動態作為購買產品的參考，並透露出消費者心理與行為。
內部公眾	像是企業內的員工、管理者、股東以及董事會，皆會影響外界對此企業的評價。

3-2-2 市場區隔

一、市場區隔的意義

市場區隔（Market Segmentation）是指：當行銷人員進行行銷規劃前，最需要的是確定及掌握購買者的群體。依據購買者人口統計、地理性、心理行爲等區隔變數來區分市場。

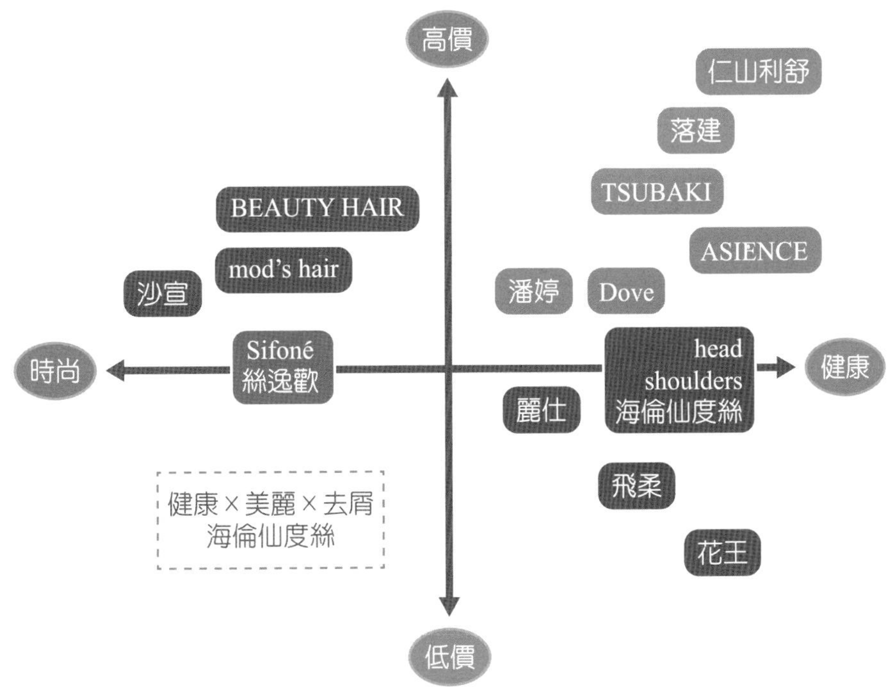

■ 圖3-9 以洗髮精為例的市場區隔

(一) 區隔行銷

區隔（Segment）與區塊（Sector）是截然不同的意義。例如：在對年輕、中等收入的汽車購買者時，他們會有不同的購買期望。因爲有的購買者在乎較低的成本，有的則是在意品質的好壞。因此「年輕中等收入的購買者」指的是區塊的意義，而非區隔。若僅僅認爲年輕、中等收入的客層就是「區隔」，其實是不夠的。

(二) 利基行銷

什麼是「利基」（Niche）呢？即爲一個較小的區隔。例如：某種防掉髮的洗髮乳專門提供給容易掉髮或髮量較少的消費者使用，這就是一種利基行銷。通常利基行銷的作法，是將一個較寬廣的區隔再分成數個較小範圍的次區隔（Subsegment），或者依據產品獨特的特性，定義出一套特定產品利益的組合，以確認公司的「利基」（利益基礎）所在。相較於上述的區隔行銷，前者會面臨較多的競爭者，而利基行銷則不然。因此，有些產品運用這種方式，反而能夠事半功倍。利基行銷的特徵：

1. 顧客皆對其有獨特的需要。
2. 顧客願意支付較高的價格，以獲得對產品的最佳滿足感。
3. 較不會吸引到其他的競爭者。
4. 可以透過對產品的專業化取得經濟方面的利益。
5. 具有足夠的規模、利潤及成長的潛力。

(三) 地區行銷

企業將目標市場鎖定在區域（或地區）中，並針對此區域的顧客群設計符合顧客需要的行銷方式。例如：有些公司的產品只針對都會區行銷或者北部地區行銷，除了能降低廣告與行銷成本外，更能減少因配合不同區域市場所需的服務問題。

(四) 個人行銷

近年來，特別是在金融服務出現一種風潮，那就是「一對一行銷」（One-To-One Marketing）或顧客化行銷（Customized Marketing）（或稱客製化行銷）。數百年來，多數行業皆注重個人服務，例如：皮鞋鞋匠依個人的需求製造皮鞋。隨著時代改變，產品與服務逐漸走向大眾顧客化（Mass Customization），意指以大眾爲基礎，從事大量個人產品與溝通方案的設計，盼能符合每個顧客的需求。

二、市場區隔的型態與程序

在實務方面，如何建立並決定屬於自己的企業產品或服務的市場區隔，並且有效地確認，這就是所謂的進行市場區隔的程序。在進行這個程序前，我們要先確認區隔市場的型態，也就是所謂的「偏好區隔」（Preference Segment）。

此種區隔型態包括以下三種：

(一) 同質性

代表顧客偏好大部分相同的市場，可了解市場在不同屬性下並沒有自然的區隔，因此可以預測市場現有品質皆相似，且處於屬性偏好的中間值。

(二) 擴散性偏好

擴散性偏好恰好與同質性偏好相反，顧客的偏好可能散落在各處，代表顧客對產品有著不同的需求。

(三) 集群性偏好

若有新進入市場的公司，可選擇產品屬性的定位，以吸引不同的顧客群，或者發展不同的品牌，分別定位在不同的市場區隔內。

三、市場區隔的變數

市場區隔化的程序普遍以「需要」作爲基礎，因此稱爲「以需要爲基礎的市場區隔化方法」（Needs-Based Market Segmentation Approach）。在解決某些特定消費問題時，依據顧客的類似需要與追求的利益，將顧客分成幾個區隔。此外，還要考量消費市場的區隔化變數，基本上有四項主要的區隔變數：

(一) 地理性區隔化（Geographic Segmentation）

企業可將市場分爲國家、區域、城市或鄰近區域等地理單位，進行不同地理區域的行銷活動。

(二) 人口統計區隔化（Demographic Segmentation）

以基本的人口統計變數將市場分成許多不同的群體，例如：年齡、家庭人數、家庭生命週期、性別、所得、職業、教育、宗教、種族、世代、國籍以及社會階級。一般來說，人口統計變數是多數行銷人員經常使用的區隔基礎，但是有些變數的運用需要十分小心。人口統計區隔變數有賴於市場資訊的整合與分析，選擇適當的區隔變數，才能確實區隔目標市場。

(三) 心理特徵區隔化（Psychographics Segmentation）

根據購買者的人格、價值觀以及生活型態作爲不同市場的心理區隔，尤其不同「年級」的族群。例如：四年級生（指的是民國四十幾年次），五年級生（指的是民國五十幾年出生）等，到現在的八九年級生。或者另一種流行說法：X世代、Y世代、N世代，每一代皆有各自的價值觀。因此，可運用人格特性（或個性）來營造品牌，與顧客個性互相呼應。所以我們經常在許多廣告詞中發現代表不同世代的聲音，只要掌握當代價值觀的關鍵語句就能打動人心，並與顧客心靈對話。此外，心理區隔變數尚有「生活型態」。例如：大台北地區的生活型態有別於鄉鎮，科學園區的生活型態亦有別於一般公務員的生活型態等。

(四) 行爲區隔化（Behaviorai Segmentation）

包括使用時機、利益尋求、使用者狀況、使用率、忠誠度、購買準備階段以及對產品的態度等，這些也可以利用電腦來分析顧客資料，藉以更進一步瞭解顧客。

3-3 行銷策略規劃

策略規劃（Strategic Planning）簡單地說是一套決策管理的程序，藉以發展與維持企業的目標，並促使組織的內外部資源能做最有效的配置。一般企業的策略規劃可以由上而下分爲三個層次，如圖3-10，一般企業策略規劃的三個層次：

1. 公司層次（Corporate Level）。
2. 事業部層次（Business-Level）。
3. 功能層次（Functional-Level）。

假設某個集團旗下設有飯店、旅遊、航空三個事業部，集團的CEO便是屬於公司層次的策略規劃，三個事業部的主管則負責事業層次的策略規劃，而每一個事業部下面的主管則分別擬定功能層次的策略規劃。

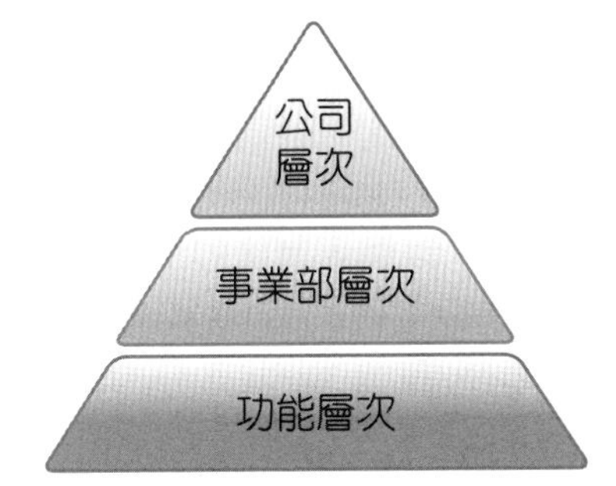

■ 圖3-10　一般企業策略規劃的三個層次

3-3-1　SWOT—企業強弱危機分析

行銷策略的擬定重在「知己知彼」。企業可透過SWOT分析（強弱危機分析、又稱優劣分析）評價企業自身的優勢（Strengths）、劣勢（Weaknesses），以及外部競爭的機會（Opportunies）與威脅（Threats）。

企業在制定行銷策略前透過SWOT分析可對自身進行深入全面的分析以及競爭優勢的定位。同學們也可以用SWOT分析自己的優缺點及機會與威脅（如圖3-11）。

■ 圖3-11　以個人為例的SWOT分析

在SWOT分析過程中，企業高層管理人員在確定內外部各種變數的基礎上，可以進一步採用槓桿效應、抑制性、脆弱性與問題性等四個基本概念來分析，表3-5是以某汽車廠商爲例，經過SWOT分析後所制定的策略規劃表。

(一) 槓桿效應（優勢＋機會）

槓桿效應產生於企業內部優勢與外部機會相互一致或適應之時。在這種情形下，企業可以用自身內部優勢來創造外部機會，使機會與優勢充分結合並發揮出來。然而，機會往往是稍縱即逝的，企業必須敏銳地捕捉機會並把握時機，以尋求更大的發展。

(二) 抑制性（劣勢＋機會）

抑制性是指對企業的妨礙、阻止、影響與控制。當環境提供的機會與企業內部資源優勢不相合適，或者不能相輔相成時，企業的優勢再大也無法順利發揮。在這種情形下，企業就需要提供或追加某種資源，以促使內部資源由劣勢向優勢方面轉化，從而迎合或適應外部機會。

(三) 脆弱性（優勢＋威脅）

脆弱性是指企業優勢程度的降低與減少。當環境狀況對企業優勢構成威脅時，原有的優勢得不到充分發揮，出現優勢下降的脆弱局面。在這種情形下，企業必須盡力克服威脅，以發揮優勢。

(四) 問題性（劣勢＋威脅）

當企業內外的劣勢接連發生時，該企業就面臨著嚴峻挑戰，如果處理不當，可能直接威脅到企業的存亡。

表3-5 SWOT分析後之策略規劃

內部能力分析／策略規劃／外部環境分析		優勢	劣勢
		1. 擁有最佳的交通車品質 2. 完整商品 3. 完善的服務網路 4. 便捷的零件供應通路 5. 師父制度	1. 預測不準，增加庫存成本 2. 業代專業不足 3. 大型據點，資產縮水 4. 資產折舊高，經營成本高 5. 危機能力處理不足 6. 主管欠缺管理學能
機會	1. 自由化市場，適者生存 2. 女性就業人口增加 3. 品質意識抬頭 4. 特殊需求（休旅車）概念 5. 高齡車檢驗次數增加	專注品牌形象建立	1. 導入CRM 2. 加速調整商品組合 3. 提升企業智能
威脅	1. 全球景氣衰退 2. 管制取消，競爭加劇 3. 印度與中國車廠的競爭 4. 出生人口降低 5. 消費意識抬頭 6. 高捷、捷運興建	1. 強化價格優勢 2. 加強大陸市場開拓 3. 開創新通路	1. 強化販賣力 2. 提升員工滿意度 3. 鼓勵企業內部創業

3-3-2 BCG－企業在市場的影響力分析

美國的波士頓顧問集團，提出「波士頓顧問群模式」（Boston Consulting Group, BCG）如圖3-12，將所有的策略性事業單位（Strategic Business Units, SBU）藉由成長率與占有率矩陣（Growth-Share Matrix）來分類，依據企業的吸引力與市場占有率，用以衡量該企業在市場上的影響性。基本上可以得到下列四種類型的SBU：

(一) 明星事業

這是高度成長與市場佔有率高的事業單位。此種事業單位初期需要大量現金來應付快速的成長。

(二) 金牛事業

通常是成長率較緩慢，但市場占有率較高的事業單位。此種事業單位賺取大量的現金讓公司得以支持其他花費較高的事業單位活動。

(三) 問題事業

這是高成長率與市場佔有率低的事業單位。此類事業單位需要大量的資金，管理當局必須考量哪些問題事業可以成爲明星事業，或是應該加以精簡整頓。

(四) 老狗事業

這是低成長率與市場佔有率低的事業單位。它或許可以自給自足，但無法提供大量的現金來源。

■ 圖3-12　波士頓顧問群模式（BCG）的策略性事業單位矩陣

3-4 行銷4P理論

影響市場的環境及人事時地物因素太複雜。企業經營者很難完全掌握，行銷學者將可控制的因素整理歸納後，提出了行銷4P理論如表3-6。也就是產品（Product）、價格（Price）、通路（Place）、促銷（Promotion）等行銷組合。

表3-6 行銷4P

產品	強調商品的功能面，吸引消費者的青睞
價格	以適當的訂價策略，滿足不同階層的消費者
通路	建立完善的通路，方便消費者體驗、取得產品
促銷	以廣告、活動、事件……等讓消費者認識品牌，進而購買產品

3-4-1 Product產品策略

產品分為實體商品及無形服務，不論實體產品或無形服務，都會影響消費者購買意願。會影響消費者購買產品的因素很多（如圖3-13），產品策略是行銷企劃中最關鍵的部分。例如本章前面的引導案例，Amazon的成功歸功於價格優勢、服務創新、物流便捷快速到貨等。這些均源自於以客戶為中心的服務理念，因此產品的研發也由產品開發人員的構思轉移到傾聽消費者需求，由提高效能轉變為增加創意，由降低成本轉變為提高消費者滿意。

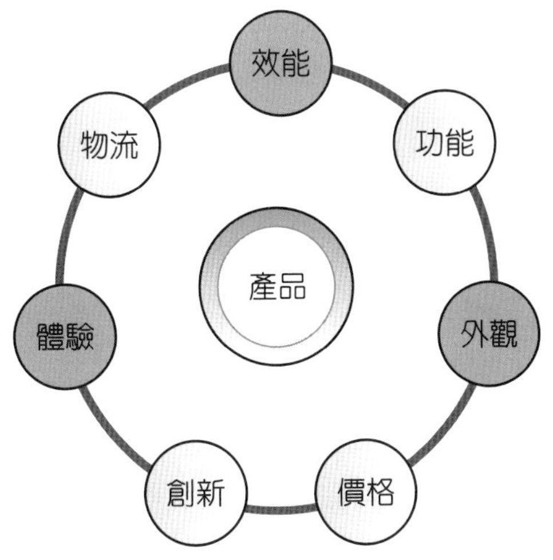

■ 圖3-13 影響消費者購買產品的因素

傳統的產品策略著重在層次、分類、產品線內容長度與寬度以及產品組合（Product Mix）等。但現今消費者生活水準大幅提高，產品策略除前述外，更需加強產品設計。「設計」適用於產品及服務，好的設計將可增加產品的附加價值。因此在設計的過程中，最重要的莫過於知道目標顧客是誰，推出適合的產品，如圖3-14麥當勞得來速的服務增加消費者購買便利性。

■ 圖3-14　麥當勞的「得來速」服務

一、產品的意義與層次

行銷大師菲力普·科特勒就對產品定義爲：「可以提供於市場上，並滿足人們慾望或需要的任何東西。可作爲行銷對象的產品包括了實體產品、服務、經驗、事件、人物、地點、所有物、組織機構、資訊及理念等」。若從這個定義來看，可以衍生出產品本身有其專業性、獨特性與市場性。因此當公司開始發展產品，或是產品的種類繁複時，要知道如何規劃出成功的產品策略，首先就必須對產品的層次有深刻的認識。

產品所包括的層次有五種，如圖3-15。最中心的部分稱爲「核心利益」（Core Benefit），也就是消費者眞正想要購買的服務或利益，由核心利益往外擴至第二層次爲「基本產品」（Basic Product），此時行銷人員需將顧客的核心利益轉換成基本產品；緊接著往外擴至第三層次爲「期望產品」（Expected Product），行銷人員進一步達到符合顧客的期望；在第四個層次則爲「延伸產品」（Augmented Product），在這一個層次要提昇產品的附加價值，這就是對行銷人員的另一種挑戰。前面所提到的「設計」良窳，也將影響到這個層次的發展。尤其現在的消費者選擇變多、消費能力提高，一個設計較好的產品除了引人注目之外，還需符合一些特質。例如：包裝開啓便利性高、組裝、學習、使用、修理、丟棄皆容易等，皆能讓使用者輕鬆上手，甚至符合環保概念等，由上可知，延伸產品就好比提供產品設計。最後則是最外圍層次的「潛在產品」（Potential Product），行銷人員可以觀察引申的產品或是各種產品形式的轉換，很可能在不久的將來成爲主力商品，這類商品就稱爲潛在商品。

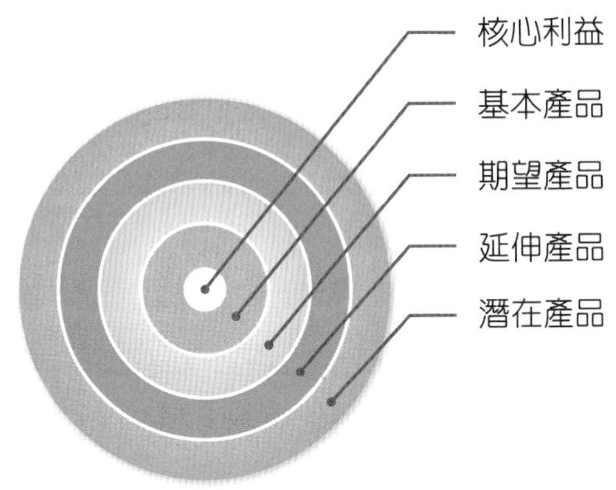

■ 圖3-15　一個產品所包含的五種意義層次

二、產品的包裝與設計

包裝（Packaging）往往是顧客願意掏出荷包的關鍵因素，最具代表性的例子莫過於高級香水了。需設計出精緻且帶有美感與時尚的包裝，並透過其來提昇產品的形象與價值。而包裝的意義爲何呢？它指的是替產品設計生產容器或包裝材料的活動，這些容器或包裝材料即爲包裝。

(一) 包裝的三個層次

一般來說，包裝可分爲三個層次：

1. 主要包裝（Primary Package）。
2. 次要包裝（Secondary Package）。
3. 運送包裝（Shipping Package）。

簡單地說，包裝通常包括產品實體的容器、外面的容器與標籤、內部的說明指示等。

(二) 包裝的用途

1. **保護作用**：例如，砂糖、果汁或其他可分割的物品，必須以包裝加以保護，同時保存，才能使產品得以運送儲存和處理。
2. **使用作用**：可以使產品容易使用或儲存，或者當產品用完後，包裝可再次利用（環保包裝）。
3. **與顧客溝通**：有些產品需透過包裝來與顧客互動，包括使用說明、櫥窗展示等。例如：百貨公司或專賣店的櫥窗呈現。
4. **市場區隔作用**：有些商品在內容成分上相同，企業爲了區隔不同市場，通常在產品包裝上進行差異化。
5. **通路作用**：產品的包裝設計，因通路合作關係而有所不同，目的是更進一步的合作關係，避免因相同包裝而有通路衝突。
6. **推廣作用**：當公司推出一項新產品時，爲了吸引消費者注意，通常會運用包裝手法來加強產品印象。

(三) 包裝與設計的理由

與包裝密切相關的就是「標籤」，所謂標籤，是指附在產品上的紙籤，用來辨識（Identify）產品或品牌，因此標籤的設計也是整體包裝的一部分。在主要包裝中，不同型式的標籤也可以用來加強產品本身的設計，有些標籤被要求列印一些商品資訊，例如藥品必須清楚標示成分、注意事項與衛生署核准字號等。

三、產品的開發與週期

現在的產品已經從傳統的功能面中跳脫，並更加強調設計與風格，也讓我們對產品的定義擴大不少。隨著時代的變化，許多消費者認爲與其購買改良產品，還不如直接購買「新產品」。企業的研發部門若是無法在適當的時間內研發出新產品，恐怕會影響到該企業的業績，若是再眼睜睜看著競爭者頻頻推出新產品，相信一定會對企業造成莫大的壓力，甚至是生存的考驗。因此我們可以發現到，產品似乎有它自己的生命週期。

一般來說產品的生命週期可以區分為五個階段（如圖3-16）：

1. **發展期**：從企業開始發現與發展新產品創意開始。初期產品的銷售是零，但企業要先付出開發的成本。
2. **導入期**：產品剛進入市場銷售成長緩慢，加上上市需要支付上市費用，所以無法產生較大的獲利。
3. **成長期**：產品獲得市場的接受，獲利開始大幅增加。
4. **成熟期**：銷售成長減緩，因為產品已經被大部分的潛在購買者接受，此時獲利水準開始下降或衰退，因為行銷費用都用在與對手的競爭中。
5. **衰退期**：此時期銷售下降，獲利也大幅下降。

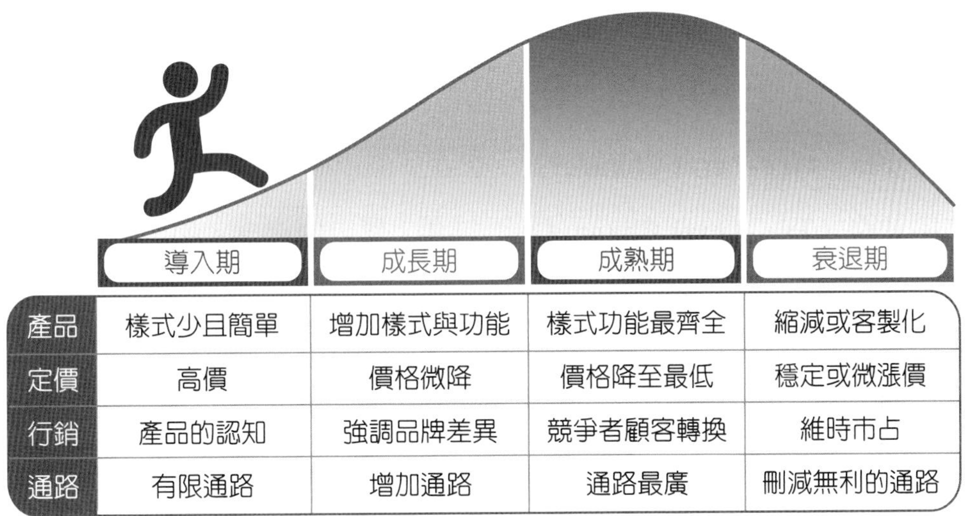

	導入期	成長期	成熟期	衰退期
產品	樣式少且簡單	增加樣式與功能	樣式功能最齊全	縮減或客製化
定價	高價	價格微降	價格降至最低	穩定或微漲價
行銷	產品的認知	強調品牌差異	競爭者顧客轉換	維時市占
通路	有限通路	增加通路	通路最廣	刪減無利的通路

■ 圖3-16　產品的生命週期

3-4-2　Place通路策略

所謂行銷通路（Marketing Channel）由一群相互依賴的中間商所組成，這些中間商包括零售商（Retailer）、批發商（Wholesaler）、代理商（Agent）等，組織成能使產品或服務順利被消費者接受及使用的通路。現在的通路型態更擴及到實際運送商品的物流業者，就好比便利商店所配合的各項商品，許多家廠商皆會透過主要的物流業者統一送至便利商店，甚至便利商店業的總部會自行成立物流公司，不僅配銷自己的商品，同時也拓展其他業務。通路的選擇與設計必須考量許多因素，像目前坊間有一些標榜行銷資訊公司，強調只要將商品交託給他們，絕對能完成配送的目標。特別是進入網路化時代，企業應該思考一個問題，那就是如何利用通路來建立起自己的競爭優勢，讓通路的選擇或建立能與企業的目標一致。

一、通路的意義與型態

通路就是消費者取得商品、服務的地方或管道。例如大小型態的商店、購物中心、百貨公司、購物網站等都是通路。菲力普．科特勒（Philip Kotler）認爲行銷通路可以視爲一種價值網路（Value Network）。這就是大家所熟知「通路爲王」的概念。

(一) 傳統的行銷通路

1. **零階通路（也稱爲直效行銷通路）**：其主要的方式包括逐戶推銷、家庭展示會、郵購、電話行銷、TV（購物頻道）等。
2. **一階通路（One-Level Channel）**：包含一個中間機構，如零售商。
3. **二階通路（Two-Level Channel）**：包含二個中間機構，如一般在消費者市場爲批發商與零售商。
4. **三階通路（Three-Level Channel）**：包含三個銷售中間機構，由大批發商先將產品銷售給中盤商，中盤商再賣給較小的零售商。

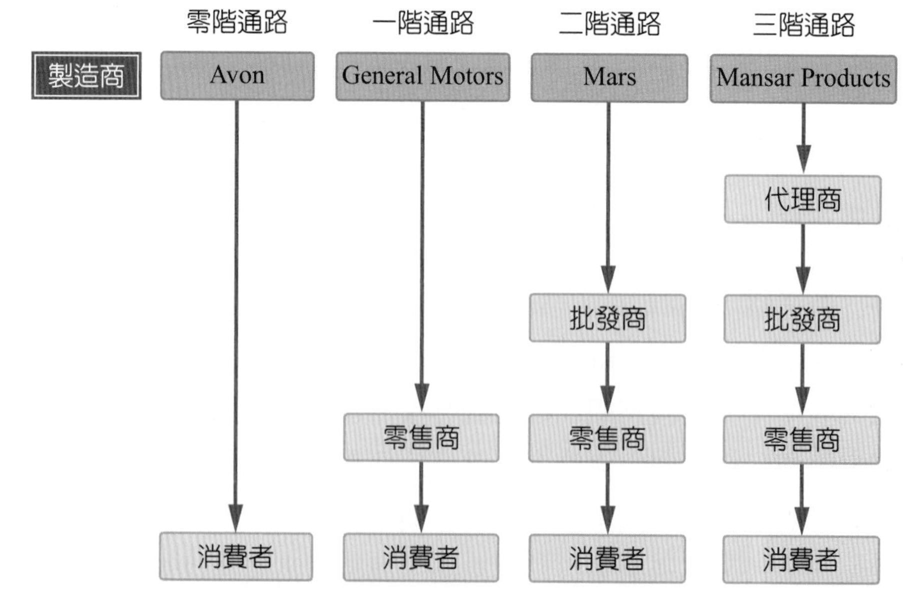

■ 圖3-17　消費品的配銷通路層級

(二) 其他常見的通路型態

1. **管理式垂直行銷系統（Administered VMS;VMS即Vertical Marketing System的縮寫）**：即爲一個有效率之組織間（Inter Organization）的協調、規劃與管理，也就是通路領袖。它可以是零售商或製造商。例如：索尼（Sony）本身產品齊全，又有許多供應商的支持，並且接近消費者。

2. **契約式垂直行銷系統（Contractual VMS）**：在此系統下，通路內所有獨立的成員透過正式的契約來分別彼此的角色。同時，在此系統下約束力較大。這種系統又可以區分爲：批發商組成的自願連鎖、零售商組成連鎖以及製造商（服務業）所發起的連鎖加盟系統。

3. **企業式垂直行銷系統（Corporate VMS）**：例如，統一超商，透過所有權的垂直整合，讓製造商充分掌握通路並向前整合成立零售商，接著成立總部朝專業化方向經營。

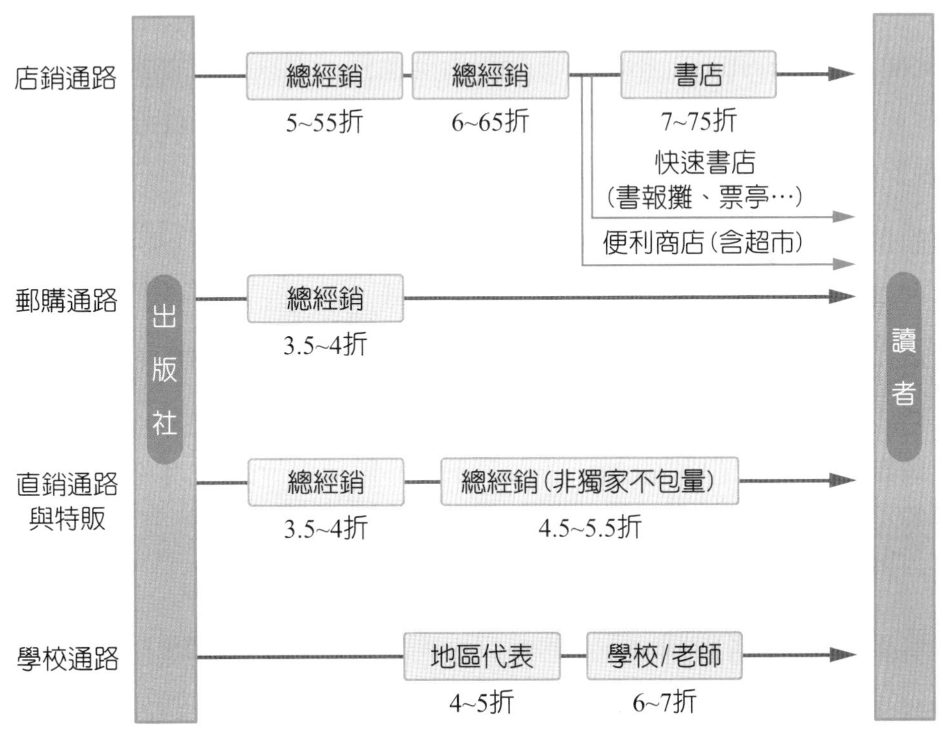

■ 圖3-18　某出版社的行銷通路

二、零售與批發

零售（Retailing）指將產品或服務直接銷售給最終消費者。因此消費者可以在各式各樣的零售商店購買所需的任何商品或服務。

凡食、衣、住、行、育、樂等皆有不同的零售商，他們也各自形成了連鎖體系，藉由專業分工來達到顧客滿意度。零售商經營的成敗，會由其產品或服務與諸多因素而決定，因此也有生命週期，稱爲零售生命週期（Retail Life Cycle）。有些零售商店的生命週期很長，有些則短到令人來不及察覺就已經到了衰退期。這說明了不能光只會開店，還要懂得培養適合的經營管理人才。

■ 圖3-19　實體店面的零售

批發（Wholesaling）指的是上游製造商進貨，再以一定的價格加成以後轉售給零售商、工業用戶，甚至其他的批發商。一般來說，批發業所經營的商品種類很多，各行各業皆有，通常可區分爲三大類：

1. **商品批發商（Merchant Wholesaler）**：即擁有商品的所有權，再銷售出去，通常專精於某些特定型態的商品或顧客。
2. **製造商的分公司與銷售辦公室（Sales Branch&Sales Office）**：主要爲了控制存貨與提升銷售額。
3. **代理商與經紀商（Agent&Broker）**：是一種功能性的中間商。他們撮合買賣雙方，也許有實體的商品處理。但與商品批發商不同的是，其並未擁有產品的所有權，只經由此處賺取佣金。

三、零售業的通路方式

現今零售商的經營趨向加強產品搭配，朝向差異化進行，並定期推出特色商品或塑造品牌，且優質的服務與特別的商店氣氛也能讓顧客感受到不一樣的服務方式。此外，由於科技化速度愈來愈快，不僅大型零售商持續出現，更創造出新式零售型態或其他各種組合型態，造成業界間的競爭更加白熱化。

(一) 零售商的類型

1. **專賣店**：產品線狹窄，產品搭配頗深，同時各產品線內的產品種類較爲齊全。
2. **超級市場**：以大規模、低成本、低毛利、量大、自助式的營運方式提供消費者相關商品。
3. **便利商品**：規模較小，通常設在住宅區的附近，銷售一些週轉率高的商品，同時爲考量其便利性，經常會配合消費者的需求，甚至更進一步創造消費者的新需求。
4. **折扣商品**：以低價吸引消費者，銷售一些毛利較低同時爲大量包裝的商品。
5. **廉價零售商**：以更低的批發價進貨，並且訂定比一般零售價更低的價格，通常是銷售過剩或不再繼續生產的產品。
6. **無店鋪零售商（Nonstore Retailing）**：一般來說又可以區分爲四大類別：(1)直接銷售；(2)直效行銷；(3)自動販賣；(4)購貨服務等。

(二) 零售組織的型態

1. **合作式連鎖商店**：共同擁有兩家或更多的零售據點，統一採購和銷售，並在這些零售商店銷售相同的產品線，同時在店面裝潢相同的設計與風格，並安排人員進行各項專業工作。例如：銷售預測、存貨管理、促銷等。
2. **自願連鎖**：是由批發商贊助的獨立零售商團體，專門從事共同採購與配銷。
3. **零售商合作社**：由獨立經營的零售商共同成立一個採購中心，並進行聯合促銷活動。
4. **消費者合作社**：由消費者共同經營的零售商店。
5. **特許加盟**：介於特許授權者，與特許被授權者間的一種契約機構。
6. **商店集團**：它是屬於一種沒有任何固定型式的公司組織，其綜合許多不同的產品線與型態不同的零售方式，經過整合後兼具配銷與管理功能，且隸屬於同一所有權之下。

3-4-3　Price價格策略

價格（Price）是在行銷組合中最讓人在乎的一個部分，因爲它能創造公司收益，也可能使公司面臨嚴重虧損，尤其當市場出現削價戰爭或者威脅到公司產品的促銷價時，行銷人員如何保有冷靜且睿智的進行策略調，正是價格策略中最困難的部分。價格不只是商品標籤上的一個數字，其意涵爲消費者在購買商品或服務時，所需支付的貨幣。價格高或低都會直接影響到消費者的購買意願及決策，因此價格策略經常成爲企業的競爭利器。透過一些廣告的訴求，企業也遭遇許多訂價課題。例如：如何面對並回應具侵略性的價格戰？如何在不同通路或市場替相同的產品訂定價格？在不同的國家，是否訂定相同產品的價格？若市場中仍有原本型態的產品，在推出改良式的產品時，兩者之間要如何訂價等問題，可見「訂價」並非是在成本計算後所獲得的價格，訂價也有一些脈絡或方法。同時當企業面臨不同情況時，也應隨時做好價格調整的評估。

一、產品訂價的流程

一般來說，影響企業訂價的因素可以分爲外部因素與內部因素。前者如市場競爭的類型、大環境，如政府法令、經濟等變動以及配合廠商的合作等；而後者則爲訂價的目標、產品的成本與獲利空間、行銷組合，或者搭配現階段公司的政策等。然而如何訂定最適切的價格，仍然有一套流程。要想訂定合適的價格，有幾個步驟：

步驟一：選定訂價目標

多數企業訂價時的目標不外乎是獲利，但是產品定位清楚才能帶來持續的成長。大致來說，企業的訂價目標包括五項：

1. 生存與發展
2. 獲利
3. 最大的市場占有率
4. 最大化之市場吸脂
5. 產品的品質領先

什麼是最大化的市場吸脂呢？所謂吸脂，就是企業依序在不同的市場區隔中獲得最大的效益。舉例來說，幾年前液晶螢幕剛推出時價格相當高，讓大部分消費者不敢購買，只有少數追求科技化的顧客願意支付如此高價。但是過了一段時間後，價格明顯下降許多，消費者逐漸能夠接受。

步驟二：決定需求

企業所訂的各種價格皆導出不一樣的需求水準，這也直接影響到行銷的目標。先說明什麼是「需求彈性」：價格改變，結果卻導致需求變動的狀況。例如：若價格的變動導致需求量僅小幅變動，或幾乎不變，則稱此需求為無彈性（Inelastic）；反之，如果需求產生相當大的變動，則稱此需求具有彈性（Elastic）。

消費者對產品需求彈性的大小，往往會影響企業的訂價策略。當需求彈性大時，象徵消費者對價格的變化十分敏感：當需求彈性小時，代表消費者對價格的改變不會有任何敏感的反應。因此當商品價格上漲時，消費者不會因此減少太多的購買量。相反地，當價格下降時，消費者也不會增加太多的購買數量。

步驟三：估計成本

多數企業在訂定產品成本時，主要依據固定成本（Fixed Costs）及變動成本（Variable Cost），前者是指不管企業的產出如何，只限定每個月固定支付的費用（如租金、薪資、利益、能源等）。簡單來說，固定成本是代表不隨生產量或銷售收益變動的成本；而後者則與生產水準直接相關。總成本（Total Cost）就是固定成本與變動成本的總和，企業於對產品所能獲得的價格，都會以需求設定為上限，並以成本設定為下限。

步驟四：分析競爭者的成本、價格與產品

通常訂價的上、下限決定於市場的需求及企業的成本，因此在訂價時需考量其他競爭者的各項成本、價格及所有能影響價格反應的因素。

步驟五：選訂定價方法

一般的訂價方法有六種，包括：

1. **成本加成訂價法**：這是最基本的訂價法，是將產品加計某標準的加成。
2. **目標報酬訂價法**：單位成本加上單位的總投資報酬即為目標報酬。
3. **認知價值訂價法**：評估顧客對產品的認知價值（Perceived Value）作為訂價的基礎。例如，顧客對產品績效、通路順暢性以及品質的保證等認知。

4. **現行水準訂價法**：參考競爭者的價格做爲訂價的基礎，可以反映出產業對價格的整體看法。

5. **拍賣型訂價法**。

6. **群體訂價法等**。

步驟六：選定最終的價格

在這個階段中，除了選擇以上的訂價方法外，我們還得考慮其他會影響到訂價的因素、其他行銷組合要素對價格的影響以及企業的訂價政策或價格對其他團體的衝擊等，才能選定最終的價值。此外，所有訂價流程皆需密切注意到大環境以及各種經濟指數的變化。

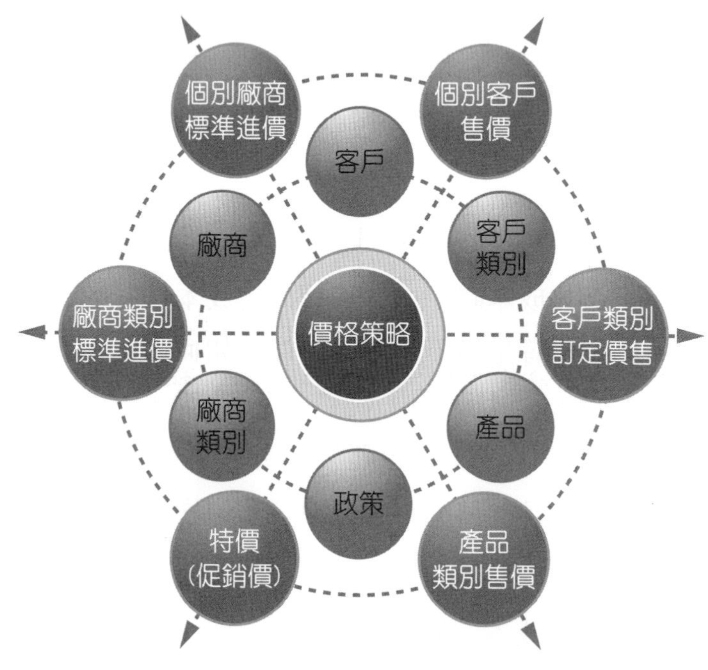

■ 圖3-20　價格訂定的考量因素

二、產品價格的修正

價格訂了以後，是否會需要修正？當然，因爲價格並非一成不變。一般來說，企業並非只能訂定一個固定且單一的價格，而是訂定出一個訂價結構。透過這個結構可以反映出每個地區不同需求、成本、購買時機、訂價水準、運送頻率、保證、服務內容及市場區隔之需求強度等不同因素，並以其修正價格。行銷人員更應時時留意任何可能引起價格波動的因素，並思考用何種方式回應價格之變化，尤其需密切注意顧客與競爭者的反應。

3-4-4 Promotion促銷策略

促銷（Promotion）也是企業經常使用的行銷工具，凡拉環對獎、百萬抽獎、購物送贈品、刮刮樂等，無不使出各種奇招來刺激消費與購買。大致來說促銷指的是企業運用各種誘因，鼓勵流通業者或一般消費者購買商品，甚至進一步鼓勵業務積極銷售。

(一) 促銷種類

通常分成二大類，亦即推式促銷與拉式促銷：

1. **推式促銷**：主要是製造商針對批發商、零售商或其他中間商的促銷。製造商一般進行的就是推式促銷，主要是爲了新產品或產品改良之上市、增加新包裝或新尺寸產品的涵蓋面，或者是將過多的存貨向前移轉，以免積壓資金，維持或增加在零售商的櫥窗展示空間、減少過多的存貨增加週轉率、反制競爭者的促銷活動以及儘量增加消費者之購買額。爲達到這些目的，一般製造商多會推出的促銷型態有：(1)零售商津貼；(2)聯合廣告和賣方支援計畫；(3)零售商銷售競賽；(4)特殊購買點展示；(5)訓練計畫；(6)展覽等。

2. **拉式促銷**：企業提供額外的獎賞或誘因給消費者，以激勵消費者從事某些消費或購買的行動。主要又分爲立即式與延緩式等兩種方式：

   (1) 立即式的活動：包括折價券、免費樣品之試用、紅利包內的贈品等。

   (2) 延緩式的活動：包括購後退款、包裝內另附折價券等。

■ 圖3-21　屈臣氏的促銷活動

瞭解促銷的基本型態後，也要懂得如何決定促銷的步驟：

- **步驟一：**建立促銷的目標。
- **步驟二：**選擇消費者促銷工具。
- **步驟三：**選擇交易工具（如折價、折讓或免費商品）。
- **步驟四：**選擇商業或銷售人員促銷工具。
- **步驟五：**發展促銷方案（如銷售競賽、紀念品）。
- **步驟六：**促銷方案的預試、執行、控制與評估。

(二) 影響促銷組合的因素

前面提到的促銷工具包括：(1)樣品；(2)折價券；(3)優惠價；(4)贈品；(5)熟客方案；(6)競賽；(7)摸彩；(8)遊戲；(9)酬賓活動；(10)免費試用；(11)產品保證；(12)聯合促銷；(13)交叉促銷等。最後要如何發展出最佳的促銷組合呢？有五項影響到促銷組合決策的因素：

1. **市場的本質**：如果我們無法確實得知目標顧客的特性，就難以達到促銷的目標，否則將會大幅度耗損人力、財力與物力。
2. **產品的本質**：現在的產品，產品生命週期變化迅速，如何設計有效的促銷組合，是所有促銷方案成功與否的關鍵，不同商品的促銷組合亦不相同。例如：高科技商品、消費品與食品等，皆有各自商品的主要本質與特質。
3. **產品的生命週期**：行銷人員應隨著產品不同的生命週期做調整。例如：在產品導入期，行銷方式著重在介紹新產品的優點，藉由這種互動拉進與通路人員間彼此的距離。
4. **產品的價格**：低價產品往往無法使用高單位成本的人員銷售方式來促銷，而廣告就成了向大眾推銷低單價產品之最佳選擇。例如：飲料、口香糖等。
5. **促銷的預算**：預算的考量常常會影響促銷成功與否的關鍵，尤其是促銷衍生出的費用，往往就令其失去原本目的。

3-4-5 行銷7P及4C

行銷4P是實用且基本的行銷組合，但隨著時代快速的演變及發展，行銷策略也從4P延伸到7P甚至是4C。唯有將行銷策略靈活應用才能因應產業的變化，達到最大的經濟效益。

一、行銷7P

因應服務業時代來臨，若實體產品與同業無太大差異時，將行銷4P加上服務人員（People）、服務流程（Process）、實體展示（Physical Evidence）升級爲行銷7P（如圖3-22）。以寶島鐘錶爲例，藉由行銷7P精緻服務，提升消費者滿意度。

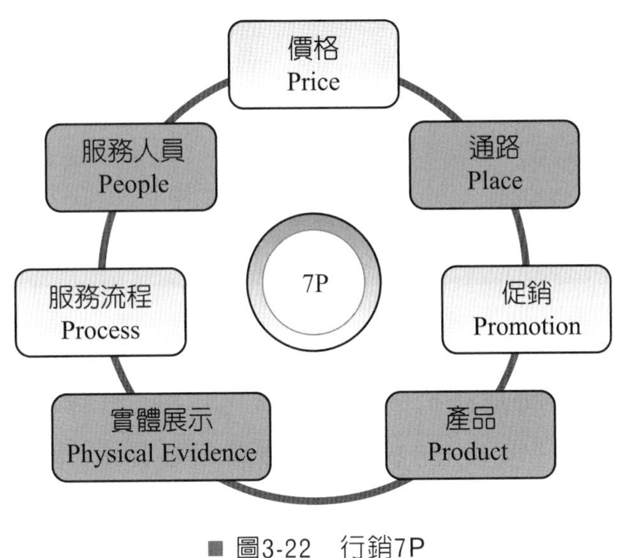

■ 圖3-22 行銷7P

7P案例：寶島眼鏡

眼鏡公司表面上是賣眼鏡，是具體的商品，因此應該是行銷4P，但仔細想想，決定購買眼鏡的另一個重要因素卻是驗光服務，若驗光不準確：度數不準確，焦距不準確，將嚴重影響產品使用滿意度，因此整個交易服務成分佔了一半以上！

臺灣寶島眼鏡公司採取行銷7P策略，除店外的行銷採取傳統行銷4P，店內則加強服務人員、服務流程、實體展示等專業服務，提高消費者滿意度。

1. **服務人員（People）**：專業驗光師服務。
2. **服務流程（Process）**：標準驗光、商品介紹、價格透明化。
3. **實體展示（Physical Evidence）**：專業驗光設備，得體服務人員服裝，商場內專業化裝潢。

資料來源：林文恭．俞秀美「市場行銷實務250講」碁峯出版社。

二、行銷4C

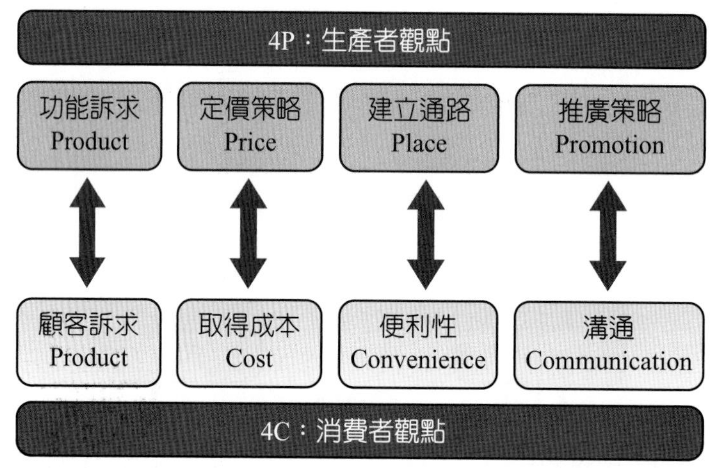

■ 圖3-23　行銷4C

行銷4P推出時間點是在工業生產時代，主要是以製造業爲主的行銷觀點，經過時代轉變，目前先進國家服務業產值大幅提升，因此行銷4P蛻變發展出以服務業爲主的行銷4C：

表3-7　行銷4C

客戶訴求	製造業的核心是產品，相對的，服務業的核心當然是客戶，不再是廠商要生產什麼？而是仔細聆聽客戶需要什麼？
成本	製造業談的產品定價，在以客為尊的服務業就要更細膩，談「客戶取得成本」，即價格成本＋時間成本。
便利性	製造業談的通路，在以客為尊的服務業就要更細膩，談「客戶取得成本」，包括購買後一系列的配送、維修服務。
溝通	製造業想的是如何把商品「推」給客戶，賺取獲利，服務業改變思維模式，將「以客為尊」視為企業理念，充分理解客戶需求，再為客戶量身訂製商品、服務，先談心、再談錢！

資料來源：「市場行銷實務250講」林文恭、俞秀美撰，碁峯出版社，2020。

3-5 行銷發展與趨勢

3-5-1 網路行銷的興起

在網際網路爲風潮後，透過資訊的快速與便捷，讓顧客能在網路上比較各種價位，而賣方也能立即對顧客提供各種服務，雙方皆能獲得利益。因此「網路化」帶來「全球化」的結果應運而生，行銷自然必須具有全球的競爭力，而非單純提供單一地區的產品與服務。即使企業只想保持現狀，但一股不得不改變的無名力量會迫使企業必須正視網路行銷新趨勢，這種新趨勢可以從幾個角度的發展來看：

1. 行銷的網路化與全球化。
2. 行銷策略必須考量降低成本並拉近與顧客的關係。
3. 不斷創新行銷模式。
4. 結合時勢，化危機爲轉機。
5. 重視消費者感受並與顧客交流。
6. 從「製造後直接銷售」的行銷方式，轉變爲「感受後反應」的行銷方式。
7. 重視「品牌」遠勝於資產。
8. 由原來的實體市場運作轉爲以虛擬方式進行。
9. 多元化通路的行銷。

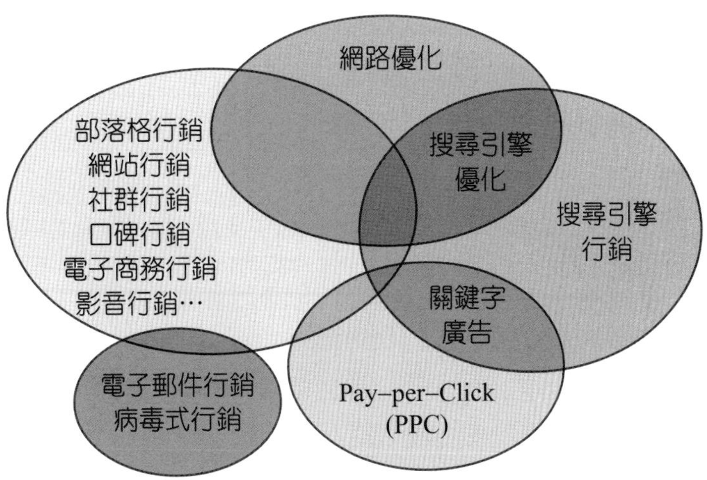

■ 圖3-24　網路行銷的種類與相關問題

一、網路行銷帶來的改變

網際網路的蓬勃發展，完成了以前從未想到的事。不用出門就能得知「天下事」，並且處理許多事物。面對e化的趨勢，企業該如何經營網路行銷呢？

首先應體認到以下幾項改變：

1. 企業可以在一天二十四小時中展示並銷售商品及服務。
2. 網路提供企業與所有商業夥伴密切的溝通方式。例如：透過企業所建置的外部網路，隨時以較低成本與供應商達成交易。
3. 企業可以隨時傳送各項行銷資訊。如：促銷活動、試用券或者進行消費者線上諮詢等所有顧客關係的經營。
4. 企業也能擴大經營地區，只因「網路無國界」。只要透過網路，企業可以大量降低經營成本的風險。微軟董事長比爾．蓋茲甚至認爲網際網路不只是銷售管道，未來的企業將透過數位神經系統運作。

雖然網際網路的效益十分廣泛，但現在網路世界的另一個新寵就是電子商務。從傳統產業、服務業、金融業到高科技產業，每一個企業皆已接受電子商務（Electronic Commerce, EC）進行企業活動。簡單來說，電子商務比企業「e化」更具實質意義，因一般e化僅就資訊的展示與電子化。菲力普．科特勒定義電子商務爲：「除了提供企業資訊、歷史沿革、政策、產品及工作機會給來訪的顧客外，企業亦可進行交易或可促進產品與服務的線上銷售」。

表3-8　傳統行銷與網路行銷之比較

傳統行銷	網路行銷	範例
成本高	成本低	郵件、開店
反應時間慢	反應時間快	資料更新
不方便	方便	節省時間
營業時間短	營業時間長	全年無休
行銷範圍小	行銷範圍大	客戶群
產品種類少	產品種類多	產品查詢

二、網路行銷與電子商務

在談到網路行銷（Network Marketing）與電子商務（Electronic Commerce）時，會先提到「電子商務」包括的四個主要網路領域：即B2C（企業對消費者）、B2B（企業對企業）、C2C（消費者對消費者）、C2B（消費者對企業）等。而「網路行銷」偏重在B2C（Business to Customer企業對消費者）。

大致來說在電子商務中有兩個主角，分別是Business企業與Customer消費者。接著簡單地探討這四種領域：

(一) B to C（B2C, 企業對消費者）

是指企業透過網路及電子媒體，對商品或服務進行推銷及提供資訊，以吸引消費者利用網路進行購物。

(二) B to B（B2B, 企業對企業）

是指企業對企業間，特別是同一個產業中之供應商、製造商、顧客間，或上、下游之企業透過網路在線上進行一切商業活動。例如：高科技產業，無論供應商、製造商，大家皆會共同建立一套網路系統，透過此系統的呈現，企業彼此皆能掌握目前產能與進度，並將其整合在一起。通常可以藉由：(1)供應鏈管理（Supply chain Management, SCM）；(2)電子資料交換（Electronic Data Interchange, EDI）；(3)快速回應（Quick Response, QR）以及(4)企業資源規劃（Enterprise Resource Planning, ERP）等各種軟體與技術來完成。

(三) C to B（C2B, 消費者對企業）

是指消費者透過網路及電子媒體，對商品或服務進行出價，以吸引企業提供報價及完成網路購物。

(四) C to C（C2C, 消費者對消費者）

是指線上拍賣的模式，讓買賣雙方相互交流，並獲得彼此的經濟利益。例如：在網路上會依主題而有各自的社群網站，消費者各自上網張貼訊息或蒐集資料，大家在線上競標，凡服飾、行動電話、配件、電腦、電腦遊戲、保養商品、首飾等，惟在網路拍賣時仍必須留意網路交易安全與風險。

三、網路行銷的條件

(一) 推動前的條件

許多行銷人員常擔心他們的科技能力不及專業人士，又擔心軟硬體設備與技術不足，無法即時回應顧客，因此可先瞭解網路行銷推動前的條件有哪些：

1. 具備經營「科技化」行銷的心態，並獲得經營者高度的支持。
2. 檢視企業科技環境，軟硬體設計需達到網路行銷的條件。
3. 行銷人員除具備應有的行銷專業能力外，必須具有一定程度的電腦技能、協同企業的資訊人才，或者與外界資訊公司合作。
4. 推行網路行銷前，透過高階主管的親身參與達到全員動員，才能做好整體行銷。
5. 網路行銷的素材必須推陳出新，否則顧客上網瀏覽的意願不高，同時必須結合聲光、影像使其活潑生動。
6. 瞭解競爭者網路行銷的現況，以避免犯相同的過錯。
7. 能多與相關網站做連結，以增加上網客戶數。
8. 多留意有關病毒式行銷的比賽，藉此學習參與者的創意，同時瞭解虛擬網路與實體通路如何結合得宜。
9. 培養屬於企業網路行銷人才，藉此讓每位第一線人員熱愛上網，讓他們的銷售與網路同步。

(二) 網路行銷的優點

大致來說，網路行銷的優點如下：

1. 不用店租。
2. 經營成本較低。
3. 不受時空限制。
4. 避免不必要的浪費（如郵寄、宣傳文件的製作成本）。但是當企業有意在搜尋網站刊登廣告時，其實費用並不低，刊登的方式與傳統媒體種類、規格皆不同。

(三) 評估網路行銷的效果

至於在進行網路行銷後，要如何評估效果，通常可五項指標來衡量：

1. 曝露度（Explosure）。
2. 點選率（Click Through）。
3. 參訪停留時問（Visit Purgation）。
4. 瀏覽深度（Browsing Depth）。
5. 購買結果。

(四) 網路行銷可能面臨的問題

此之進行網路行銷時可能會面臨到：

1. 網路連線品質好壞。
2. 線上公司聲譽好壞與否。
3. 網路交易安全性。
4. 網路交易隱密性。
5. 購物支付機制的建立問題。
6. 產品的品質如何。

3-5-2 關係行銷的意義

傳統的經營方式，都認爲只要盡力爭取到顧客就好，並沒有思考到彼此之間的關係是否會影響到企業未來的發展。因此「關係行銷」（Relationship Management）成了現在行銷的一項趨勢，企業願意將競爭關係轉變成互相依賴與合作的關係，共同提供目標顧客群最好的服務。所以「關係行銷」是指企業與企業之各種夥伴，包括了顧客、供應商、員工、經銷商、零售商等，爲了建立與維護長久成功的關係，共同合作提供目標市場與顧客最佳價值的行銷活動。而現在的顧客除了重視價格，也愈來愈有自己獨特的消費意識。企業需創造出快樂與忠誠的顧客，才能從他們身上獲得高度的顧客滿意度。此外，企業更提出顧客權益（Customer Equity）的概念，這也就是近來所強調的顧客關係管理（Customer Relationship Management, CRM）。除了「關係行銷」，其他近來的行銷趨勢，還包括了議題行銷、口碑行銷以及體驗行銷等。

一、顧客關係管理的重要

顧客關係管理是透過顧客基本資料、過去交易記錄以及心理特性等，促使公司進一步能掌握顧客的偏好。一般來說，顧客關係管理經常會利用科技建立資料庫，再經由資料庫分析瞭解顧客的消費行爲，並藉此與顧客建立並持續維繫長久良好的關係。許多企業甚至將這種管理概念延伸到供應商、員工、配銷商以及零售商等諸多的夥伴。

許多企業非常在意市場占有率，不管是透過廣告還是任何行銷創意，其目的就是增加新顧客。但是菲力普．科特勒在檢視一些行銷資料時卻發現到：

1. 爭取新顧客的費用，可以比維護一個既有顧客高出50%到100%。
2. 一般企業每年失去10%到30%的顧客。
3. 顧客流失率若能降低5%，那麼利潤就可能視不同的產業而提高25%到85%。
4. 一個顧客所提供企業的獲利率，通常應該會隨著顧客與企業的往來時間增長而逐年增加。

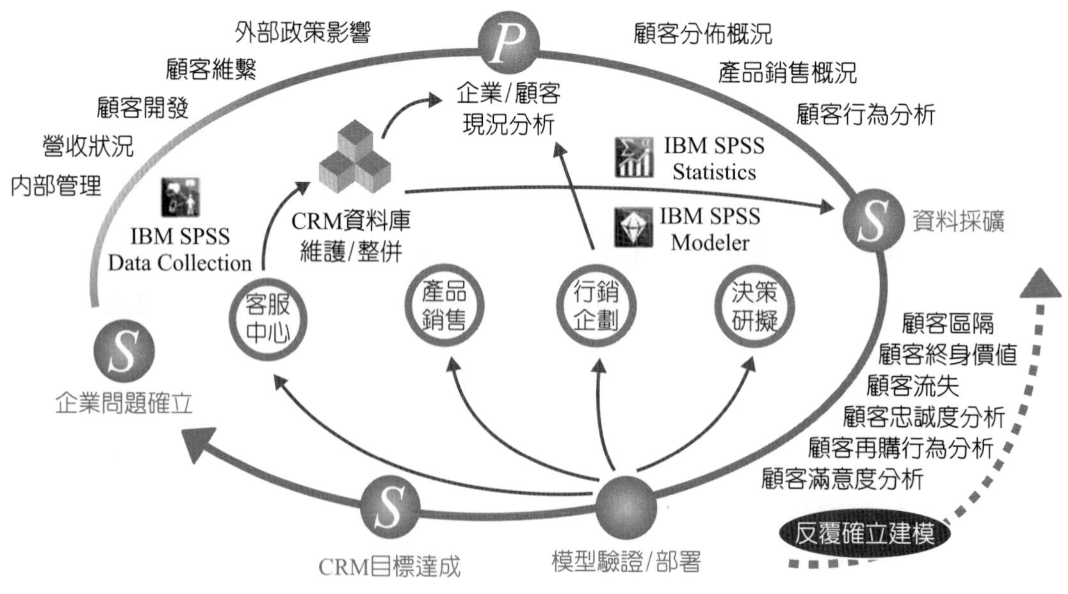

■ 圖3-25　顧客關係管理的流程

二、顧客關係的層次

真正的顧客關係管理不應只看重新客戶的經營，還要檢視企業與顧客關係如何，從而得知顧客關係的層次：

1. **基本型行銷（Basic Marketing）**：銷售人員只是將產品銷售給顧客。
2. **反應型行銷（Reactive Marketing）**：銷售人員推銷產品給顧客，並鼓勵顧客在必要時，有任何疑問或抱怨都可以隨時反映。
3. **責任型行銷（Accountable Marketing）**：銷售人員在銷售產品後不久便打電話給顧客，詢問產品是否符合顧客的期望。銷售人員也會請求顧客提供任何改善產品的建議及任何感到不滿意之處。
4. **主動型行銷（Proactive Marketing）**：銷售人員經常與顧客接觸，並向顧客推薦改良的產品用途或新產品。
5. **合夥型行銷（Partnership Marketing）**：公司持續地爲顧客服務，或幫助顧客提高績效。

三、關係行銷的特性與聯結

關係行銷主要的特性如下：

1. 重視企業夥伴及對顧客傾聽與學習。
2. 重視顧客的維護與成長，而非顧客的開發與獲得。
3. 期許企業間跨功能之團體合作，而非部門間的運作而已。
4. 著重夥伴與顧客的經營，而非企業本身的商品。

3-5-3 其他行銷新趨勢

一、議題行銷

議題行銷是近年來頗受重視的行銷手法之一，意指公司將其所欲行銷的產品，與當下消費大眾所關注的熱門議題做結合，再經由一定程度的宣傳後，引發民眾的討論，或是直接拋出一個能引發關注的熱點話題，並進行炒作，以進一步達到增加曝光率及知名度的目標。

議題行銷的優勢在於產品不僅可以在短時間內廣泛的獲取關注，還能夠將消費者在行銷活動中所扮演的角色，由過去的資訊接收者轉化爲資訊的傳遞者，如此一來便能快速增加消費者對於此項行銷活動的接受度及信賴程度，而進一步達成廣告效益。例如運動有益健康，每天半小時或每天一萬步有益健康。在這樣的議題下，計步器問世，現在更成爲智慧型手機中的基本功能。

二、口碑行銷

口碑行銷是一種在無商業利益意圖的消費者之間，彼此談論有關某一品牌、產品或服務的對話過程。口碑行銷（Word-Of-Mouth）簡稱WOM，在1990年左右提出，不管是品牌轉換或態度的改變甚至忠誠顧客的塑造，口碑傳播都令人不得不重視其關鍵性的影響。在現在的口碑行銷中，最典型的是「獎勵推薦」，其中金融服務業經常透過帳單或簡訊告訴顧客，例如：會員推薦成功，就得紅利積點，或者是航空公司的「里程優惠計畫」，只要能推薦親友，就可以享受免費旅遊或升級。

因此口碑行銷的特點可以歸納如下：

1. 藉由消費者之間自然而熟稔之關係作爲宣傳方式。
2. 有別廣告宣傳不僅能提高知名度，而且是扮演決策的關鍵性角色。
3. 可以積極拉攏忠誠顧客，或促使顧客加深對品牌的認同度。
4. 可以間接提昇顧客滿意度，並透過他們協助企業傳播正面資訊。
5. 可以用最精簡的成本發掘並經營潛在客戶。
6. 可以成爲公司促銷活動的工具。
7. 密切留意因負面口碑造成企業的威脅。

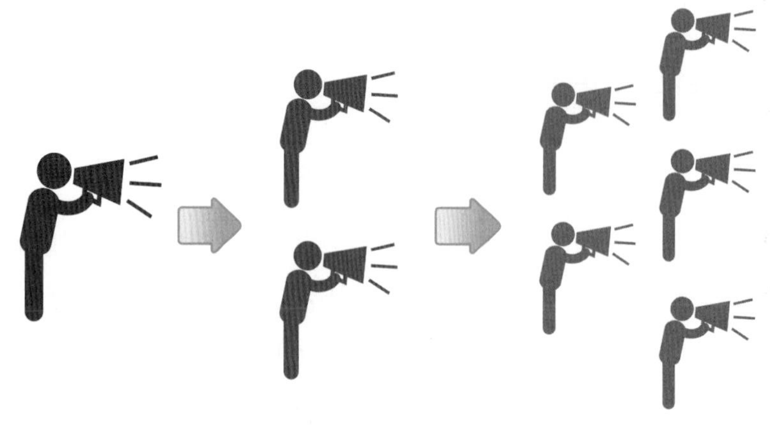

■ 圖3-26　口碑行銷示意圖

三、體驗行銷

體驗行銷的概念，是由全球品牌中心創辦人Bernd Schmitt所率先提出，Schmitt在其著作《體驗行銷》一書中提到，體驗行銷就是站在消費者的感官、情感、思考、行動、關聯五個形式，重新定義並且設計行銷的思考方式；他也認爲，唯有提供消費者眞正渴望的經驗，才能夠在市場中勝出，並且不僅令消費者有所感受，也讓他們願意採取購買行動。

體驗行銷也稱爲五感行銷。舉例來說，來自南投的鳳梨酥品牌「微熱山丘」，即靠著爲來訪者奉上一杯熱茶、提供一塊完整的鳳梨酥試吃，這種未買先感受的感官體驗收服了消費者的心，此舉使得該品牌能一路將門市從臺灣拓展至新加坡、上海和日本等地。近來全感官體驗的體驗行銷趨勢：由「資訊力」轉向「感知力」、由「高科技」轉向「高感動」、由「左腦」轉向「右腦」，如圖3-27。

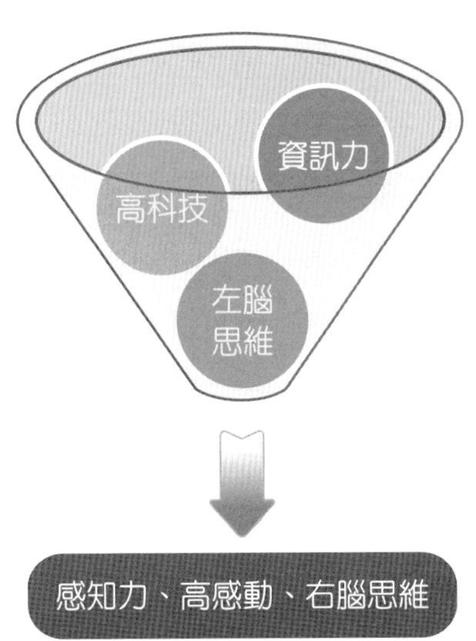

■ 圖3-27 體驗行銷的新趨勢

個案討論

大數據行銷

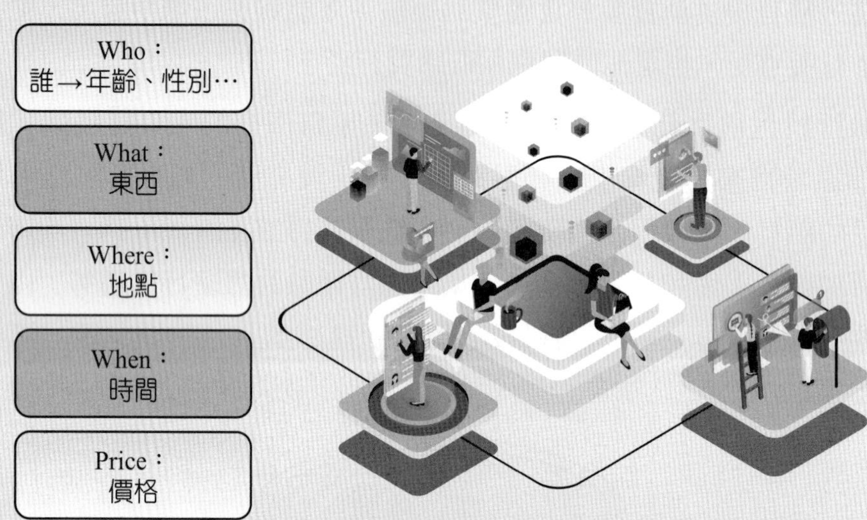

■ 圖3-28　大數據行銷分析

無差異行銷，廣告效益低、成本高。若想要針對特定群體、特定客人做精準行銷，就必須掌握消費者資訊。透過大數據行銷工具我們可以了解顧客的喜好、習慣等資料，除了提高精準行銷效益外，並可作為改良產品、調整行銷策略的指標。掌握消費者資訊可分以下2個部分：

賣場大數據	以Walmart為例，全美國4800家分店，所有交易紀錄匯集成一個大型資料庫，經過分析可得出以前所不知道的資訊。例如：某一個時間點特定區域的某項商品賣的特好，及時調貨便可以增加營業額。例如：某些商品總是同時出現在同一帳單上，調整商品貨架位置即可增加營業額。
個資大數據	根據個人資料、歷史交易紀錄、近期網路查詢紀錄。企業及時發出符合消費者需求的行銷方案。當然，一般企業很難掌握消費者個資。入口網站、社群網路就是蒐集並販售消費者個資的專業單位。

問題討論

1. 為何使用Gmail寄信、You Tube看影片、Google Map導航都不用錢？
2. 大數據英文是？
3. 大數據行銷SEO是指什麼？

討論引導

一、SEO尋引擎優化（Search Engine Optimization）

SEO是大數據行銷策略。可以讓網頁給人們更容易使用，並帶給大家更多資訊，這樣可以讓消費者主動接觸到品牌網站，吸引消費者關注。當消費者就會進入到搜尋階段時，而SEO就會透過關鍵字研究出相關內容產品，並且定時推出新內容，使顧客在平常生活中無意接觸店家資訊。

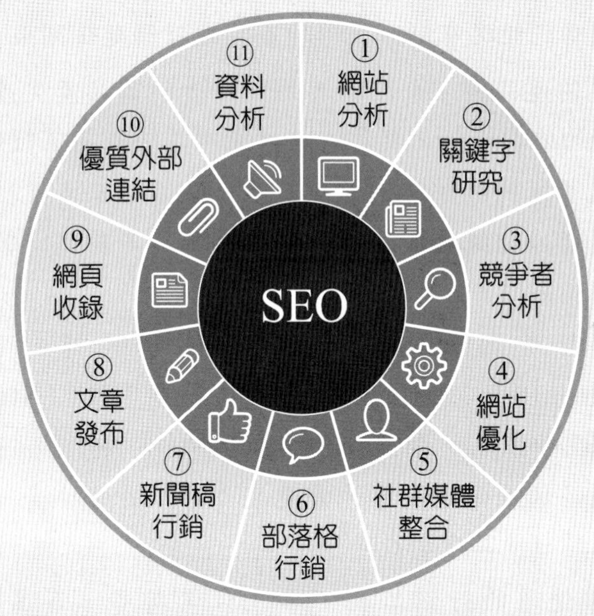

■ 圖3-29　SEO搜尋引擎優化

二、社群網站

在網路越來越發達後，社群網站已被現代人所廣泛使用（Instagram、Twitter、Facebook）。用社交網站推廣可以建立品牌形象並增加曝光率，利用廣告行銷的方法在使用過程被注意，吸引顧客點進網頁購買。除此之外，還能利用訊息和互動來拉近與使用者的距離。

資料來源：大數據行銷，謝婕如、王維汝撰，輔仁品服飾行銷，2021。

自我評量

一、是非題

1. (　　) 學習行銷仍然是商科同學的專利，其他領域的同學沒有必要學習。
2. (　　) 擅長發掘機會，開發計畫及整合溝通，聆聽顧客的聲音，重視顧客關係管理等都是行銷人員所必需具備的特質。
3. (　　) 當人們爲滿足需要而進一步追求特定事物時，需要便轉成需求。
4. (　　) 行銷的範疇已經從有形、無形的產品或服務延伸開來。
5. (　　) 倘若企業的產品愈來愈難與其他競爭者的商品產生差異時，企業便開始朝服務的方向進行差異化，這就是所謂的服務業行銷。
6. (　　) 當行銷人員進行行銷規劃前，最需要的是確定及掌握購買者的群體。依據購買者人口統計、地理性、心理行爲等區隔變數來區分市場。這就稱爲產品區隔。
7. (　　) 企業針對外部競爭與內部環境所進行行銷策略的機會（Opportunities）、威脅（Threats）、優勢（Strengths）、劣勢（Weaknesses）等分析方式，這就是SWOT分析。
8. (　　) 在一個產品的生命週期中，當產品獲得市場的接受，獲利開始大幅增加時，此時該產品處於成熟期。
9. (　　) 企業經常使用的行銷工具，舉凡拉環對獎、百萬抽獎、購物送贈品、刮刮樂等，無不使出各種奇招來刺激消費購買，這些方式都可以稱爲促銷。
10. (　　) 電子商務包括了四種主要網路領域，就網路行銷的角度，最偏重的是C2C（消費者對消費者）領域。

二、選擇題

1. (　　) 銷售與行銷的差異哪個錯誤？ (A)行銷企劃人員的服務程序比銷售業務人員完整 (B)銷售服務在產品生產後才開始，焦點在產品，販售產品賺取傭金 (C)行銷是以滿足消費者需求爲考量 (D)銷售是從銷售前規劃、銷售略策、及銷售後的完整服務。

2. (　) 行銷的總體環境不包括： (A)自然 (B)經濟 (C)公眾 (D)科技。

3. (　) 市場區隔行銷有四種層次，除了區隔行銷、利基行銷、地區行銷外，還有哪一種？ (A)產品行銷 (B)個人行銷 (C)公眾行銷 (D)專案行銷。

4. (　) 美國波士頓企業管理顧問公司，將所有的策略性事業單位進行分類，基本上可以得到四種類型，除了明星事業、問題事業、老狗事業外，還有哪一類？ (A)黃牛事業 (B)水牛事業 (C)金牛事業 (D)紅牛事業。

5. (　) 一般所稱行銷策略4P組合，分別是哪四種？ (A)產品、價格、通路、促銷 (B)產品、價格、包裝、人員 (C)產品、通路、促銷、人員 (D)產品、通路、包裝、促銷。

6. (　) 哪些是行銷通路所包括的中間商？ (A)零售商 (B)批發商 (C)代理商 (D)以上皆是。

7. (　) 一般的訂價方法有六種，除了有成本加成訂價法、目標報酬訂價法、認知價值訂價法外，還有哪些方法： (A)現行水準訂價法 (B)拍賣型訂價法 (C)群體訂價法 (D)以上皆是。

8. (　) 行銷4P是生產者觀點；行銷4C是消費者觀點。請問在4P觀點中產品Product要注意功能訴求；在4C對應的是？ (A)Consumer (B)Cost (C)Convenience (D)Communication。

9. (　) 行銷4P是生產者觀點；行銷4C是消費者觀點。請問在4P觀點中通路Place；在4C對應的是？ (A)Consumer (B)Cost (C)Convenience (D)Communication。

10. (　) 利用「在無商業利益意圖的消費者之間，彼此談論有關某一品牌、產品或服務的對話過程」來進行行銷的方式稱為： (A)口碑行銷 (B)議題行銷 (C)體驗行銷 (D)關係行銷。

三、問答題

1. 簡述行銷7P。
2. 什麼是利基行銷呢？
3. 在SWOT分析過程中，企業高層管理人員在確定內外部各種變數的基礎上，可以進一步採用幾種方式來分析？
4. 零售商的類型大致有哪幾種？
5. 網路行銷的條件為何？

N.O.T.E

04 人力資源管理

學習目標

企業的「企」這個字，若把上面人拿掉企業就只能停止。由此可見，人為企業的根本，企業組織中所有的工作流程，均需由人來執行或管理。因此，如何有效管理與運用人力資源，已成為企業經營的成敗關鍵。本章以簡潔易懂的方式，提供讀者人力資源管理的基本觀念與技術，包括人力規劃、招募、訓練、績效評估、薪酬與福利等。

圖片來源：https://blink.ucsd.edu/HR/

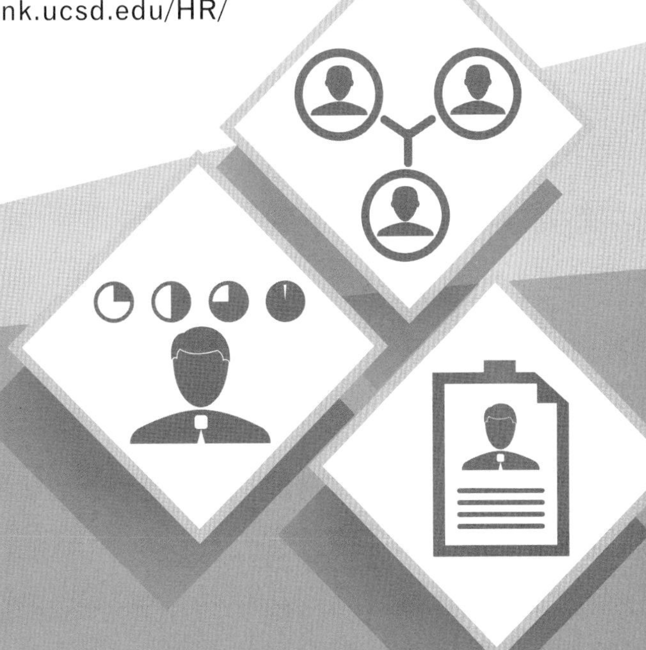

引導案例

40人的服務團隊，兩年竟然零離職！

眾所皆知服務業人員流動率相較於其他產業來得高，尤其年後的離職潮讓企業人力資源主管傷透腦筋，深怕損失重要幹部及優秀員工。企業如何在這快速變動的產業站穩腳步，留住人才絕對是重要關鍵。

極限人生企管顧問高啓賢（Aaron Kao），以他過去的經驗，一般門市的銷售人員平均年離職率約在30%左右。也因此，人才難尋、離職率高是服務業的兩大萬年痛點。企業預算有限，無法靠加薪留住所有人才。Aaron Kao分享他參與一個40人店點兩年零離職紀錄的案例。觀察並歸納出5大留才關鍵細節，不但能夠留住人才、還能培養人才。

高啓賢敘述當時品牌與經銷商要合作組建全台最大旗艦店，四層樓、200坪，正職加工讀總共需要40位員工，高啓賢負責人才發展及營運規劃事宜。既然是旗艦店，當然要符合最高標準。對於服務業來說，店教練是最關鍵人物，因此遴選就經過好幾輪激烈討論，不管是經歷、口條、運動習慣、潛力、特質、理想，都是考量的範圍。

高徵才標準帶來高度人才？

遴選的過程相當嚴格，不僅是為了找到合適人才，也是透過遴選的過程傳達出新團隊的高標準文化。教育訓練，其實從面試就已經開始。人員到位後，緊接著是連續三天的團隊建立課程。透過有趣而富有挑戰性的活動，讓夥伴們從陌生到合作，不斷練習設定目標、分配角色、溝通協調、解決問題、創造績效的過程，促使團隊逐漸成形。

開店前選一天進行「激勵日Inspiration Day」

這一天，教練與運動員都是舞台的主角。每位夥伴由預約好的車隊到府接送，車上備有餐盒及小卡，掃描小卡上的QR code，就會跳出來總經理勉勵及祝福的影片。到了店點，迎接他們的是明星大道般的紅地毯，主管們站在兩側，對到場的夥伴一一擊掌。用心打造的員工休息室，每位夥伴擁有自己的個人儲物櫃，裡面放著店點專屬的客製化T-shirt，大夥在許多激勵元素圍繞的休息室裡，一同許下「全國制霸」的理想。

類似的激勵，並沒有在開幕之後停止，每週的探訪、對話、鼓勵、協助其搬開達成目標的阻礙，造就士氣高昂、戰鬥力十足的團隊，業績目標月月達標。開幕兩年沒有一位夥伴離開，直到有次國外主管訪店說：「太久沒有人異動也未必是好事」，才有一位幹部調出去擔任店教練，不然這個記錄還可持續好一陣子！

五個法則，有效提升留才率

1. 設定有意義的目標並創建團隊文化

   沒有值得奮鬥的理想，工作者自然只能關注薪水。沒有團隊文化，就難以創造團隊之間的差異，歸屬感就不易建立。企業願景及團隊文化，比你想像的更能吸引相同理念的優質人才。

2. 打破階級，創造平等關係

   多數服務業主管往往高高在上，店點夥伴則像在食物鏈下端，只能被動接受指示，這種權力關係只能吸引胸無大志、聽命辦事的人。若想要吸引真正的人才，需要調整傳統管理思維。

3. 高標準與高激勵並行

   很多老闆都說年輕人素質越來越差，我持反對意見。現在的年輕人很早就開始探索自己，因此在表達、回應、選擇都更加直接，若不敢提出高標準要求，間接代表的是無法學到東西，自然無法留住自我期許高的潛力人才。設定高標準、不吝惜鼓勵，兩種管理原則可以並行。

4. 創造舞台，展現認同

   主管對員工工作表現的認同、肯定、授權等，都是激勵員工、讓員工對企業有向心力的好方法。主管只要用心思考，絕對可以創造各種機會來展現你對員工的認同，而認同感往往就是團隊凝聚力的核心要素。

5. 持續投資教育訓練

真正的人才皆是熱愛學習的，面試是訓練、團隊建立是訓練，激勵日、日常訪店都可以是訓練的不同形式展現。企業是否持續投資員工教育訓練也是留才的重要因素。

結語：高啓賢分享以上案例，這些法則不僅讓旗艦店創下兩年零離職的紀錄，運用在其他門市，也成功將門市人員平均離職率從30%降到12%左右，無形中節省很多團隊重組磨合的時間，能將焦點對外，專注服務消費者，自然也就能創造更高的產值！掌握這五個法則，相信你也可以創造一個人才密度高且穩定的優質團隊！

資料來源：40人的服務團隊，兩年竟然零離職！遵循這五個要點，你也能有效提升企業留才率，極限人生企管顧問，高啓賢撰，2021。

引言

少子高齡化造成勞動力不足，各行各業都有員工短缺招募不到人的問題，但也有人求職找不到適合的工作，出現了「人找不到事、事找不到人」的現象。代表勞動市場供需不平衡，除勞動市場資訊不完全外，還有例如企業「招募管道設計不佳」也可能是「應聘人的素質與態度，不符合企業的期待」；或求職者「薪資低於預期」、「工作地點太遠」、「工作內容與想像有落差」、「工作時間太長」、「工作成長性有限」等原因。

對勞動力需求端企業而言，要將員工視為財產，是公司重要人力資源，透過良好的人力資源管理，不但可以吸引人才並可降低員工流動率留住人才；對勞動力供給端求職者而言，提高自己的職場競爭力才能在勞動市場立足。

4-1 人力資源管理的意義與重要性

相較於過去，現今企業更肯定員工爲組織所帶來的貢獻與價值，藉由員工本身的知識、技術和能力，來維持組織在產業環境中的競爭力。人不僅是組織最具價值的資產，也是最獨特的資產。被譽爲「二十世紀最佳經理人」的奇異公司（General Electric, GE）前執行長傑克・威爾許（Jack Welch）曾說：「人才，是策略的第一步」。他更強調，好的人才品質是奇異成功的關鍵，因此，他將自己6到7成的時間投入在發掘、考核、培育人才的活動上。雖然，企業對於員工的投資會增加公司本身的額外支出和機會成本，但卻能藉此在未來產生更多的效益。

根據學者Dessler的定義，人力資源管理爲指執行管理員工的相關政策與事務。包括招募、訓練、評估、獎賞，以及重視勞工關係、健康、安全與公平對待等一系列的管理活動。而學者Noe, Hollenbeck, Gerhart, Wright等人則指出，所謂的人力資源管理，即是經由政策、實務和系統來影響員工的行爲、態度和績效表現。他們提出人力資源管理應具備的八個活動，包括：

1. 工作分析（Job Analysis）。
2. 人力資源規劃（HR Planning）。
3. 招募（Recruiting）。
4. 甄選（Selection）。
5. 訓練與發展（Retaining and Development）。
6. 績效評估（Performance Appraisal）。
7. 薪酬管理（Compensation）。
8. 員工關係（Employee Relations）。

整合前述，人力資源管理（HRM，Human Resource Management）包含「選、用、育、留」，從如何有效招募聘任、管理運用、培訓員工，到最終目的能留住好員工，就是成功的人力資源管理。企業在面對產業競爭激烈環境下，人力資源管理儼然已成爲企業經營績效的關鍵因素。

本章後續將分別以工作分析、人力資源規劃、招募、甄選、訓練與發展、績效評估、薪酬與福利等部分進行說明。

4-2 工作分析與人力資源規劃

4-2-1 工作分析

工作分析（Job Analysis）是一種用來收集、分析、歸納、呈現與工作內容相關之資訊流程與方法，其目的爲提供工作需求之相關資訊，包括職務、職責，以及所需具備之知識、技術與能力等，再根據這些資訊進一步撰寫工作說明書（Job Description）與工作規範書（Job Specification）（Dessler；Noe et al.）。

工作分析是人力資源管理的基礎，要充分發揮人力資源管理與開發的作用，必須以工作分析爲起點，帶動其他各項管理。工作分析也就是職務分析，是描述企業中各個工作之職務特徵、規範、要求、流程，以及完成此項工作之員工所需的知識、以及進行技能描述的過程。只有做好了工作設計與分析，才能據此完成企業之人力資源規劃、招募與甄選、訓練與發展、績效評估、生涯發展與規劃、薪酬管理等活動。若忽視工作分析的作用，將導致在績效評估時沒有憑據，產生設計薪酬不公平、目標管理沒有落實等不良現象。

一、工作分析之步驟

一般而言，工作分析可以分爲下列7個步驟：

- **步驟一：**確認工作分析的用途。
- **步驟二：**蒐集組織背景資料。
- **步驟三：**選擇具有代表性之工作分析。
- **步驟四：**蒐集工作分析資料。
- **步驟五：**讓在職者與直屬主管認可收集到之資訊。
- **步驟六：**擬定工作說明書。
- **步驟七：**擬定工作規範書。

二、資料收集之方法

(一) 問卷法

問卷法（Questionnaire）須先設計並分發問卷給選定的員工，要求在一定的期間內填寫以獲取與職務有關的資訊。一份設計良好的問卷是在短時間內獲得大量資訊的高效方法。不過，僅靠問卷並不能收集到所需的全部資訊，通常會和其它方法一起使用。一般而言，問卷題目有結構性及開放性問題。工作分析問卷範例，如表4-1。

表4-1　工作分析問卷範例

工作分析問卷 萬能電腦公司 部門：資訊部 主管姓名：魯夫	職稱：電腦工程師 主管職稱：資訊部經理		
職責：	每月花費時間百分比		
1. 客戶叫修處理及收送	50%		
2. 客戶電腦組裝	25%		
3. 客戶問題諮詢與建議	20%		
4. 維護公司內部電腦	5%		
決策：			
電腦維修後需要決定是否向客戶收取費用			
管理其他員工：			
不需負擔管理責任			
人際接觸：	接觸頻率：每天	經常	偶而
1. 資訊部經理魯夫	☑	☐	☐
2. 業務部助理娜美	☐	☑	☐
3. 倉儲部助理喬巴	☑	☐	☐
4. 客戶	☐	☑	☐
使用設備或工具：	使用時間：一直	經常使用	偶而
1. 測試用電腦	☑	☐	☐
2. 三用電表	☐	☑	☐
3. 電動起子	☑	☐	☐

工作條件：	
1. 學歷要求：專科、大學、碩士	
2. 科系要求：資訊管理相關、資訊工程相關	
3. 語文條件：英文 -- 聽／略懂、說／略懂、讀／略懂、寫／略懂	
4. 工作經歷：電腦或週邊硬體設備維護相關工作經驗至少1年以上	
5. 具備駕照：輕型機車、普通重型機車、普通小型車	
6. 工作技能：電腦組裝、維修、系統安裝	
7. 證照：硬體裝修乙級	
受訪者簽名：騙人布	日期：2019/08/01
訪問員簽名：羅賓	日期：2019/08/01

(二) 觀察法

觀察法（Observation）即爲實地觀察工作的技術及流程，並將其記錄之方法。這種方法尤其適合可直接觀察之實體活動及重複性的工作。相對地，腦力性的工作較不適用觀察法。另外，在觀察法中，一般是採用筆記方式進行記錄，若能藉由錄影或錄音來協助分析人員，便可獲得更充分的資訊。然而，在使用這些設備時，須注意是否侵犯被觀察者之個人隱私。

(三) 訪談法

訪談法（Interview）是工作分析最常用的方法之一，其可獲得觀察法無法獲得的資訊。有三種面談的形式可用來收集工作分析資料：

1. 個別員工訪談
2. 集體員工訪談
3. 管理人員訪談

集體訪談法是在一群員工從事同樣工作的情況下使用，一般而言，會將收集到的資料與其主管討論。管理人員訪談法是找一個或多個對於該工作有相當瞭解的主管進行訪談。

(四) 工作日誌法

工作日誌法（Work Diary）乃要求員工逐日記載所有的工作活動及花費的時間，藉此瞭解實際的工作狀況，與問卷法相比，工作日誌法的結構性較差。另外，員工可能會誇大或漏記，因此若能跟工作者及其上司面談，則效果更佳。工作日誌表範例，如表4-2。

表4-2　工作日誌表範例

工作日誌表 萬能電腦公司 姓名：騙人布 部門：資訊部　職稱：電腦工程師 日期：2019/08/01	
時間	工作項目
08:00	開會
09:00	客戶電腦組裝
10:00	客戶電腦測試
11:00	客戶問題諮詢
12:00	午休
13:00	客戶電腦維修
14:00	客戶電腦維修
15:00	客戶電腦維修
16:00	客戶電腦維修
17:00	客戶問題諮詢
備註： 簽名：騙人布　主管簽名：羅賓	

(五) 實作法

實作法（Work Method Analysis）指分析者為瞭解工作狀況而實際參與，並配合工作日誌法所記錄之工作內容及所需時間。此法適用於生產線或工廠員工，是一個可以短時間了解工作的好方法。然而，若從事的工作具高度危險性，則不適用實作法。

三、工作說明書

工作說明書是一種書面說明，用來描述任職者的工作內容、方法以及在何種條件下執行工作。工作說明書的內容通常包括工作基本資料、工作摘要、主管、監督範圍、工作職責等，這些資料可用來訂定工作規範的內容。

四、工作規範書

工作規範記載著員工在執行工作上所需具備的知識、技術、能力，以及其它特徵。工作規範主要是在描述工作所需之人員資格，爲人員甄選的基礎。工作說明書與規範書範例如表4-3。

表4-3　工作說明書與規範書範例

工作說明書與規範書					
職稱	電腦工程師	**部門**	資訊部	**編號**	007
工作地點	萬能電腦總部	**直屬主管**	資訊部經理		
一、摘要					
負責客戶電腦組裝、售後諮詢與維修					
二、職位的組織關係					
監督人數	0人				
監督職位	無				
內部接觸對象	資訊部經理、業務部助理、倉儲部助理、公司使用電腦員工				
外部接觸對象	個人客戶、企業客戶				
職位代理人	電腦工程師				
三、職責					
1. 客戶叫修處理及收送 2. 客戶電腦組裝 3. 客戶問題諮詢與建議 4. 維護公司內部電腦					
四、挑戰					
此職務挑戰在於需要能承受客戶之抱怨，以客為尊。					

五、職位規範	
性別限制	無
年齡限制	無
學歷要求	大專畢業
相關科系	資訊管理、資訊工程相關科系
技術能力	電腦組裝、維修
專業證照	硬體裝修乙級
語言需求	中文、英文、台語
工作經驗	具相關工作經驗者
人格特質	善與人相處
其他	儀表態度佳、具服務熱忱、高EQ
建立日期2019/08/01	

4-2-2 人力資源規劃

人力資源規劃是指能事先規劃，以徵得所需的各類人才，並確保組織內之人力充足，以完成企業的目標。良好的規劃可使公司及早因應外在供給的改變，做好人力需求的準備。人力資源規劃主要包含現有人力資源與預估未來人力需求兩個部分。

一、分析現有人力資源

分析現有人力資源之目的，在於評估現有人力的質與量，通常是經由人力資源盤點來統計出公司人員的缺編、超編及是否符合職務資格要求。現今組織，多採用電子化，透過人事系統的員工資料庫，可快速的進行人力資源盤點。

二、預估未來人力需求

根據人力資源盤點的結果，配合企業的營運策略，組織便可預估未來的人力需求。

(一) 人力出現短缺

當預估人力出現短缺時，可採取的措施包括：僱用兼職或臨時人員、鼓勵加班、外包、內部升遷、訓練、鼓勵延後退休、外聘等。

(二) 人力出現剩餘

當預估人力多餘時，可採取：縮減工作時數、遇缺不補、鼓勵自願提早退休、鼓勵離職、解聘臨時人員、資遣等方法。

4-3 招募

招募是指組織爲了塡補職務空缺而吸引求職者前來應徵的過程。組織須仰賴良好的招募作業程序，才能吸引同時具備優秀能力及正確態度的求職者。

通常人才的來源可區分爲內部與外部來源，內部來源是指公司經由內部管道來獲得人才，如現職員工、離職員工、退休員工等；而外部來源係指由公司外部發現人才。內部招募的優點是可增強員工的士氣以及雇用較爲迅速等；缺點則有員工可能會爲了升遷而爭鬥、無法引進新理念和技術等。而外部召募的優點是可引進新血，藉此題生組織的創造力；缺點則是訓練期較長、可能打擊期望晉升該職缺之內部員工的士氣等。

組織在進行人才招募時，有以下幾種方式：

一、員工推薦

員工推薦是指讓企業內部現職的員工擔任「獵人」，主動爲企業推薦人才的一種招募方法。員工推薦對招募專業人才較爲有效，因爲內部的員工最瞭解公司需要什麼樣的人才，以及誰會是合適的人選。員工推薦亦能縮短招募時間，有效地降低招募成本。爲了鼓勵員工積極推薦，企業通常會設立舉薦獎金，用來獎勵那些爲公司推薦優秀人才的員工。

二、廣告

在各種媒體刊登求才廣告，爲企業徵才最常使用的方法。例如：報紙人事廣告、夾報徵才廣告、就業雜誌廣告、電影院廣告、廣播電台廣告、電視廣告等。但有費用偏高、受區域限制的缺點。

三、學校

學校是培育人才的搖籃，擁有豐沛人才，是企業取得初階專業技術人才、儲備幹部的重要管道。一般而言，從校園求才的方式有校園徵才博覽會、學生實習等。

(一) 校園徵才博覽會

大約每年3月開始，大專院校陸續舉辦校園徵才活動，主要目的是協助即將畢業的學生順利找到工作。對企業而言，校園徵才提供集中且大量的求職者，可以為企業節省大量招募人才的時間與成本。

■ 圖4-1　校園徵才博覽會
圖片來源：萬能科技大學網站

(二) 學生實習

另外一個從學校取得所需人才的方法，就是和學校建立產學合作的關係，經由學生實習或建教合作的方式，讓學生在求學階段就進入職場，提早接受訓練。公司可提早對學生展開考核，若遇有合適人選，便能約定畢業後繼續留任該企業。

四、公司網站

由於網際網路普及，目前各大企業的官方網站中，大多設有徵才的網頁，通常會列出所需的職缺種類，有些甚至提供履歷投遞功能。一般來說，在企業官方網站投履歷的求職者，通常對該企業和應徵的職缺有一定的瞭解程度，也會比較符合企業所需的人選條件。

■ 圖4-2　公司網站徵才
圖片來源：台積電公司官網

五、人力銀行網站

網路人力銀行已成為企業尋找人才的重要管道，求職者只需上網填寫履歷便可等待面試通知。國內知名的網路人力銀行有104人力銀行、1111人力銀行（如圖4-3）、518人力銀行、yes123求職網等。由於履歷數量龐大，企業通常需要經過仔細地檢視及篩選，並安排專人負責過濾，相當耗時。

■ 圖4-3　1111人力銀行

圖片來源：1111人力銀行官網

六、社群網站

社群網站風靡全球後，已逐漸成為企業招募人才的重要通路。企業主管喜歡藉由社群網站上的貼文發掘人才，原因是個人在社群網站上的呈現，與其發表的專業貼文，是企業無法在履歷表上看見的。當企業要徵才時，公司的人資可能會上LinkedIn搜尋，尋找有沒有符合資歷的人選，如果遇到適合的，就會寄訊息聯繫，或者到一些相關領域的Facebook社團裡，發文徵才，增加職缺的曝光機會。LinkedIn成立於2002年，是一個結合社群的企徵才平台，讓不同領域的專業人才，都能在平台上交流及拓展人脈。在美國百大企業中，就有超過八成的公司透過LinkedIn招募人才。

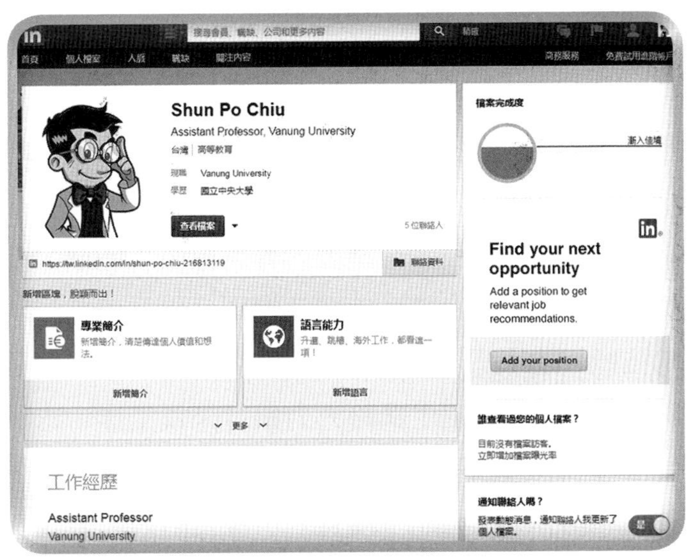

■ 圖4-4　LinkedIn個人首頁

圖片來源：LinkedIn官網

七、人力派遣

在激烈競爭與快速變化的經營環境中，人力派遣是企業以彈性雇用方式來降低成本，卻仍能擁有足夠人力來完成工作的方法。通常「人力派遣」的流程爲：(1)「要派企業」提出人才需求給「派遣公司」；(2)「派遣公司」依人才需求去招募並任用適合之「被派遣員工」；(3)經由明確的契約訂立，「被派遣員工」被派遣至「要派企業」工作。對被派遣員工的好處包括：可接觸不同文化的企業、可建立人脈、可學習到不同職務別的工作特性、有機會進入招募甄選嚴格的大企業等。

4-4 甄選

員工甄選是公司挑選合適人才的一個過程，企業藉由對應徵者進行資訊之蒐集與評估，挑選出合於職位所需資格條件者。企業擁有一套有效的甄選工具是極爲重要的，它要能將應徵者的特質呈現給甄選者參考，幫助公司甄選出符合該職缺所需特質的人選。常用的甄選工具有工作申請表、測驗、面談、實作等。

一、工作申請表

企業使用工作申請表（Job Application Form）所提供的資訊進行初步的篩選，淘汰不符合最低資格要求的應徵者。申請表包括履歷表與求職申請表兩種，有的企業可能只要求應徵者提供履歷表，但也有企業會要求填寫一頁到多頁由企業自行設計的求職申請表。履歷表內容爲應徵者的個人基本資料，通常包含幾個主要項目，如：基本資料（姓名、性別、出生年月日、電話等）、學歷、經歷、專業技能、專長及興趣、語文能力、希望待遇、照片、應徵職缺等。目前非常多的求職者都是使用網路人力銀行來找工作，求職者只要填寫好個人履歷（圖4-5），就可以等企業的通知。履歷表是求職者與企業的首次接觸，也是進入企業的敲門磚。因此，撰寫一份優良的履歷表是決勝的關鍵，許多的網路人力銀行也針對不同行業提供優良履歷表的範本及教學，讓求職者作爲參考（如圖4-6）。

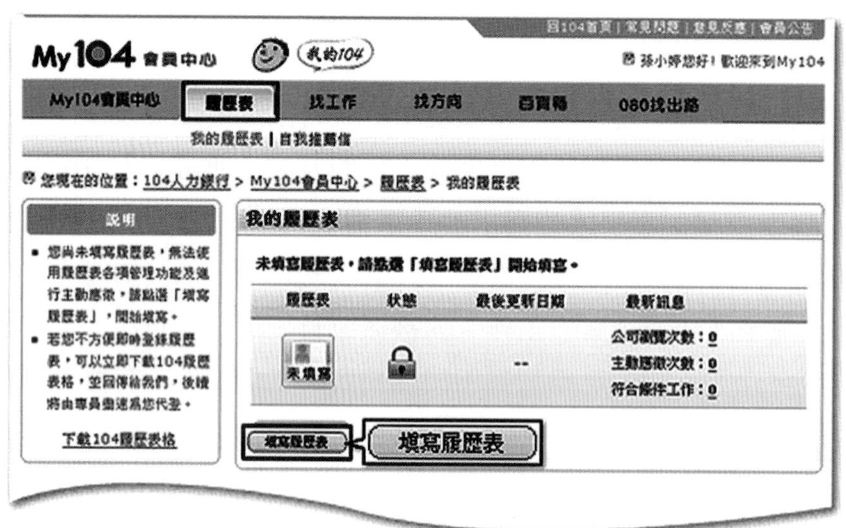

■ 圖4-5　104人力銀行履歷表填寫功能

圖片來源：104人力銀行官網

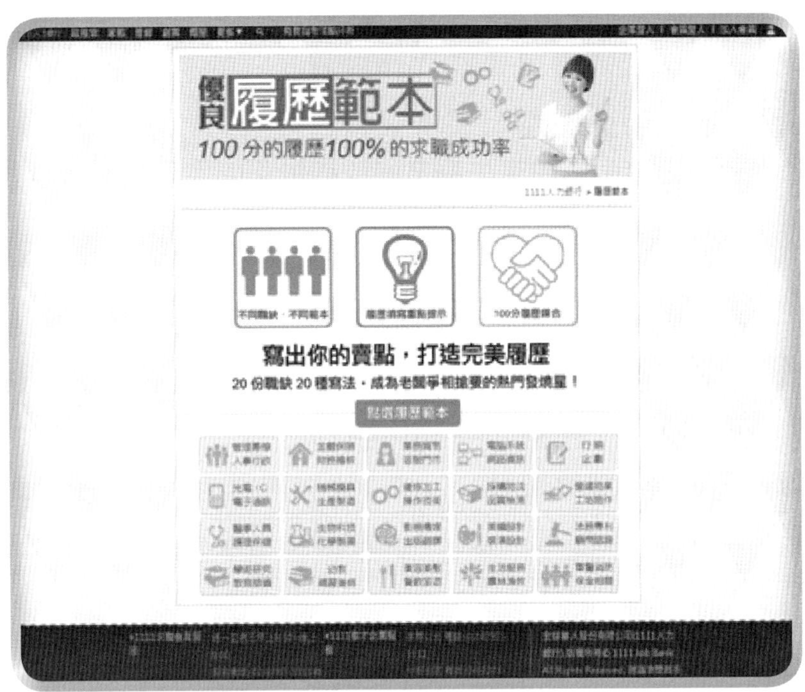

■ 圖4-6　履歷表範本

圖片來源：1111人力銀行官網

二、測驗

測驗（Tests）係指企業擬定測試題目，由應徵者作答，並以此推斷其知能，從而取才的方式，是常用的甄選工具之一。典型的測驗一般包含人格、性向、智力、基本能力、專業能力等方面的考核。

(一) 優點

1.可得到較客觀之量化結果，作爲任用決策。

2.可在同一時間集體測試，節省時間及成本。

(二) 缺點

受測者可能造假或胡亂猜測，導致測試結果不公正。

三、面談

面談（Interview）又稱口試（Oral Examination），由主試者在面對面的談論中提出問題，由應試者以語言表達方式來答覆，藉此瞭解應試者的能力與態度，並預估其未來的工作表現。

面談可以分爲結構化面談與非結構化面談。

(一) 結構化面談

是高標準化的面談，使用事先擬定好的結構化問卷，主試者會對每位應試者提出相同的問題。

(二) 非結構化面談

非結構化面談則是使用非結構化的開放式問題進行面試。通常不需事先規範問題，主試者會對應徵者提出不同的問題。

面談的優點是可了解應徵者的口語表達與溝通能力，這是書面測驗無法衡量的。缺點是較爲耗時、成本較高，且測驗結果較易受主試者的主觀認定影響。

四、實作

實作（Performance Tests）又稱爲技術測驗，乃是經由模擬工作的眞實情況，來衡量應試者是否具有職務上所需之知能與技術。藉由實作可直接觀測到應徵者在工作上眞實的能力和態度，但此法並非適用於所有工作，且其成本相對較高。

4-5 訓練與發展

企業實施教育訓練之根本目的爲提升組織之績效，且員工之自身能力也會隨著訓練而有所成長，對其未來發展有著相當大的幫助。企業對於員工的訓練包括新進員工的職前訓練（Orientation Training）與現職員工訓練。根據學者Noe等人的定義，員工訓練是爲了要增進員工職能，重視短期績效之提升。發展則是要拓展員工的技能，主要是以員工未來之工作績效與職涯長期發展爲導向。

4-5-1 職前訓練

企業在任用所需的人才後，首要工作就是進行職前訓練。職前訓練的目的是在協助新進人員適應新環境，並快速進入工作狀況，爲組織所用。

職前訓練之內容包括：

一、組織背景資料

如宗旨、目標、歷史沿革等。

二、組織之工作規定

如工作規則、人事規章等。

三、組織之作業程序

如申請表單填寫與送件程序等一般業務的基本知識。

四、職位有關之資訊

如工作內容、工作程序等，可參考工作說明書之內容。

職前訓練相當重要，除了可以讓新進員工瞭解企業的目標與宗旨，也可以讓員工掌握工作流程，使他們工作更具成效，減少犯錯的機率。更重要的是可以使新進員工感受到企業對他的關心，讓他更願意投入工作。

4-5-2 現職員工訓練

企業爲了提高現職員工在執行特定職務時，所需要的必要知識、技能及態度，因而舉辦的各種訓練活動。員工教育訓練依施行的時機，一般分爲兩種：在職訓練與職外訓練。

1. 在職訓練

在職訓練（On-the-Job Training, OJT）係指員工在原本的工作環境之中進行訓練，意即在工作崗位上一邊工作，一邊進行訓練。

2. 職外訓練

職外訓練（Off-the-Job Training, Off-JT）係指受訓者離開工作崗位所進行的訓練，包含參加訓練課程、研討會及學校進修等。

員工訓練方法有很多，但沒有最好的方法，端看其應用的情境是否合適，在此介紹幾種常用的訓練方法。

一、講授

講授（Lectures）係指由講師對員工進行知識的傳授，包含課堂講授和課堂討論，可將訓練內容多人同時傳授予多人，為最普及的訓練方式。此法的優點是有助於於學員加深對所授知識的理解，既可鞏固原有知識，同時也能學新知識。此外，藉由討論可使學員學會用辯證的方式分析和解決問題。缺點為此法多是一對多的傳授，因而無法針對不同員工之個別需求來進行訓練。

目前許多組織開始採用數位學習方式來進行員工的教育訓練，將授課大綱、教材、教學影片等置於教學網站，讓學員在任何時間、地點都可以學習。網站也包含作業繳交與課程討論，作業繳交可以讓學員直接上傳作業，減少紙張的使用；而課程討論區則能提供師生互動與討論（如圖4-7）。

■ 圖4-7　數位學習網站

圖片來源：http://weboffice.vnu.edu.tw/ilearn/

二、學徒制

學徒制（Apprenticeship）是指由經驗豐富的資深員工指導資淺員工的一種訓練方式。資深（師父）與資淺者（徒弟）之間藉由知識的分享與學習，不但能提升徒弟本身的能力，還能幫助組織不斷的進步或成長創新。徒弟透過師父的指導能夠迅速進入狀況，從中學習到需要的知識及技能，師父亦能從中獲得滿足感，以及徒弟或他人的讚賞及肯定。師父是在組織中極具經驗與權力之人，他可以提供不同的建議、輔導，並且引導徒弟走往正確的職涯發展，此法較為適合技術性方面的工作。

三、工作輪調

工作輪調（Job Rotation）是指在一段期間內，個人經由計劃性的工作調動，來熟悉性質不同職務。它包含了兩種型態，即部門內輪調與跨部門輪調。

(一) 部門內輪調

部門內的工作輪調意指在相同的功能領域裡進行輪調。

(二) 跨部門輪調

跨部門的工作輪調意指員工在組織中不同部門間的職務調動。

工作輪調是可促使員工於職涯上持續發展，輪調經驗越豐富的員工越能適應企業內部的各項運作。讓企業內部員工進行跨部門的工作輪調，可以促進組織內部循環，避免產生組織僵化的問題，同時增加人力運用的彈性。

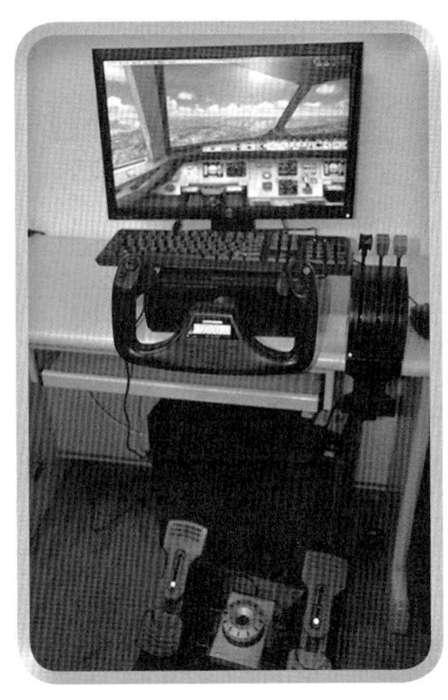

■ 圖4-8　模擬飛行系統圖
圖片來源：http://www.atsm.vnu.edu.tw/P5?s=191

四、模擬訓練

模擬訓練（Simulation Training）就是使用和工作場所相同或仿造的設備作爲教具，要求學員從事模擬性工作的一種訓練方法。此法適用於高危險性、實地訓練成本高，或是操作不良可能會對公司生產產生極大影響的工作。如客機駕駛（如圖4-8）、客機機艙（如圖4-9）。

■ 圖4-9　模擬機艙
圖片來源：http://www.atsm.vnu.edu.tw/P5?s=53

4-6 績效評估

員工績效評估係指經由有系統及科學的方法，來衡量、評鑑員工在某一時段的工作表現。評估結果可作爲1.調薪；2.晉升、降職、調職、解雇；3.決定訓練需求；4.員工生涯規劃管理等人事決策之依據。其在人力資源管理活動中，扮演著舉足輕重的角色。

4-6-1 績效評估的方法

評估員工績效的焦點包括員工特質、行爲、工作結果與整體表現等四個面向。不同標的有不同的評估方法可供採用（如表4-4），茲分述如下：

表4-4　績效評估方法

績效評估方法	
整體表現面向	1.直接排序法 2.交替排序法 3.強迫分配法
員工特質面向	圖表評等尺度法
行為面向	1.重要事件法 2.加註行為之評等尺度法
結果面向	目標管理法

一、整體表現面向

員工的整體績效通常採用比較法（Comparative Approach）來進行評估，此法是將員工和企業中其他員工的表現進行比較，常見的方法如下：

(一) 直接排序法

直接排序法（Simple Ranking）是評估者依受評者的表現，由最好的排序至最差的爲止。

(二) 交替排序法

交替排序法（Alternative Ranking）是先選出績效最佳與最差的評分者，分別置於第一與最後，接著再從剩下的受評者中選出最佳與最差的，分別置於第二與倒數第二，依此類推至所有員工排序完成爲止。

(三) 強迫分配法

強迫分配法（Forced Distribution）是根據企業既定的績效等級之分配比例，將員工依績效歸類到不同等級。美國奇異公司前執行長威爾許曾提出企業的「活力曲線」（Vitality Curve），認爲企業員工能力的分佈是一種常態（鐘型）分配，要求所有部門以強迫分配法將員工的考績分爲A、B、C三級，A級爲優秀者，佔全部人數的20%，B級爲表現標準者，佔全部人數的70%，最後10%爲表現不佳或不適任者，必須被淘汰。

二、員工特質面向

主要是採用會影響工作表現的個人特徵、知識、能力等，對員工進行工作表現的衡量，常用方法爲圖表評等尺度法。

圖表評等尺度法（Graphic Rating Scales）是將員工受到考評的特質列出，每一項目由最好到最差給予數個不同的評等尺度（等級），由評估者爲受評者決定一個等級加以勾選，最後將所有特質分數加總，即得到員工的績效評等。此法的優點是簡單、省時，可以將評量結果數量化加以比較。

三、行為面向

主要是測量一個人在工作中所從事的活動，或表現出來的行爲。常用的方法如下：

(一) 重要事件法

重要事件法（Critical Incidents）乃是就員工在執行工作的過程中，有效、無效或負面的行為動作加以記錄，並依此作為評估的基礎。此法加深了績效評估的深度，以明確事項來評估員工，但是對一個沒特殊表現卻克盡職守的員工而言可能就比較吃虧。

(二) 加註行為的評等尺度法

加註行為的評等尺度法（Behaviorally Anchored Rating Scale, BARS），是將重要事件結合量化的評等尺度法的一種績效評估方法。亦即，在量測的量化尺度上加註敘述性的績效評估標準，包括優良績效與不佳的行為表現，以此作為評量的依據。

四、結果面向

主要是在量測員工在面對一個事先預定好的工作目標時，其努力的程度。由於員工的工作成果或產出和企業的成效息息相關，因此以員工的工作成果來進行績效評估，被視為是一種最有效的評估方式，如目標管理法。

目標管理法（Management by Objectives, MBO）是評分者在特定評估期間，依據個別員工目標的達成度來進行績效評估。個別員工的目標以公司目標為根本，由管理者和員工共同制定。目標管理能促進員工和管理者之間的有效溝通，並激勵員工朝目標邁進。但是，也因為員工和雇主需定期討論達成目標的進度，管理較為費時，且成本相對偏高。

4-6-2 多元資訊評估

360度績效評估（360-Degree Appraisal），又稱為全方位評估，傳統績效評估是由直屬主管來擔任評估者，而360度績效評估則是除了主管以外，還包括員工自己、部屬、同事與客戶等，都參與評估績效，是從資訊多元的角度來評估員工績效表現，能降低單一來源的偏誤，以及人為舞弊的可能性。此外，此評估法也可以讓受評者獲得來自多元的資訊，較全面、客觀地瞭解自己優缺點，作為改進的參考。

4-7 薪酬與福利

4-7-1 薪酬

所謂的薪酬（Compensation），係指員工爲企業工作而獲得之現金及非現金報酬的總和。一般而言，現金部分，包含底薪、津貼與獎金等；非現金部分則是指和工作環境有關（如：安全舒適的辦公室等）與工作本身部分（如：成就感、挑戰性等）。以國內半導體龍頭爲例，其薪酬之現金部分包含固定薪資12個月、年終獎金2個月、績效獎金與員工分紅獎金等（如圖4-10）。

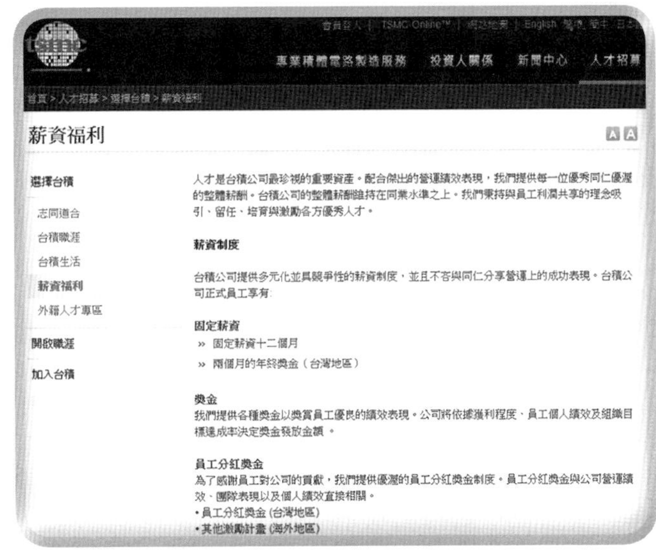

■ 圖4-10　台積電的薪酬制度

圖片來源：台積電官網

4-7-2 福利

福利（Benefit），是一種間接性的金錢報酬，係指是員工基於企業組織一員的身分而得到的獎勵，通常包括休假、保險、退休金、健身中心、員工餐廳、托兒所等。以台積電公司爲例，該公司提供員工多種福利措施，如完善的保險與退休計劃、彈性的假勤制度、員工協助方案與學費補助（如圖4-11）。另外，爲了讓員工放心工作，公司還特別提供完善的餐飲設施、健身設施、駐廠門診、便利的駐場服務（如洗衣、銀行、旅行社）等貼心的工作環境（如圖4-12）。

福利措施

台積公司致力於提供完善及高品質的福利措施，以照顧我們的員工。以台灣地區為例，台積公司提供的福利內容有:

» **完善的保險與退休計劃:**

我們除依法為每位員工投保勞工保險、全民健康保險及每月定期提繳退休金外，更為員工規劃了團體綜合保險，包括壽險、意外險、醫療險、癌症險等，以增加員工整體之保障。

» **彈性的假勤制度:**

台積公司提供優於勞基法的特別休假制度，員工到職滿三個月即可享有特休。加上彈性休假制度，方便員工於一年中排定假期。我們並依法給予各種假別，當同仁有請假需求時，能夠更無後顧之憂。

» **貼心的工作環境:**

我們體貼並照顧同仁的工作及生活所需，在食、住、行、育、樂等領域提供全方位的服務與設施，使同仁能輕鬆兼顧工作與生活。想進一步瞭解我們貼心的工作環境，請點選 便利環境 。

» **員工協助方案:**

我們重視同仁的 身心健康，每年定期員工健康檢查及保健方案，幫助同仁掌握自己的健康狀況。員工生活及工作諮詢服務與門診醫療服務能適時給予同仁專業的諮商建議與診療。

» **學費補助制度:**

台積公司鼓勵同仁進修，提供員工教育訓練費用補助，以利同仁參加台積公司以外的相關訓練課程。

■ 圖4-11　台積電的福利措施

圖片來源：台積電官網

■ 圖4-12　台積電便利環境

圖片來源：台積電官網

個案討論

臺灣最缺這三類人才，外商人資公司總座分析背後原因

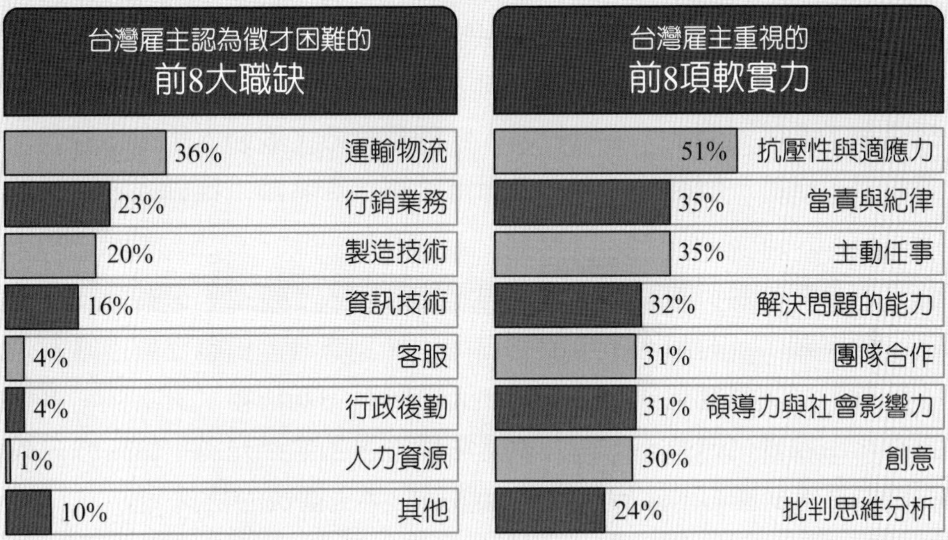

台灣雇主認為徵才困難的前8大職缺	
運輸物流	36%
行銷業務	23%
製造技術	20%
資訊技術	16%
客服	4%
行政後勤	4%
人力資源	1%
其他	10%

台灣雇主重視的前8項軟實力	
抗壓性與適應力	51%
當責與紀律	35%
主動任事	35%
解決問題的能力	32%
團隊合作	31%
領導力與社會影響力	31%
創意	30%
批判思維分析	24%

2021年臺灣人才短缺前八大職缺中，物流人員排名第一，這也是自調查以來首次成為最難找的人才。此外超過一半的雇主指出抗壓力及適應力是最難尋得的軟技能。

隨著新冠疫情蔓延，企業面對技能需求的快速轉變，尋找適任人才的難度創下15年來新高！根據萬寶華人才短缺調查指出，全球有69%的企業雇主反映尋找不到適合的人才，人才短缺最嚴重的地區發生在法國，88%的雇主反映無法找到適合的人才；臺灣則是64%的企業主認為面臨徵才困難。

萬寶華為了解全球雇主徵才困難情況，針對43個國家及地區，訪問了超過45,000名雇主，其中包括1,024名臺灣企業，結果顯示64%臺灣雇主表示人才難尋，略低於全球平均值（69%）。

萬寶華指出，今年臺灣人才短缺職缺中，以物流人員、行銷業務、製造技術人員名列前三。

萬寶華臺灣分公司總經理葉朝蒂指出，人才短缺是普遍的現象，從2009年迄今，全球人才短缺從30%逐步上升，疫情影響更創下15年來新高達到69%，臺灣近期因為疫情狀況，電商蓬勃發展的同時，大量的訂單造成人員流動率提高，物流人員自然是稀有人才；半導體業過度集中在特定地區，當地的人才發展尚未配合上，也使得製造技術人員較難填補；另外，軟體工程師目前在各個產業中都供不應求，臺灣軟體人才的素質好，吸引了不少外商公司來臺灣招募軟體工程師，但目前國內人才培育不足，是軟體工程師人才短缺的主要因素。

此外，萬寶華這次的調查也一併詢問雇主在人才身上，最難尋得的軟技能是哪些？結果顯示，有超過一半的雇主（51%）認為，抗壓性與適應力是最難尋得的特質，其次是當責與紀律（35%），以及主動任事（35%）。葉朝蒂指出，這幾年市場變化迅速，尤其在疫情影響下很多事都充滿不確定性，如何在這樣的環境下承受壓力、做出改變，自然是企業主重視的特質。

至於全球人才短缺的情形，萬寶華的觀察是，就大中華區而言，臺灣及香港的人才短缺問題皆較為嚴重，反觀只有28%中國大陸雇主有人才短缺問題。

葉朝蒂說明，中國大陸成為大中華區及全球最無徵才困難的地方，原因分析有兩個，一是有非常龐大的人才庫；其次是目前多數企業亟欲加速成長，大多敢投入更多資源吸引人才。就全球結果而言，人才短缺現象主要集中在歐洲地區，法國（88%）、羅馬尼亞（86%）以及義大利（85%）是全球徵才最困難的前三個地區。

資料來源：台灣最缺這三類人才外商人資公司總座分析背後原因，葉卉軒撰，經濟日報，2021。

問題討論

1. 面對人才短缺問題，你認爲企業該怎麼做？
2. 面對人才短缺（特別是運輸物流、行銷業務）你認爲學校該怎麼做？
3. 面對雇主最重視的員工抗壓性及適應力問題，你覺得應如何培養？

討論引導

企業是由員工所組成，人才短缺對企業營運會造成極大影響。所以對企業而言，除了要搶人大作戰外，還要顧好自己優秀的員工以免流失。因此如何好好運用人力資源管理，將決定組織未來的發展與前途。

人力資源管理包含「選、用、育、留」，從如何有效招募聘任、管理運用、培訓員工，到最終目的能留住好員工，就是成功的人力資源管理。企業在面對產業競爭激烈環境下，人力資源管理儼然已成為企業經營績效的關鍵因素。

自我評量

一、是非題

1. (　　) 企業對於員工的投資會增加公司本身的額外支出和機會成本。但是，藉此卻能夠在未來產生更多的收入。
2. (　　) 訪談法即爲實地觀察工作的技術及流程，並將其記錄之方法。
3. (　　) 工作說明書是一種書面說明，用來描述任職者在做的工作內容、如何做，及在何種條件下執行工作。
4. (　　) 當預估人力出現短缺時，可採取的縮減工作時數、遇缺不補等措施。
5. (　　) LinkedIn是一個結合社群的企徵才平台，讓不同領域的專業人才，都能在平台上交流及拓展人脈。
6. (　　) 企業使用工作申請表所提供的資訊進行初步的篩選，淘汰不符合最低要求資格的應徵者。
7. (　　) 員工發展是爲了要增進員工職能，重視短期績效之提升。訓練則是要拓展員工的技能，主要是以員工未來之工作績效與職涯長期發展爲導向。
8. (　　) 講授法的缺點爲一對多的傳授，因而無法針對不同員工之個別需求進行訓練。
9. (　　) 模擬訓練是要求學員從事模擬性工作的一種訓練方法，特別適用於低危險性的工作。
10. (　　) 公司因應不景氣可以任意大量裁員，不用付資遣費。

二、選擇題

1. (　　) 下列何者不是人力資源管理的活動？ (A)資訊系統開發 (B)工作分析 (C)招募 (D)績效評估。
2. (　　) 工作分析的產出爲 (A)工作申請書與自傳 (B)工作項目與工作時間 (C)工作說明書與工作規範書 (D)生產流程與生產成本。

3. (　) 「誠徵網頁設計師，1年以上工作經歷，大專畢業，熟Dreamweaver、Flash、Photoshop」，此內容是 (A)履歷表 (B)工作內容 (C)工作說明書 (D)工作規範書。

4. (　) 組織爲了塡補職務空缺而吸引求職者前來應徵的過程，係指 (A)訓練 (B)招募 (C)工作分析 (D)績效評估。

5. (　) 讓企業內部現職的員工擔任「獵人」，主動爲企業推薦人才的一種招募方法，係指 (A)員工推薦 (B)學校 (C)人力派遣公司 (D)人力銀行網站。

6. (　) 又稱口試，由主試者在面對面的洽談中提出問題，由應試者以語言表達方式來答覆，是指何種甄選工具？ (A)工作申請表 (B)測驗 (C)面談 (D)實作。

7. (　) 下列何種訓練方式，可使新進人員適應新環境，並快速進入工作狀況？ (A)職前訓練 (B)在職訓練 (C)工作輪調 (D)學徒制。

8. (　) 經由有系統及科學的方法，來衡量、評鑑員工在某一時段的工作表現，係指 (A)訓練 (B)招募 (C)員工績效評估 (D)工作分析。

9. (　) 目標管理法是屬於哪一種面向的績效評估方法？ (A)整體表現面向 (B)員工特質面向 (C)行爲面向 (D)結果面向。

10. (　) 下列何者不屬於員工福利？ (A)保險 (B)績效獎金 (C)退休金 (D)員工餐廳。

三、問答題

1. 試述工作分析的意義。
2. 請說明學徒制的訓練方法。
3. 人才招募的方式有哪幾種？
4. 何謂強迫分配法？
5. 何謂360度績效評估？

N.O.T.E

05 財務管理

學習目標

企業的籌設、運作及穩定的發展，除了倚靠良好的生產技術與服務外，最重要的基礎在於穩定的資金來源及運作。對中小企業而言，資金穩定運作才能按時撥付員工薪水與營業相關費用，讓企業正常運作；就上市櫃公司來說，才能讓公司的財務與資本市場進行有效的結合，讓資本市場的運作更有效率。故本章將針對企業資金運作與簡單的會計觀念進行說明（錢從哪裡來？），並解析資金運作的基本概念（錢該怎麼花？）及企業經營時應注意的資金運作方式（錢要怎麼管？），希望能讓同學對於企業之財務管理有較清楚的認識。

圖片來源：OFFICE 美工圖案

吃日本料理 了解基礎財報知識

在《壽司幹嘛轉來轉去？》一書中，敘述一個年紀輕輕的少女「由紀」，因為父親意外過世，在毫無準備的情況下繼承了一家年營收百億日圓的服飾公司。在公司負債累累，銀行擔心錢收不回來的情況，銀行只給「由紀」一年的時間整頓公司，不然就要停止融資，「由紀」要如何讓這家公司起死回生？這中間又會遇到多少問題要解決？

作者用「由紀」這個經營者的角度，帶領大家從公司的財務報表找出公司的問題點，以及要如何改善；作者也一一點出經營者該如何了解財務報表的陷阱與極限。更值得推薦的地方，除了故事內容好看，且以漫畫的方式呈現，讓原本枯燥乏味的財務報表和財務知識，變得有趣而且容易了解，讓讀者能輕鬆的從書中獲得知識。

其中作者為了跟大家說明，怎樣的商品對公司而言才是好的商品，利用壽司店的「鯖魚」跟「大肚鮪魚」做了比喻。「鯖魚」原料隨時都買的到，所以追求新鮮，今日進貨今日賣完，但因為單價低，「利潤也比較低」。「大肚鮪魚」因為原料不好找，都會大批進貨，要一段時間才能消化完庫存，但優點是單價較高，「利潤也比較高」。

假設這兩種商品，都賣出一樣金額的話，哪種商品對公司而言，是最好的商品？想一想，其實不是利潤高的「大肚鮪魚」，而是「鯖魚」，為什麼？

除了庫存時間較短比較不會增加額外費用，最重要的是存貨週轉的速度，今日的存貨，今日變回現金，不會卡住公司太多資金。

也就是說「大肚鮪魚」花100萬日幣購買原料，二十天後賣完收回500萬日幣；「鯖魚」如果賣二十天，同樣要收回500萬日幣的話，每天就要賺25萬日幣。如果成本是一半的話，也就是只需要準備12.5萬日幣本金就能跟「大肚鮪魚」花100萬日幣達到同樣的成果。

所以不要再以為「利潤」就是全部，這容易在投資上做出錯誤的判斷。當然一個好的經營者，就是要克服「大肚鮪魚」的進貨管道或是銷貨速度，使「大肚鮪魚」變的跟「鯖魚」一樣容易銷售，這才是考驗經營者的地方。

搞懂財務報表，對於大部分的投資者，一直是件頭痛的事情，而在《壽司幹嘛轉來轉去》這本書作者也有提到，一般公司常出現的美化跟醜化財務報表，讀者們該如何從中判別，其實財務報表最容易作假的科目就是「庫存」跟「應收帳款」。

在故事的鋪陳中，也提出了幾種美化財務報表的方法：

1. 捏造虛構的交易，將賣不掉的庫存商品轉成已售出商品。
2. 提前計入下一期的銷貨收入，來美化當期報表。
3. 賣給子公司，把同樣的商品在母子公司間買賣，藉以累積銷貨收入與利潤，結果就是應收帳款跟庫存金額都膨脹了。

資料來源：商周百大顧問團，幣圖誌圖書館撰，2013。

引言

上市櫃公司的財務雖然公開透明，但對許多不理解財務報表的人，往往也是霧裡看花，對公開的財務訊息存在些許朦朧隆的美感，也因為不了解財報，往往使得一般民眾在投資上產生錯誤的判斷，或在企業經營上，造成資金挪用或誤用等情勢，故本章將就一般財務管理的基本概念進行說明，並針對企業經營的財務管理策略進行介紹，期望能使同學對企業用錢的基本觀念有具體認知。

5-1 財務管理的內容與功能

企業管理的五大重要職能分別爲－生產管理、行銷管理、人力資源管理、研發管理及財務管理。上述五大活動爲企業運作之根本，且各項活動皆密不可分。財務管理可視爲企業如何針對會計部門所提供之財務相關資訊，評估其整體之財務結構及營運情形。

廣義的財務管理爲總理企業任何與財務相關之各項決策事物稱之；狹義的財務管理則是針對企業資金的管理，當企業資金無法運行流暢，將影響企業的其他活動，導致企業無法長期經營。因此，財務管理可視爲企業之核心工作。

5-1-1 企業資金來源與運作

一、企業資金來源的類型

企業的資金來源可分爲兩種，包括自有資本及借入資本，以下介紹兩種資本內容與籌措方法。

(一) 自有資本

公司的自有資本意指由公司內部調度的資金，其來源有自有投入資本金、權益、保留盈餘及費用。

1. **自有資本**：公司原始投入資本，即公司營運的本錢。
2. **權益**：公司營運如遇到增資、減資或合併時，會變動原先的資本額，使公司能做出突破性的營運策略，當公司的策略成功，使股票價值遠遠超過股面金額則稱爲溢價額，即可累積成公司資本。
3. **保留盈餘**：公司所得利益扣除相關營運成本，包括稅金、紅利、董監事薪酬等所剩之盈餘。
4. **費用**：折舊費用、退休金準備等費用，雖然在會計中列爲支出費用，但實際上沒有現金支出，故稱之爲「非資金費用」，而這些資金亦可視爲自有資金的一部分。惟因機器設備的折舊費用是由現有使用的機器設備中提列，勢必未來需再投入一筆資金更換機器設備，才能維持企業的正常營運，因此運用上相對比自有資本受到較多限制。

(二) 借入資本

1. **向金融機構借款**：公司向銀行、保險公司等金融機構借款進行融資，未來還款需加計利息。

2. **發行公司債或股票**：公司藉由發行公司債券或股票向不特定的多數人募集資金，其中，公司債需規模達中型企業以上的公司才可發行；股票發行則需達到上市、上櫃。

3. **企業間的信用關係**：從進貨面說明，即公司先進貨但延後支付貨款；從銷貨面說明，則是公司延遲回收貨款，這兩種方式皆建立於企業間的信用關係上，進而影響企業整體的資金運用。

二、企業資金的運作

資金之於公司就像血液之於人體一般，串連公司內部的整體運作，在生產、銷售、研發等各部門間持續循環，因此需靠公司有效的運用資金，才能強化公司的經營體制並保持資金調度的流暢。

對於公司內部資金的運作，並非只是單純的考慮會計財務報表上所呈現的營業額高低，或是利潤的多寡，以下將說明資金的運作原則：

(一) 量入爲出

公司資金之基本運作原則，即爲掌握收入與支出兩大項目，且必須考慮兩者的時點是否能配合得宜。例如：假設公司本季的行銷策略非常成功，惟商品銷售的資金收入無法配合原先投入資金的還款期限，則公司即使本季銷售額相當高也勢必需宣布破產。因此，最重要的資金運作準則就是要量入爲出，在經濟景氣良好而公司業績也很平穩時，即使支出稍微多一些，對公司整體營運的影響也相當有限，但當經濟不景氣而公司業績也開始惡化時，支出的控制就變得相對重要，意即要擬定收支計劃－「預先訂定收入計劃，再配合收入來進行支出」。

(二) 現金交易與損益期間

公司之間在市場上的交易並非完全以現金進行，大多是基於信用往來爲基礎，先將生產材料進貨進行商品製作，待一段時間後再予結清債款。因此，公司的損益計算可說是一段時間的營業成績。由於是採損益期間來計算，公司會計原則爲「費用係根據支出來記帳，收益則是依據收入並在其發生期間做正確的個別處理。」，此項原則即是所謂的「發生主義」。在公司的日常交易帳目中，會計部門通常會製作現金流量表、損益表、資產負債表來呈現公司的營運狀況與資金流向，有關各項報表內容說明如下：

1. **現金流量表**：在固定一段時間內公司資金的收入與支出項目，並紀錄項目發生之時點。
2. **損益表**：在固定一段時間內公司的損益情況，包括：收入、支出及利潤，可顯示出公司的營運情況。
3. **資產負債表**：紀錄公司整體營運的資產內容，包括應付帳款、應收帳款、存貨及固定資產等。
   (1) 應付帳款：係指企業已提列至銷貨成本，並記入費用欄，但尚未支出的部分。
   (2) 應收帳款：係指企業已提列營業額並列入收益，而實際上尚未進帳的收入部分。
   (3) 存貨資產：係指企業已支出，但尚未當作銷貨成本提列成費用的部分。
   (4) 固定資產：係指企業已支出，但尚未當作折舊費列成費用的部分。

而要瞭解公司整體的營運，必須將上述三大表格綜合分析，當現金流量表顯示銷貨收入不足以應支付需負擔的資金時，須設法以借款或票據貼現等方式來籌措不足的資金，以求得資金供需的平衡；從損益表中瞭解公司營運獲利情況；另資產負債表則可釐清公司所擁有的資產數量。

以下我們假設買進8萬元商品，以10萬元賣出時，再以四種不同的營運方式所製作出的現金流量表、損益表及資產負債表，可看出不同的營運方式會使公司會計帳目有不同的呈現（如圖5-1），產生資金計算與損益計算產生出入的情況。

	資金運作表		損益表		資產負債表	
A	收入	10萬元	收益	10萬元	現金 2萬元	利益 2萬元
	支出	8萬元	費用	8萬元		
	現金	2萬元	利益	2萬元		
B	收入	0元	收益	10萬元	應收帳款 10萬元	借款 8萬元
	支出	8萬元	費用	8萬元		利益 2萬元
	現金	8萬元	利益	2萬元		
C	收入	10萬元	收益	10萬元	現金 10萬元	應付帳款 2萬元
	支出	0元	費用	8萬元		利益 2萬元
	現金	10萬元	利益	2萬元		
D	收入	0元	收益	10萬元	應收帳款 10萬元	應付帳款 8萬元
	支出	0元	費用	8萬元		利益 2萬元
	現金	0元	利益	2萬元		

■ 圖5-1 不同營運方式下，現金流量表、損益表及資產負債表之差異

A–現金買進、現金賣出；B–現金買進、賒帳賣出；
C–賒帳買進、現金賣出；D–賒帳買進、賒帳賣出

(三) 掌握資金調度與運用之結構

有關公司的資金循環運作可分為「調度」與「運用」兩大方面，有關公司資金運作之結構，如圖5-2所示。

1. **資金調度**：公司的資金來源除了自有資金外，尚可選擇向銀行等金融單位借款、發行債券或股票等。若以自有資金或公司保留盈餘等自給自足的方式調配公司營運資金，稱之為「自有資本」；反之，若來自銀行、債券等募集資金進行調度，稱之為「借入資本」，兩種資本的差異在於有無負債還款的規劃，以及負債利息之成本計算。分配公司營運資金的方式與自有及借入資本的比例，對公司的營運及成長皆會有很大的影響。

2. **資金運用**：資金的運用可分爲投資辦公室及廠房等設備之長期性「固定資金」，及用於購買原材料、應收帳款、支付經費等短期性的「週轉性資金」。

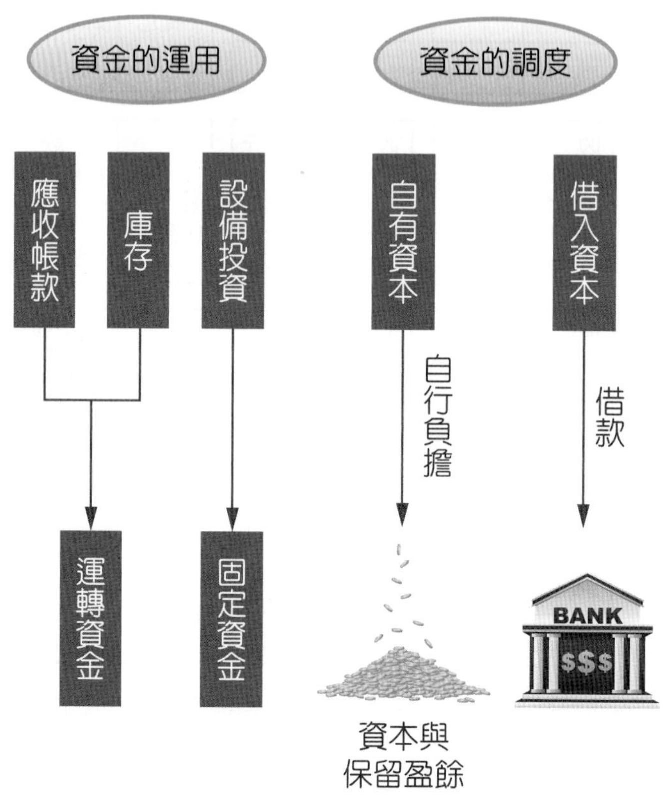

■ 圖5-2　資金的運用與調度之結構

5-1-2　企業的財務管理

一、財務管理的內容

財務管理（Financial Management）主要的內容包含如何針對會計部門所提供的財務報表及相關資訊，評估其整體之財務結構及營運情形，當資金充裕時，作爲財務管理者是否投資之根據；當資金不足時，如何規劃對內或對外募集資金等決策之根據。故其內容包含資產管理（Assets Management）、負債管理（Debt Management）及權益之管理。

(一) 資產管理

資產管理又稱爲資本預算，公司融資或是處理短期營運活動皆以此爲課題，而有關長期的資本配置涉及購買固定資產、開發新的產品及開拓新市場等決策之訂定，攸關著公司的經營願景及產品的競爭力，須進行審慎評估，且固定資產的投入是屬於長期性的投資，難以有所變化，因此財務經理通常關注的是以短期投資爲前提的資本預算。

1. **短期資產管理**：短期的資產管理即針對公司的短期資產、現金、有價證券、存貨等短期融資及投資決策所產生的風險與報酬進行探討，以及公司應採用何種方法減少融資借款成本，以確保公司有足夠的資金持續營運，並達到最大的營運成本效益，避免營運中斷所造成的損失。
2. **長期資產管理**：長期的資產管理則是規劃公司的長期資本投資決策，包括提供投資決策的評估準則並評估長期投資的風險，除了分析最佳的投資機會，同時評估預期回收的現金金額，並探討回收的時點及其可能性。

(二) 負債管理

1. **資產結構**：負債管理亦稱資產結構，即公司透過融資借款的方式取得長期資金，有效規劃長期的營運計畫，形成公司不同的資產結構。企業採用不同的融資決策將會對企業的資本結構產生不同的影響。一般而言，選用融資借款的持有資金成本會比直接持有資金成本來的低，但是過多的舉債往往會帶來無法按期償還本金及利息的財務危機。在公司經營的資金籌措方面，財務槓桿也扮演著非常重要的角色，因爲財務槓桿如同流水一般，「既能載舟，亦能覆舟」。經營管理者應善用企業之財務槓桿，避免過度擴張或過度保守，取得公司資本結構的平衡，才能讓企業的資本達到最佳化。
2. **資本結構決策**：公司的負債與權益資金分配的財務結構之決策，稱爲資本結構決策（Capital Structure Decisions）。公司會針對營運情況調整資本結構，如搭配管理階層發行債券，藉此取得資金買回股票，便可提高「負債／權益」比；公司也可以公開發行股票募集資金來償還積欠的負債，從而降低「負債／權益」比，藉由不同的方式來影響市場或公司的資金分配。
3. **資本重構**：公司採用不同的方式來變化既存資本結構稱爲資本重構（Capital Restructurings），即爲用一個資本結構替代另一個資本結構的方式，此舉對於公司的總資產並無任何的變化。

(三) 權益管理

由前述可知，公司的資金來源可分為自有現金及融資借款，而融資借款的方式則有銀行融資、發行債券及股票等多種方式。其中，發行股票是目前許多上市公司選擇的融資方式，協助公司募集足夠資金，再藉由後續成功的投資政策使公司股東獲得股利，有關資金、負債、權益與企業之關係如圖5-3所示，由此可知公開發行股票之公司，其股利發放乃關係著公司之財務狀況、資金流量、資本結構、公司股價及股東之期望，故一家公司所發佈的股利政策對其自身影響甚大。

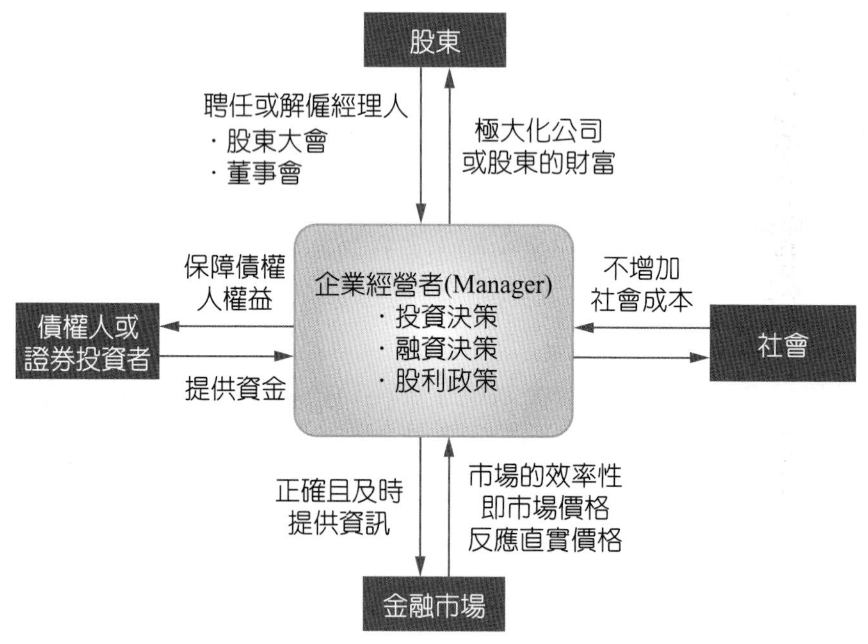

■ 圖5-3　企業營運關係圖

現今主管機關多宣導公司儘量不要全面配發股票股利，以維持公司財務結構的健全與穩定，避免虛盈實虧且可保障股東權益。主管機關除透過資訊公開體系建立外部監督機制，要求上市、上櫃公司訂定明確股利政策外，同時修改證交法施行細則第八條規定，調降土地增值及資產重估增值的公積撥充資本比例。目前臺灣多數公司採平衡股利政策，例如往年配發5元股票股利，可能變更為4元股票股利搭配1元現金股利，或3元股票股利搭配2元現金股利，減少股票股利的分派，可降低股本被稀釋的比率，才不致造成公司在外股本過於膨脹。

二、會計作業與財務管理之關聯

會計記載企業資金的流向，可以藉由準確公正的財務報表合理表現企業的經營狀況，而公正的財務報表必須遵守會計的原理原則（General Accepted Accounting Principle, GAAP）。會計部門做出完整的企業資金流向稱之爲簿記工作。而有關協助企業各部門及活動（包括生產、行銷、物料、人力資源及管理等）瞭解自身的成本與利潤情況，則稱爲財務工作，因此財務管理可稱之企業的核心角色與其他部門活動密切相關。

以下先用簡易資產負債表來說明會計與財務管理之間的密切性。首先茲以直列式資產負債表爲例，說明會計與財務管理之間的關聯性，如圖5-4所示：

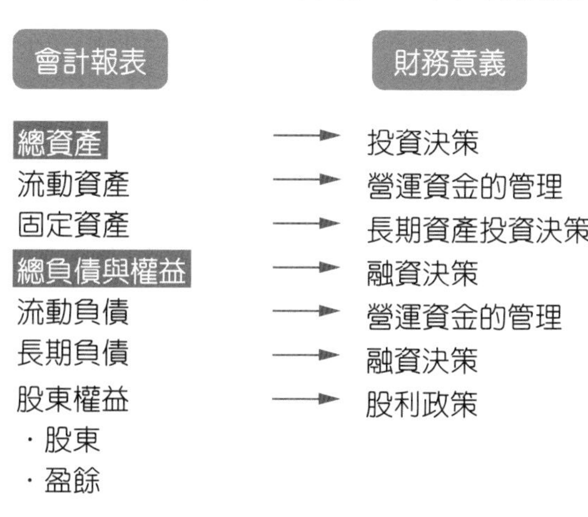

■ 圖5-4　會計與財務管理之關聯性

換言之，財務管理主要是強調決策面，而會計則以報表的編製爲會計的最終工作。另外，在操作及觀念上，會計與財務管理大不相同，如表5-1所示：

表5-1　會計與財務管理在操作及觀念上之差異

會計	財務管理
強調歷史成本觀念	強調市場價值
側重權責基礎（Accrual Basis）的觀念	重視現金流量的觀念
事後記載交易活動	事後記載規劃財務決策方案
必須遵守GAAP	管理者的管理哲學影響決策的取向
靜態性工作	動態性工作
依賴已發生的客觀憑證及單據	依賴主客觀的估計
強調過去資訊	側重未來的資訊

會計以其所涵蓋的範圍不同，而分有財務會計、成本會計與管理會計。一般而言，管理會計主要是屬於決策面的會計，因此其性質與財務管理相近，只是較爲強調在投資決策的層面及績效評估的工作而融資決策及股利政策則沒有涵蓋在內。

財務管理在實務上可分別以中小企業及大型企業的角度來看，因中小企業著重技術掛帥且業務單純，建立完善的會計制度與內部控制是其主要的管理工作；而企業規模較大的公司則注重多角化或國際化的經營，在投資計劃或融資方面複雜度較大，通常會設立一個獨立的財務部門，協助公司觀察外在的動態環境以做爲公司決策之參考。通常財務部門的人員會參與各項重要的內部會議，隨時提供其他部門有關財務方面的意見，分析公司各項政策方案的可行性，也藉此瞭解公司的運作情形，以便協助公司進行決策。

每個公司的組織結構均不相同，但以圖5-5概略出一般大型企業之組織架構。在董事會及總經理下設有生產、行銷、人事、研發及財務等部門，各部門的領導者皆具有副總經理的頭銜，其所管轄的事務須直接向總經理報告，財務副總之下通常會設置財務長（Treasurer）及會計長（Controller）兩個職位。財務長的主要職責便是管理、規劃及籌措公司的資金、制定公司信用政策、做好股利發放及資本預算等財務規劃工作，而會計長的職責則偏向於稅務會計的管理，例如：預算的編列、財報的編制與分析、內部的稽核及稅務的規劃等等。

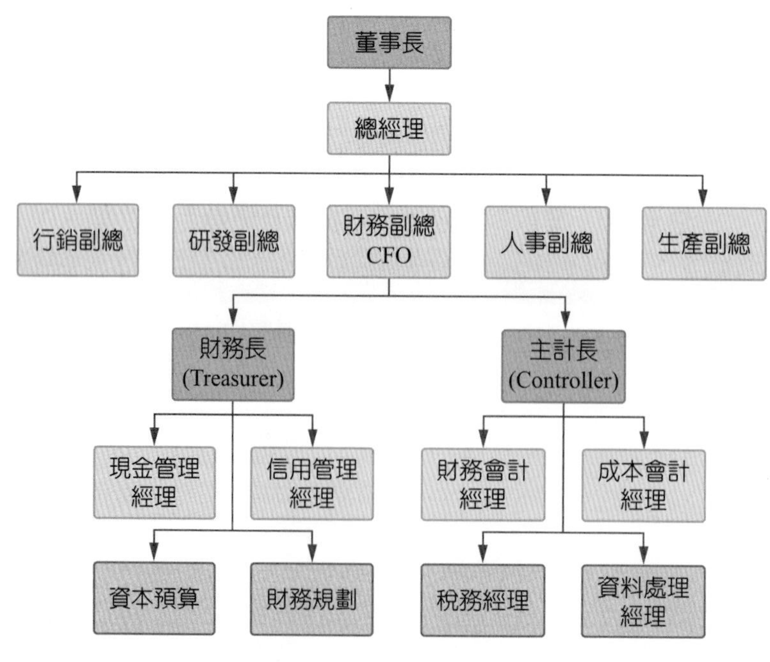

■ 圖5-5　公司組織架構圖

三、財務管理的理論演進

由於環境的變遷，財務管理理論重心經過多次的更迭，因而發展出不同時期的財務管理內容重心。整個財務管理課題重心的演進可以分三個階段：

(一) 由強調財務管理制度的設計轉爲決策分析

早期財務管理的文獻以敘述性爲主，強調財務管理工作的項目及制度的設計，然而，當企業所面臨的環境愈趨競爭性及動態化，則必須加強各項財務決策的敏感性分析，以促使財務管理活動更邁向科學化的量化時代。

(二) 國際化企業（世界地球村）的經營時代來臨

目前國與國之間的互動關係非常緊密，國際間的投資或融資活動形成一種趨勢，而國際間資金的流動，必須特別留意匯率的波動，如何做好外匯避險的活動將是企業國際化在財務管理工作上最重要內容之一。

(三) 經濟時代的來臨

在目前科技的日新月異且日漸普及的環境下，各種財務規劃套裝軟體的發展及應用，使企業更能靈活地從事財務規劃工作；然而網路時代（e經濟時代）的來臨，牽動了公司財務管理工作的變革，因此企業必須能夠迅速地反應環境的變遷，以隨時提出因應措施，強化企業的經營體質。

5-2 企業的財務管理決策

5-2-1 企業經營的目標

談到企業的經營目標時，一般人直覺會認爲就是儘可能使公司的利潤極大化（Profit Maximization）。然而，若以利潤極大化作爲企業經營目標，便存在下列三個問題。

一、利潤的定義不明確

企業的「利潤」分爲長期利潤及短期利潤，若只考慮其中一種便貿然決定企業的經營目標與投資政策，可能導致企業面臨經營不善的情況。

長期利潤與短期利潤之間經常會發生衝突的情況。例如：為了使短期利潤極大化，管理者可能會不願意投入太多的研發費用或機器的維護費用。然而，這種做法可能不利於長期利潤；若為了追求長期利潤極大化，而進行高風險的投資計劃，則可能會影響短期利潤的大小。因此，在對於利潤的界定不明確時，管理者並不適合以利潤極大化為目標。

而企業的財務管理首要目標，在於使得企業所有者能謀取最大的利潤，也就是如何將公司投入的資本作最有效的運用，以提高企業營運的水準、增加市場的佔有率、降低企業的成本、增加利潤，從而增加公司的競爭力，並使公司的價值極大化。

對於公司的利潤極大化之追求，若以謀求企業所有者的最大利潤，即極大化股東的權益為目標，可能會極少化債權人及公司員工的利潤，進而對公司產生負面的影響；另一方面，若債權人為保障自己的權益而要求提高報酬，將造成公司的營運成本增加，進而影響公司的價值。因此在追求公司利潤極大化的同時，除考慮股東的權益外，還須同時顧慮競爭者的反對立場，故應以公司的價值極大化作為考量。

二、忽略了風險因素

當企業在追求利潤的同時，必然伴隨著風險的發生，當期望利潤愈高時，預期風險愈大；當期望利潤愈低時，則預期風險就愈小。由此可知，在管理者追求利潤極大化的目標下，若未考量風險的大小，可能因此使企業承受很大的風險，進而危及企業的永續經營。

所謂風險係指因投資政策而造成損失發生的機率，若一項投資沒有風險存在，則代表因投資而獲得之利益是可以完全預期的。屬於零（或近乎零）風險的投資工具，如美國國庫券、臺灣政府公債等，若把金錢投注於此類工具，幾乎不會發生任何的損失，所以風險近乎於零；屬於低風險的投資工具有定存、公司債等，而高風險的投資工具就如股票，期貨以及衍生性金融商品。舉例來說，若購買政府發行的國庫券，其報酬率在購買時即為已知且固定，到期時必定可以領回本金且獲得應有的利息，這兩筆金額都是確定的數字，故該項投資也就無任何風險可言；相對地，若購買某上市公司的股票，因股價變動無常，無法確定到時的股價，其中所隱含的報酬變動性相當高，故稱該投資具風險性。

在美國的法律中明文規定退休基金、保險公司、共同基金及金融機構等，皆必須將所持有的資金分散於多種投資標的，形成高度多角化的投資組合。在多角化的投資組合中，個股的漲跌重要性相對降低。因爲更重要的是整體投資組合的風險，因此，企業的投資可以藉由多角化的投資方式來降低風險，同時更有效率地選擇分散的標的物，而非一味的選擇投資利益最大之投資商品。

三、忽略了現金流入與流出的時點配合

在公司的經營實務上，常發生公司的會計損益表上有盈餘，卻仍然發生資金週轉不靈的情況，學理上稱之爲技術性破產（Technical Insolvency），這說明現金流入與流出的時點配合，對於企業的資金週轉有絕對的關聯性。利潤極大化的目標僅強調追求會計利潤極大化，卻忽略了企業資金需求的動態性，反而威脅到企業永續經營的基本目標。由此可知，企業的經營目標應該不只是獲利，更要保有良好的短期償債能力，方能使企業永續經營。

綜上所述，若以「利潤極大化」作爲企業經營目標存有上述三大缺點。事實上，企業的經營無非是希望能不斷地成長以永續經營，因而須能同時兼顧利潤（報酬）與風險的考量，而價值正是一種報酬與風險的結合體。因此，若能以「公司價值極大化」作爲企業經營的目標，管理者不但能就企業的未來規劃一個美好的願景（Vision），更能在這個願景的引導下，擬定各項具有行動力的策略及方針，帶領企業接受不同程度的挑戰，使業務蒸蒸日上，公司的價值也將不斷地提升，不但使客戶滿意、員工認同，同時也使股東的財富增加。

(一) 公司價值極大化

在財務理論中，我們常將公司價值極大化、股東財富極大化與股價極大化視爲相同的意義，其突顯股東是企業經營風險的最後承擔者，也就是股東的權益屬於剩餘求償權（Residual Claim），因此當公司價值極大化的同時，也使得股東的權益極大化。換言之：

公司價值極大化≒股東財富極大化＝股價極大化

極大化股東財富或許對其他的相關利益族群（如債權人、員工或客戶）而言，並不認同，例如：以債權人的權益而言，如果企業進行高風險的計劃、過度舉債經營或分配太多的股利給股東等事項，債權人的權益一定會受到負面的

影響，因此債權人爲了保障自己的權益，反而會提高其要求的報酬率，進而使公司的資金成本增加，影響了公司的價值。

爲了更周全地定義公司的目標，應將公司價值（或股東財富）極大化的目標改爲「在不影響其他相關利益族群的權益下，股東財富極大化是公司經營的目標」較爲適切。

(二) 公司的價值

另一方面，若公司的價值以資產負債表的形式來表示，即：

公司價值＝負債的市值＋權益的市值

如果企業的負債大都爲短期負債，則其帳面價值與市場價值會非常接近；若長期負債所佔的比率較高，則必須按市場利率的變化來重新調整其帳面價值，以計算負債的市場價值。

(三) 股東的權益

至於權益的價值則可以下式來表達：

權益市值（E）＝公司價值（V）－負債市值（D）

因此，當公司價值愈大時，權益的價值就愈大，承如前所述，企業經營目標在追求公司價值極大化的同時，也增加了股東財富。

(四) 企業價值分析

企業價值分析在購併風潮中被認爲是一項重要的工作。這種觀念也逐漸被應用在實務上。換言之，企業在做決策分析時，必須結合價值創造的觀念，評估一個方案到底能爲企業創造多少價值。由此可知，如何創造公司價值是管理者的重要任務。不可諱言地，在價值創造的過程中，必須透過一些行動方針來達成，如利潤的增加、品質提升、市場佔有率增加及員工流動率的降低等。

由Van Horne及Levy和Sarnet等三位學者所提出經營目標如下所示：

1. 公司的持續生存（On-Going）
2. 利潤極大化
3. 銷售極大化

4. 維持目標市場佔有率
5. 合理之利潤水準
6. 適當的員工流動率
7. 公司內部安定
8. 每股盈餘極大化

爲了使公司價值極大化，上述八個行動目標是主要的手段。換言之，利潤極大化與公司價值極大化兩者並不是相互獨立或互斥的關係，而是在公司價值創造的過程中，利潤的追求是最基本的要求，倘若在公司價值創造的過程中，放棄企業經營最基本的動力因素－利潤的創造時，不但無法增加公司的價值，反而會影響公司的永續經營。因此，企業以公司價值極大化之經營目標必須兼顧報酬與風險，一併考量貨幣的時間價值（即現金流入及流出的時點配合），才是完整的投資策略，如圖5-6所示。

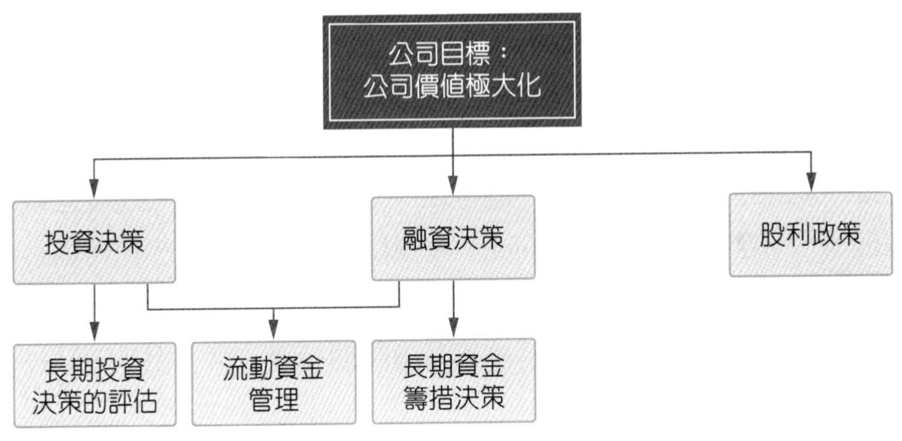

■ 圖5-6　完整的企業投資策略圖

5-2-2　企業的財務決策

如前所述，財務管理是強調企業各項財務決策事務之管理。首先我們先詳細說明一般企業的財務決策有哪些？這個問題可以從企業的資 負債表來解釋，如表5-2所示。

表5-2　簡易資產負債表

簡易資產負債表	
流動資產 固定資產	流動負債 長期負債 權益
總資產	負債+權益

在會計學中，資產負債表呈現的是在某一時點之企業資產、負債及權益的狀況；在財務管理中，資產、負債及權益皆是資金的來源，故資產負債表可視為一種投資或融資決策。另外，為了確保企業永續經營，如何加強短期償債能力是一項非常重要的工作，因此「流動資金管理」（Working Capital Management）也屬於財務管理的重要內容之一，即係指資產負債表上的流動資產與流動負債，這也說明財務管理的工作是可以透過報表來解讀的。

一、投資決策

所謂投資決策是指如何從成本效益的層面來評估投資專案的可行性，評估一個投資計劃的相關財務工作包含了估計其未來在投資效益期中，所能創造的現金流量，以及投資風險的大小。換言之，它考量了有關未來現金流量的時點（Timing）、金額大小（Flow Much）及風險大小（Risk）。如何綜合考量這三個因素來評估投資計劃的效益性，期使能創造公司價值極大化，是投資決策的主要內容。在財務管理上，投資決策是指長期投資決策，至於短期投資決策則屬於流動資金管理的範疇。

二、融資決策

融資決策是如何在各種不同的長期資金來源中做最佳的配置，長期資金是指長期負債與自有資本。不同的資金來源，其所需負擔的資金成本不同。理論上，舉債成本最低，但過度的舉債很顯然地會增加企業的財務風險，所以如何決定最佳的資本結構，也就是負債與自有資金之間的配置比例，是融資決策的主要內容。

三、流動資金管理

所謂流動資金管理是指企業短期資金的管理，短期資金是由流動資產與流動負債所組成。一個企業的流動資金管理是屬於每天日常的經營活動，企業必須保存充足的資源，使各項經營活動不致於被中斷，例如：保有充足的資金來支付應付票據及各項費用，避免發生因資金週轉不靈，造成企業的信用危機，同時維持充足的貨源避免商品缺貨，影響客戶的信心及忠誠度。一般談到短期資金管理，主要是指現金流量的管理，常言道，資金就猶如企業的血液，這個比喻也突顯短期資金管理對企業永續經營有舉足輕重的影響。

依據上述我們可以將整個財務管理的工作及其角色繪成圖5-7。

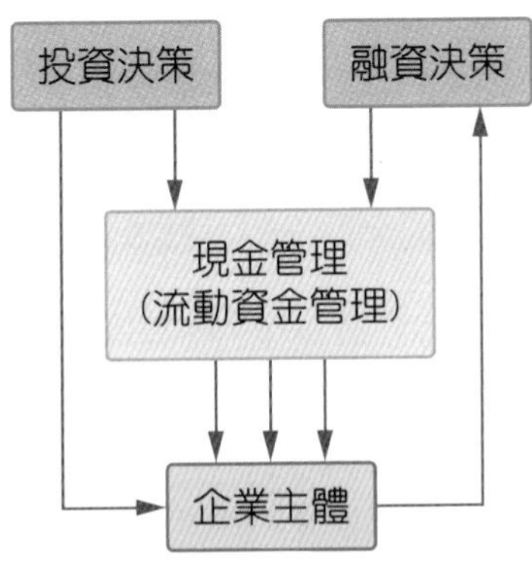

■ 圖5-7　企業的財務管理

5-2-3　企業營運現況

一、掌握營運關鍵數字

想要快速掌握公司營運現況，必須先理解7個關鍵數字與關係（圖5-8、圖5-9）。

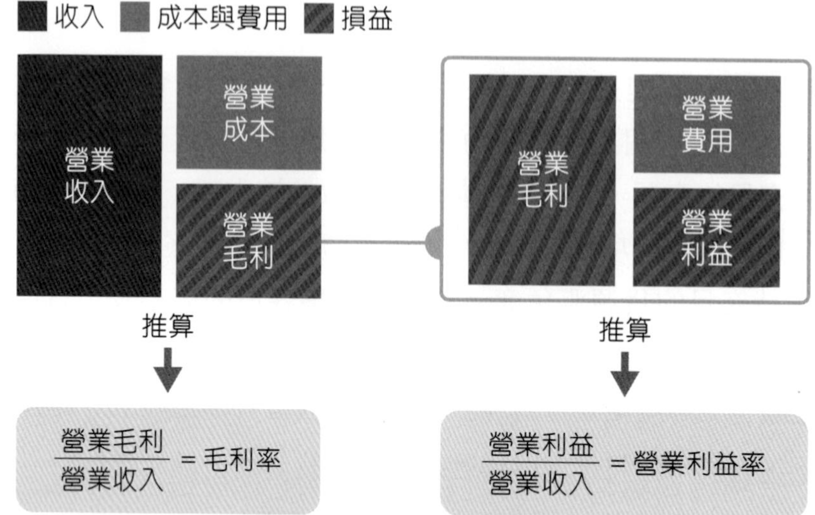

■ 圖5-8 損益表中各種重要關鍵數字之組成關係

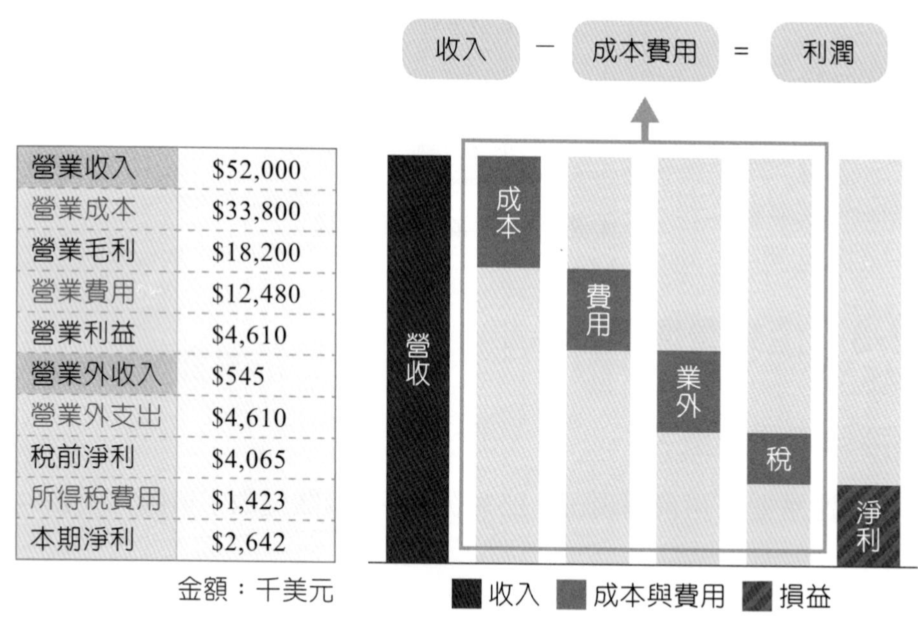

營業收入	$52,000
營業成本	$33,800
營業毛利	$18,200
營業費用	$12,480
營業利益	$4,610
營業外收入	$545
營業外支出	$4,610
稅前淨利	$4,065
所得稅費用	$1,423
本期淨利	$2,642

金額：千美元

■ 圖5-9 利潤、收入、成本與費用的關係

假定你決定自行創業，去批衣服回來賣，該怎麼將賣衣服的營運狀況用損益表來表示呢？將以下圖5-10進行說明。

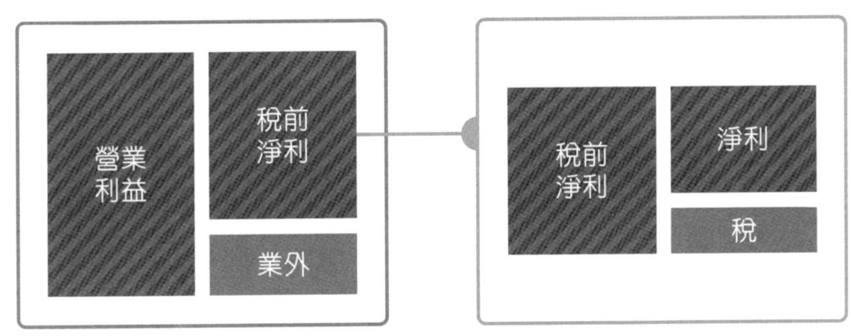

■ 圖5-10　營業利益與稅前淨利的關係

首先，賣出衣服所得到的錢就是「營業收入」，會出現在損益表的最上方。接著你要扣掉進這些貨品的支出，這筆金額就叫做「營業成本」。

收入扣掉成本就是「毛利」，但這並不代表你眞的賺了這麼多錢，你還需要扣掉店租和水電費，如果你同時經營網路拍賣，還要扣掉平台的上架費、寄給買家的運費等，這些銷售過程中產生的支出就是「營業費用」。

毛利扣掉營業費用後得出「營業利益」，表示你批衣服回來賣可以賺多少錢。但別忘了，你還有一些其他的費用要繳，比如說你因爲創業借來的錢也要付利息，年底還要付所得稅等其他費用，最後剩下來的錢稱爲「稅後淨利」。

1. **營業收入**：指的是企業經營活動的成果。「營業收入」（營收）是獲利的領先指標，也是評估績效的起點。「收入」增加時會產生規模經濟，成本會下降，利潤也會更高。

2. **營業成本**：指的是已售出商品的生產或進貨成本。包括原物料、採購零件、直接人工及製造費用，可凸顯出企業控制生產成本的能力。成本若不斷升高，表示獲利能力被壓縮。

3. **營業費用**：指的是扣除「營業成本」以外的支出。包括營運、銷售及管理費用，表現出企業的經營管理能力，也突顯公司行銷策略等經營方向，例如：增設據點或大打品牌。

4. **營業毛利**：指的是收入減營業成本，可評量公司透過生產和銷售服務所表現的獲利能力。

5. **毛利率**：指的是毛利除以營收，用來評量單項產品的績效。毛利率的優劣必須和同業做比較。毛利率高，表示成本控制良好，產品競爭力高；毛利率低，可能表示銷售量尚未達到經濟規模，或是原料進貨成本太高。

6. **營業利益**：指的是毛利減營業費用，表示公司營運活動的總結。但不表示公司的總利潤，應該還沒扣除要繳納的稅。

7. **營業利益率**：指的是營業利益除以營收，表示公司的獲利能力。

二、閱讀損益表

面對充滿了專有名詞和數字的「損益表」（Profit and Loss Statement或Income Statement），該從何讀起呢？損益表是用財務數字表示企業在一段期間內的績效，簡單來說就是經理人的成績單，表上的每一個數字都可以當作是一個項目的成績。

會計師郭榮芳在《賺錢的邏輯你懂了！》書中針對如何閱讀損益表，提出了以下建議：

1. **從最大的數字看起**

   相對於「資產負債表」（Balance Sheet）與「現金流量表」（Cash Flow Statement）來說，「損益表」是比較簡單的財報，它表達的就是「收入－成本費用＝利潤」。實際的表單上也是這樣呈現，最上方的數字是「營收」，然後一行一行減去「成本」及「費用」，最底下一行就是最終的「利潤」。因此，在閱讀損益表時，掌握大數法則的意思，從最大的數字（營業收入）看起。例如，當你要比較甲部門與乙部門的績效時，首先先看這兩個部門的損益表上的營業收入，一般而言，若營業收入差距甚遠，利潤也會差很多。

   不過，當甲部門營收遠高於乙部門營收時，我們就可以憑此斷定甲部門的產品表現比較優秀嗎？接下來你應該看的是「比率」。

2. **看金額也要看比率**

   當金額規模相差甚大的時候，不只看金額，也要看比率。此時，「毛利率」與「營業利益率」就可以派上用場。若是前後期的損益比較，要同時看營收和獲利，若是營收成長但利潤或利潤率下滑的話，對公司未必是好事。

3. **比較不同的損益結構**

   收入不同、成本結構不同，因此利潤結構也不相同的情況，就是會計所謂的「損益結構」。損益結構說明了獲利方式的差異，也是評估績效的重要指標。

4. 分析報表要立足現在，放眼未來

分析報表的時候，要以現在爲基礎，同時預測未來的變化。例如，預估未來水電會漲價，代表成本費用會增加，就能夠推測報表會朝什麼方向變化。

個案討論

個案 I ：揭密！麥當勞不靠漢堡賺錢 靠這個…

你以為麥當勞靠賣漢堡賺錢？這可大錯特錯！全球最大連鎖速食店麥當勞根本不靠這賺錢，其最主要營收其實是來自房地產。前麥當勞財務長索尼伯（Harry J. Sonneborn）曾表示，麥當勞其實不在經營食品行業，而是從事房地產業務。他說，麥當勞販售便宜漢堡的唯一原因，是為租戶營造最大收入來源，以便向總公司支付租金。

麥當勞當勞銷售的食品，每天足以供應給超過7000萬人、估計平均每秒鐘售出超過75個漢堡。但是在全世界擁有3萬6000家分店，但其中只有約5%是公司所有，其餘都是加盟店，也就是說，這些分店是由與麥當勞簽約的人經營。該公司透過多種方式，以相對最低成本向加盟店收取費用成為公司收入，公司只花錢在麥當勞加盟分店所在的房地產；加盟店則負責餐廳所有營運成本，也支付租金（相當於銷售額的10.7%）、4萬5000元加盟費用，以及每月支付相當於總銷售額4%的服務費用給麥當勞。

經過統計，2014年，麥當勞營收為274億美元，其中92億元來自加盟店，182億元來自公司擁有的直營店。但在扣除經營直營店的成本後，麥當勞只能保住16%的直營店收入，仰賴加盟店上繳的收入，卻高達82%。

資料來源：中時新聞網，陳舒秦撰，2018。

個案 II ：「不在意營收」的CEO，卻讓星巴克營收152億

根據財務報表，2015星巴克在全球創造將近152億美金的營收和27億美金稅後淨利。2016年，根據Millward Brown（市場調查公司）的評選，星巴克獲選最有價值品牌第21名。除了在全球表現亮眼，星巴克去年在臺灣營收達85億台幣、稅後淨利達8.27億台幣，成為了統一集團的搖錢樹。

本文四大重點：(1)比起營收，更在意核心價值。(2)下放權力，讓員工發揮。(3)與顧客良好的互動，才是成功的關鍵。(4)舒茲最重視的「人與人的互動」與「第三空間」。

而星巴克幕後的推手是創辦人兼現任CEO舒茲（Howard Schultz），他在1987年買下老星巴克（西雅圖的一家平凡咖啡店），並把它改造成世界級的連鎖品牌。2000年，舒茲宣布卸任CEO，專心於星巴克的全球戰略。2007年，星巴克由於成長過於快速又適逢金融海嘯，不僅顧客人數停止成長，股價還受挫42%。

為了阻止星巴克的崩盤，舒茲2008年重新接掌CEO，一上任便重新把重心放回「夥伴」身上（星巴克的夥伴是指員工），而非財務報表上的數字，並成功帶領星巴克扭轉頹勢。

2016年，舒茲再次宣布要在隔年4月3號退休，當天星巴克股價下跌3%，從此可以看出舒茲對於星巴克的重要性。身為一個成功的領導人，舒茲在退休前也給其他管理者4個管理訣竅。

一、比起營收，更在意核心價值

星巴克在2006年以後，因為擴展過於快速，造成諸多問題，例如：在很多家分店都發生，店長不重視式咖啡品質、咖啡調配師不記得熟客名字、領導階層注重財務數字而非公司的核心價值「人與人的互動」等問題。

在2008年碰上金融海嘯，星巴克面臨著內憂外患的夾擊，股價也從2006年的40元美金下滑至16.8美金。

舒茲在2008年接手處理「公司內部經營」和「全球景氣低迷」的雙重危機，第一件做的事便是讓員工「重新學習」。在2008年2月26日的晚上，舒茲不顧營業額的損失，要求全美的星巴克停止營業三小時，重新訓練員工如何製作好的咖啡。此外，還舉行了星巴克領袖研討會，希望能重新強化品牌的核心價值「人與人的互動」。

舒茲認為：「第一線員工的表現，直接影響了公司的表現」，因此他重新給第一線員工上了一課，希望能解決因為快速展店所帶來「店員與顧客互動模式改變」、「咖啡品質不穩定」的危機。

當遭逢巨大危機時，舒茲選擇從「員工」著手，而非專注於數字。透過舒茲與員工的互動，完美的詮釋了星巴克「人與人的互動」的核心價值。

二、下放權力，讓員工發揮

以臺灣為例，只要每到夏天，「星冰樂」便會成為星巴克裡最受歡迎的商品。根據統一集團總經理徐光宇表示，2014年星冰樂約佔統一星巴克20%的營收，一共賣出1100萬杯，由此便可知道星冰樂受歡迎的程度。

但你知道嗎？星冰樂是一名星巴克的基層員工迪娜（Dina Campion）發明的。1993的洛杉磯異常炎熱，當時，迪娜是星巴克的一位咖啡師。一次機會下，迪娜發現星巴克附近的小咖啡廳在販賣咖啡冰沙，她認為將飲品作為冰沙會是一個很好的想法，於是聯絡了之前的主管（當時調到星巴克總部工作）。主管一接到消息，馬上派了一組團隊來洛杉磯研究，並發現將飲品做成冰沙會是一個很有潛力的商品，於是回到西雅圖總部後便著手研發。

1994年星巴克正式推出「星冰樂」，很快的便登上暢銷飲品的前幾名，並發展出各種口味的星冰樂，例如：焦糖、咖啡、巧克力等。

從此可以看出，因為舒茲下放權力給管理階層，管理階層也下放權力給「第一線員工」，讓星巴克創造出了一個經典的飲品。舒茲認為「第一線員工」與顧客接觸機會最多，所以最能了解顧客需要什麼、不需要什麼，因此他選擇下放權力，讓基層的員工，也能發揮影響力與創造力。

三、與顧客良好的互動，才是成功的關鍵

舒茲最常對員工說的話就是：「每一位顧客在店裡消費時，店員所給的感受是最重要的，不要忘記他們可以在別家咖啡店買到更便宜的咖啡。」這就是星巴克所強調「與顧客的互動」的精神。透過良好的互動，舒茲不僅希望能留住顧客，還希望顧客向朋友推薦星巴克。

與顧客建立良好的關係，讓星巴克在2010年和2013年在臉書和twitter上獲得最優良品牌的殊榮（由Inside Facebook這個分析網站，透過大數據分析出的結果）。也證明了舒茲的策略，讓每次消費的顧客有賓至如歸的感覺。

舒茲也強調：「企業家應該要保持好奇心，好奇顧客的需求」，而舒茲也在觀察顧客消費模式，發現顧客的消費行為因為「科技」而有巨大的改變。

舒茲透過社群網站來觀察顧客對產品的滿意度，星巴克在臉書有超過3,500萬個讚、在Instagram上有1245萬的追蹤者，透過社群網站，顧客可以

輕易地提供意見，而星巴克也能彙整顧客對產品的回饋。除了社群網站，星巴克在2008年還推出「My Starbucks Idea」這個網站，讓顧客除了社群網站外，有一個專門的地方給予回饋。截至2015年，在顧客提的15萬筆建議中，就有277筆被採納與實踐，其中包括：摩卡可可星冰樂的推出、用手機行動支付等。

此外，星巴克也順應此潮流，推出行動app，讓顧客可以用手機QR條碼付款。會員在消費時，還可以累積點數，兌換咖啡、甜品。星巴克也跟串流音樂巨頭Spotify和共乘服務的Lyft合作，讓會員在使用Spotify或Lyft消費時，還可以在星巴克的app上累積點數。舒茲透過「紮實的員工訓練」、「提供意見反饋的平台」和「符合顧客需求的策略」，成功提升顧客的滿意度與忠誠度。

四、重視的「人與人的互動」與「第三空間」

舒茲說：「星巴克不應該只是賣咖啡的地方，這樣太容易被取代了」。星巴克的決策，大都強調著星巴克的核心價值「人與人的互動」，提供顧客最好的服務。

根據曾在星巴克工作的員工Carrie表示，他們被教導「努力達成顧客的需求」。例如當顧客要求：「將飲品重新用微波爐加熱時」，就算沒有微波爐，星巴克的店員也會回答顧客：「我們沒有微波爐，幫你加入熱牛奶可以嗎？」，而不是單純地對顧客說：「我們沒有微波爐」Carrie還表示，員工手冊還有一條是，「走出櫃檯，用顧客的角度思考」。例如隨時觀察店內音樂會不會太大聲、燈光亮度是否是和顧客需求，並隨時和顧客溝通。此外，舒茲也提出另一個星巴克強調的概念「第三空間」，此概念希望星巴克能成為一個除了「家」與「辦公室」外，第三個去處。

為了貫徹這個理念，星巴克提供了「免費」且「快速」的Wi-Fi服務。一般企業的老闆或許認為，提供免費的Wi-Fi服務會導致顧客「賴」在店裡，降低翻桌率。但舒茲不這麼想，比起營收，他更重視顧客的感受，星巴克不僅提供免費的網路，重點是網速高達9.1MB/秒，是一般連鎖店的2倍之多，如麥當勞的4MB/秒、Dunkin Donuts的1.7MB/秒。

透過強調明確的「核心價值」，星巴克在舒茲的帶領下，從西雅圖的一間小咖啡店，變成咖啡業的傳說。在度過2006-2008曾經迷失企業價值的危機，舒茲帶領員工一同找回所遺失的「核心價值」，把員工當作夥伴的領導方式下，創造高額的營收也救活了星巴克的心臟「人與人的互動」。

資料來源：創新拿鐵，肇恩撰，2017。

問題討論

1. 星巴克面對財務危機的解決的核心價值是什麼？
2. 案例中麥當勞的主要獲利來源是那一項？
3. 星巴克解決財務問題的第一件重要工作是什麼？

討論引導

1. (1)比起營收，更在意核心價值。(2)下放權力，讓員工發揮。(3)與顧客良好的互動，才是成功的關鍵。(4)舒茲最重視的「人與人的互動」與「第三空間」。
2. 不動產的投資與出租。
3. 讓員工「重新學習」。在2008年2月26日的晚上，舒茲不顧營業額的損失，要求全美的星巴克停止營業三小時，重新訓練員工如何製作好的咖啡。此外，還舉行了星巴克領袖研討會，希望能重新強化品牌的核心價值「人與人的互動」。當遭逢巨大危機時，舒茲選擇從「員工」著手，而非專注於數字。透過舒茲與員工的互動，完美詮釋了星巴克「人與人的互動」的核心價值。

自我評量

一、是非題

1. (　) 資金之於公司就像血液之於人體一般，串連整個公司的內部運作，在生產、銷售、研發等各部門間持續循環。
2. (　) 公司財務報表中所提列的非資金費用，可先挪用於公司的其他支出，算是公司的借入資本。
3. (　) 財務管理的內容包含資產管理、負債管理及權益管理。
4. (　) 應付債務係指業已提列至銷貨成本，記入費用欄，但尚未支出的部分。
5. (　) 中小企業公司如需擴資，可藉由發行公司債的方式向不特定的多數人募集資金。
6. (　) 在科技的日新月異且日漸普及的環境下，各種財務規劃套裝軟體的發展及應用，使企業很難靈活地從事財務規劃工作。
7. (　) 企業的經營目標爲公司的利潤極大化。
8. (　) 現今主管機關多宣導公司儘量不要全面配發股票股利，以維持公司財務結構的健全與穩定，避免虛盈實虧並保障股東權益。
9. (　) 所謂流動資金管理是指企業短期資金的管理，短期資金是由流動資產與流動負債所組成。
10. (　) 應收票據可能會發生退票，與應收帳款相較下更無法保障債權。

二、選擇題

1. (　) 計算公司利益的會計原則爲「費用係根據支出來記帳，收益則依據收入來記帳並在其發生期間做正確的個別處理。」，此項原則即是所謂的？ (A)期間原則 (B)記帳原則 (C)個別原則 (D)發生原則。
2. (　) 以下何種報表的內容爲在一段特定時間內之公司損益情況，包括：收入、支出及利潤，可顯示出公司的營運情況？ (A)現金流量表 (B)資產負債表 (C)損益表 (D)以上皆非。

3. (　　) 以下何者係指業已支出，但尚未當作銷貨成本提列成費用的部分？(A)存貨資產　(B)應付帳款　(C)應收帳款　(D)固定資產。
4. (　　) 企業在追求整體的經營目標時，需考慮哪些影響因素？ (A)企業利潤的定義　(B)企業的風險因素　(C)現金流入與流出的時點　(D)以上皆是。
5. (　　) 企業所追求的經營目標應爲？ (A)公司利潤極大化　(B)公司價值極大化　(C)股東的權益極大化　(D)負債市值極小化。
6. (　　) 何者不是公司理財的課題？ (A)銀行經營管理　(B)資本結構　(C)資本預算　(D)股利政策。
7. (　　) 以下何者不是企業資產負債表的科目？ (A)總資產　(B)流動資產　(C)營業收入　(D)長期負債。
8. (　　) 公司的存貨包括哪些項目？ (A)原材料　(B)半成品　(C)產品　(D)以上皆是。
9. (　　) 企業的投資能力分析可借由下列哪些方法？ (A)財務比率　(B)固定比率　(C)自有資本比率　(D)以上皆是。
10. (　　) 下列哪項爲借入資本的資金調度來源？ (A)自有投入資金　(B)銀行　(C)股票溢價額　(D)保留盈餘。

三、問答題

1. 公司自有資本中有關非資金費用一項，是爲企業設備之折舊費用及退休金等所準備之支出費用，但實際上沒有現金支出，雖可視爲自有資金的一部分，但在運用上需注意哪些限制？
2. 企業發行公司債券或股票需要達到何種才可發行？
3. 爲何公司在運作資金時，除了掌握收入與支出之會計帳目，尚需考慮兩種資金運作的時間點？
4. 請說明財務管理理論重心的演進。
5. 財務管理是強調企業各項財務決策事務之管理，請說明一般企業的財務決策有哪些？

06 資訊管理

學習目標

想想看現今的成功企業，臉書 Facebook 和推特 Twitter 是怎樣把你和朋友連在一起？ Pchome24 小時購物，為何能全年無休，迅速將商品送到消費者的手中？其皆為透過資訊系統連結不同區域的人們。身處 21 世紀，各行各業只要能夠成功地運用資訊科技與資訊系統，便能提高成功的機率與競爭的優勢。本章將替讀者整理這些重要知識，其內容包括組織競爭策略與資訊系統、資訊系統類型、當代企業的重要資訊系統、電子商務、資訊安全、雲端運算與物聯網等。讀者可藉由學習上述概念、技能及知識，邁向成功之路。

引導案例

一根紅色迴紋針（One Red Paperclip）

2015年7月12日，一名失業在家，長期倚靠女友薪水過活的青年，凱爾·麥唐納（Kyle MacDonald），在他的部落格放了一張紅色迴紋針的相片，要和網友交換一個更大、更好的東西。幾天後，一位住在溫哥華的網友用一支魚形筆換走了迴紋針。就這樣花了整整一年的時間，期間換過魚形筆、門把、烤肉爐、發電機、速成派對、雪上摩托車、一趟到雅克（Yahk）的旅行、廂型車、一份唱片錄音合約、鳳凰城市中心1年的免費租屋合約、跟搖滾歌手艾利斯·庫柏（Alice Cooper）共度一個下午、一顆KISS水晶雪球、一份電影演出合約，經過14次的以物易物後，他得到一棟位於加拿大吉卜林（Kipling）鎮價值5萬美元的房子。

他貼文說：「無論你住在哪裡，只要你有意交換，我都可以去找你」。每次進行交換，他一定和對方碰面，拍照存證，再把故事貼上網。他把交換變成一個有趣、人人都想參與的故事。然而，網友也並非完全支持他的每次決定，特別是在他把跟搖滾歌手艾利斯·庫柏共度一個下午換成一顆水晶雪球時，就被網友罵翻了。麥唐納利用網路的力量，顛覆一般人對交易的認知，從而創造始料未及的成功。他也因此受到新聞媒體的關注，參加了加拿大當紅的電視節目，並成為CNN、ABC、BBC等各大媒體爭相報導的部落格行銷傳奇。「一根紅色迴紋針」透露網路時代、數位生活的各種可能，也激發人們無限的創造力。

■ 麥唐納的部落格

引言

由於資訊科技與網路的普及，企業和消費者的關係產生重大的改變。加上網路全年無休、成本低廉、個人化與客製化、創新的商業模式等特性，促使電子商務蓬勃發展。現今企業應用網路從事商業活動的能力，已成為企業競爭力的指標。根據媒體報導，未來就業市場上的五大熱門職缺為：金融科技人才、巨量資料人才、電子商務人才、軟體工程師、營收成長駭客。對於職場新鮮人而言，培養電子商務與資訊管理的實務基礎能力，做好自我能力的提升與修練，就有機會成為企業眼中的搶手人才。

資料來源：http://oneredpaperclip.blogspot.tw/

6-1 資訊管理與組織競爭優勢

6-1-1 資訊管理簡介

一、資訊管理的意義與重要性

資訊管理（Information Management, IM）是探討如何運用資訊系統（Information System, IS）來支援組織營運，進而提升經營績效與競爭優勢，最終達成組織目標的一門學問。而資訊系統又是什麼？Gordon Davis提出的資訊系統的定義是：「一種可以提供資訊、支援組織的日常作業、管理及決策活動的整合性系統。此系統使用到電腦硬體與軟體、人工作業程序、模式以及資料庫」。

Laudon & Laudon則認爲：「資訊系統是企業組織因應環境挑戰，所提出的一個以資訊科技爲基礎的管理與組織解決方案。」同時，他們也提出了一個整體架構，來展示資訊科技、管理、組織和資訊系統間的關係（如圖6-1）。管理面包含領導、策略、與管理行爲等；組織面包含管理階層、企業流程、文化等議題；技術面包含電腦硬體、軟體、網路等。

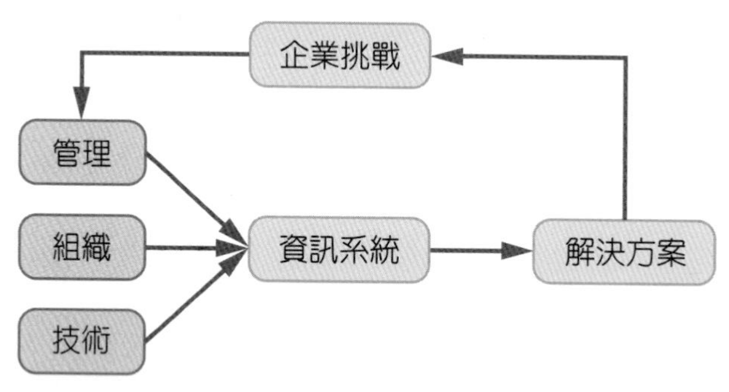

■ 圖6-1　資訊系統的整體架構

無論你是唸哪個科系或未來想從事何種行業，都需要建立有關資訊管理的相關知識。因爲不論從事哪個行業都會需要使用資訊系統。在企業中如果想要有套適合自己的資訊系統，就必須全力參與資訊系統的發展過程，包括定義自己的系統需求、協助開發或購買方案的進行、系統測試與使用等，甚至對於保護電腦資訊安全、資料備份等工作也需要有一定程度的了解。

二、企業流程和資訊系統

企業流程是企業爲達特定的目的，所執行的一組相關活動。新產品開發、接受訂單及完成訂單、招聘新員工等都是企業流程（如圖6-2）。每個企業都可被視爲企業流程的集合。而企業流程可以使用資訊系統進行自動化，以提升運作效率。舉例來說，原本學校規定學生使用紙本假卡來請假，須由學生塡寫假卡，接著送給導師簽核，若是請假超過一天，需再送到學務處給系輔導員簽核，通過後方能完成作業。這樣的請假方式需要耗費不少時間，平均需要7天才能完成請假手續。

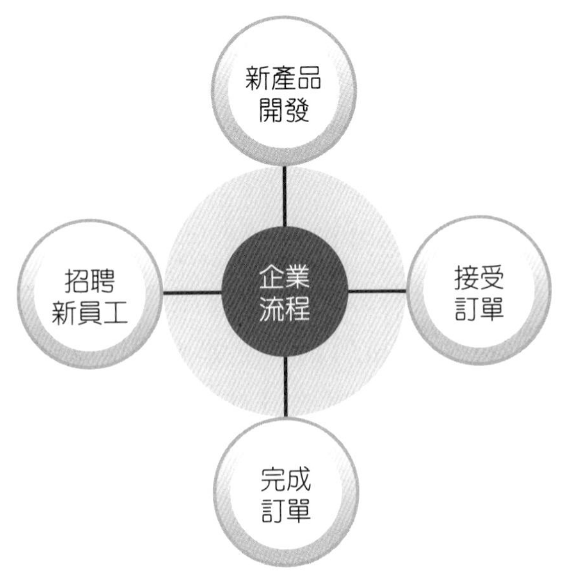

■ 圖6-2　企業流程

然而，學校計算機中心開發出線上請假系統，將學生請假流程電子化。當學生要請假時，只需使用電腦或手機登入網站，即可塡寫請假單。假單送出後，從導師至系輔導員簽核，其完成時間不超過四天大幅降低了請假時所需的成本及時間。

三、資訊系統類型

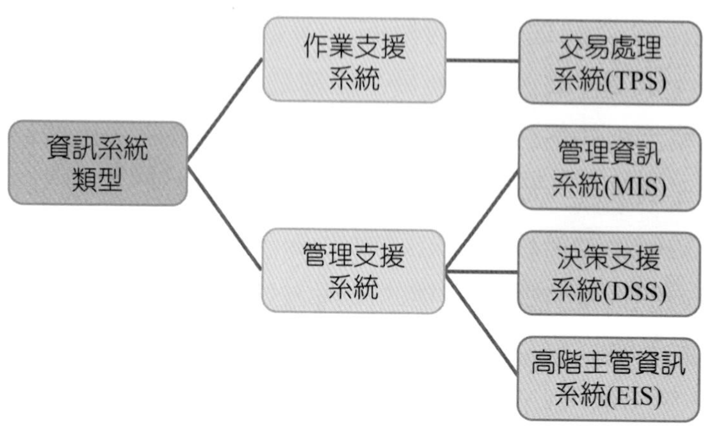

■ 圖6-3　資訊系統類型

資訊系統可依企業作業和管理的不同而分成兩大類型（如圖6-3）：

(一) 作業支援系統（Operation Support System）

作業支援系統角色在於有效地處理商業交易，主要為交易處理系統（Transaction Processing System, TPS），是處理企業日常活動交易（如接受訂單、履行訂單、庫存管理、員工薪資計算等）的電腦系統，為企業主要的資料來源，這些資料可以提供管理支援系統使用，為電腦化的基礎系統。主要特色有：處理大量資料、大多資料源於內部、資料輸出主要供內部使用、以例行方式處理資料、需使用大容量的資料庫等。

(二) 管理支援系統（Management Support System）

其重點在於提供資訊，並支援管理者制定有效的決策。主要包括了：

1. **管理資訊系統（Management Information System, MIS）**：主要是用來支援組織的管理階層，並提供管理者報表或線上查詢公司目前的營運績效及歷史資料，其資料通常源自交易處理系統。
2. **決策支援系統（Decision Support System, DSS）**：主要是提供互動式支援予中階管理者，以制定決策。透過交談方式，使用模式及其資料，協助決策者解決非例行性的決策性問題。其主要資料來源為TPS及MIS，但也可帶入外部資料。

3. 高階主管資訊系統（Executive Information System, EIS）：主要是提供高階主管所需的重要資訊。爲方便主管操作，常擷取資訊形成圖形介面，並運用圖形之展示分析營運現狀及走向。資料來源爲公司內部與外部的資料庫。

6-1-2 組織競爭策略與資訊系統

波特（Michael Porter）提出三大競爭理論：五力分析（Five Forces Model）、價值鏈（Value Chain）模式與一般性競爭策略（Generic Competitive Strategy）。企業可善用這三個理論進行思考並建立本身的競爭優勢。

首先，透過五力分析（如圖6-4）瞭解企業所處產業架構，進而決定要使用何種競爭策略，再依據所擬訂的策略，強化企業自身價值，及活動之間的整合。

一、五力分析

■ 圖6-4　五力分析

波特的五力分析模型又稱競爭力模型（Competitive Forces Model），常被用於競爭戰略上，其可有效分析企業的競爭環境。波特於80年代初提出，對企業戰略制定有極深遠的影響。

五力分別是：

(一) 供應商的議價能力

若只有一家或少數的供應商，企業的利潤將被大幅地削減。相反地，若有許多可以選擇的供應商，那麼企業就容易執行價格、品質的控制。

(二) 購買者的議價能力

若購買者的議價能力提升，則企業獲利能力相對降低。當相同產品眾多或者價格低廉時，買家能輕易轉換供應商，議價能力提高。

(三) 市場內同業競爭者現有的競爭能力

企業與其他競爭者共享市場，若要勝過對手，就須持續推出新產品吸引消費者、提高消費者的轉換成本。當勢均力敵競爭對手變多、產品需求增加緩慢、競爭者提供相似度高的產品與服務時，同業競爭便會加劇。

(四) 潛在競爭者進入的能力

當市場的進入障礙低時，就會產生新的進入者，新進者越多，產業競爭越加劇烈，企業將難以獲利。

(五) 產品或服務的替代能力

當產品價格提高，或者品質下降時，顧客會找尋替代品。替代品越多，則企業對價格的控制力越低，利潤相對降低。

上述五種力量的不同組合將會影響產業的利潤，在企業瞭解這五種競爭力後，要思考的是如何使用資訊系統來控制及分配這些力量，而波特的一般性競爭策略便提供了極佳的思考指引。

二、波特一般性競爭策略

波特一般性競爭策略有三種：成本領導策略、差異化策略、集中策略。企業可從中選擇一種作其主導策略，並使用資訊系統科技進行整合。

(一) 成本領導策略

在相同產品的情況下，透過資訊系統及資訊科技，用最低的成本創造最大的利潤；與供應商之間，企業可透過供應鏈管理系統或B2B電子商務，提升供應鏈的效益與效率，並降低供應鏈成本；在企業內部，可利用ERP系統，提升內部運作的效益與效率；在企業與消費者之間，可採用B2C電子商務，以較低的成本進行產品銷售。

(二) 差異化策略

強調使用資訊系統及資訊科技，進行新產品的提供、設計或服務，使其異於競爭者。企業可以選擇數種產品、服務進行改革創新，以滿足顧客需求。例如：Google持續推出創新的產品，包括Gmail、圖片搜尋、Google地圖、Google地球、Google眼鏡、無人車等。

(三) 集中策略

強調藉由資訊系統及資訊科技，使企業專注在小範圍利基型的產品，如此便能在品質、服務上建立優勢。如電子商務企業可對市場進行區隔及產品定位，並透過瞭解特定客戶的需求，提供特製的服務滿足目標顧客。

6-1-3 企業價值鏈模式

波特指出，企業的產品是因爲一連串的加值活動而產生價值。企業提供具附加價值的產品給客戶，客戶則回饋利潤給企業。

加值活動分爲主要活動與支援活動兩類（如表6-1），企業可以應用資訊科技來支援與強化這些活動，進而發展其獨特競爭優勢。主要活動包括進料物流、生產、出貨物流、行銷銷售與售後服務。支援活動是用來輔助主要活動，包括基礎建設、人力資源、技術研發與採購。以下針對價值鏈相關活動，與可用來支援該活動的資訊系統進行說明。

表6-1　加值活動之類型

類型	活動	範例
主要活動	進料物流	原物料搬運、倉儲、庫存管理、車輛調度。
	生產	生產組裝、測試、包裝。
	出貨物流	揀貨、搬運、送貨。
	行銷銷售	廣告、促銷。
	售後服務	安裝、維修。
支援活動	基礎建設	會計制度、行政流程。
	人力資源	人員之招募、雇用、培訓等活動。
	技術研發	新產品開發、製程改善。
	採購	原物料、生產設備、辦公室用品等之購買。

一、主要活動

1. **進料物流**：原物料搬運、倉儲、庫存管理、車輛調度等。可以使用自動倉儲與庫存管理系統來支援。
2. **生產**：將物料轉換爲最終產品，包括生產組裝、測試、包裝等。可使用電腦輔助製造系統，並支援生產線。
3. **出貨物流**：將產品配送給買方的各種活動，意即訂單之履行，如揀貨、搬運、送貨等。可使用配送管理系統支援。
4. **行銷銷售**：吸引顧客購買的相關活動，如廣告、促銷等。可使用顧客關係管理系統找出最重要的主力客戶，提供其更多的商品與服務，以爭取更多的利潤。
5. **售後服務**：提供服務以增加或保持產品價值的活動，如安裝、維修等。可使用維修系統、電腦電話整合系統來支援。

二、支援活動

1. **基礎建設**：支援整個價值鏈，如會計制度、行政流程等。可使用辦公室自動化系統、工作流程管理系統來支援。
2. **人力資源**：有關人員的招募、僱用、培訓等活動。可使用人力資源管理系統行支援。

3. 技術研發：產品創新與生產技術改善之相關活動，如先產品開發、製程改善等。可使用電腦輔助設計與製造系統支援。

4. 採購：指購買用於企業價值鏈之各種投入活動，包括原物料、生產設備、辦公室用品之購買等。可使用電腦訂購系統、線上採購系統、供應鏈管理系統來支援。

透過價值鏈中的各種鏈結，企業能夠更有系統的找出屬於自己的價值。除了使用資訊系統來強化價值鏈上的各個活動，透過網際網路更能讓企業突破時間與空間的限制，也為企業帶來創造競爭優勢機會。後續將介紹當代企業用的資訊系統與電子商務應用。

6-2 當代企業所使用的資訊系統

現今企業處於競爭激烈的知識經濟時代中，在面對錯綜複雜、變動頻繁之經營環境，建立敏感迅速的反應機制相當重要。而新一代的資訊系統，如企業資源規劃ERP，以及其所延伸出的供應鏈管理SCM、顧客關係管理CRM、知識管理KM等，皆為企業經營必須具備的能力。以下針對此四種系統進行簡單介紹。

6-2-1 企業資源規劃系統（ERPS）

一、材料需求計劃（Material Requirement Planning, MRP）

是早期發展的企業系統，主要功能在於計算材料的需求；製造資源規劃（Manufacturing Resource Planning, MRP II）則是擴大應用範圍在所有與製造有關的資源上。而企業資源規劃ERP除了製造以外，更增加其他的企業功能，如財務、人力資源、研發等，ERP扮演的角色是將各部門連貫起來，讓所有資訊能即時揭露。

二、企業資源規劃（Enterprise Resource Planning, ERP）

是一個企業管理平台，其利用資訊科技將企業內部部門，包括財務、會計、生產管理、銷售與配銷、人力資源等連結整合，它是一個跨越部門、地區的整合工作流程，能將所有的營運資訊納轉爲決策資訊，並及時監控、支援公司的各項關鍵決策，成功提升資源管理的效率。

一般而言ERP系統具備以下核心功能：庫存管理、採購進貨管理、配銷管理、財務管理、人力資源管理、與生產管理等系統功能。

(一) 採購進貨管理

採購進貨管理，意指配合企業採購管理之各項交易活動，其爲依實際需求提供完整採購交易處理、自動化等之作業系統。採購作業流程有五項重要作業，包括請購作業、採購作業、跟催作業、收料作業及廠商管理。

(二) 庫存管理

庫存管理，係指企業對於原物料、成品與半成品之管理。庫存管理的目的在於儲存適當數量的物料，存貨不足或過度皆會影響企業的營運績效。而庫存管理除了記載、保留出入庫的異動資料外，更能即時提供各種相關報表，使管理者瞭解庫存狀況，以作出適當的採購或存貨處分決策。

(三) 生產管理

生產管理，係指企業從生產製令生成，到製令完工入庫的管理過程，包括產品結構管理、委外作業管理、物料需求管理、批次需求計畫、製程管理及成本計算等功能，是一套嚴密的生產管控系統。

(四) 配銷管理

配銷管理，係針對企業的訂單處理及出貨作業流程進行自動化作業，包括訂單製作處理、價格管理、調價處理、客戶信用額度查詢、交易記錄查詢等，強化企業對於銷售狀況的掌握與回應。

(五) 財務管理

財務管理，提供企業的營運成本資訊，並支援企業財務相關決策，包括應收、應付、會計總帳、自動分錄、票據資金、營業稅申報及零用金。在組織電腦化的各個子系統中，財務管理系統位於資料彙總的重要地位。

(六) 人力資源管理

人力資源管理目的在於提供組織所需的適當人才，以支援其各項作業，達成組織的使命，並追求組織目標與個人期望的配合。人力資源管理一般包含組織與職務設計、員工的招募、甄選、任用、教育訓練、績效管理、考勤管理、薪資福利與保險及員工生涯管理等。

6-2-2 供應鏈管理系統（SCMS）

一、供應鏈（Supply Chain）

指的是產品在製造、配送、銷售，直到消費者手中的過程，其涉及之所有相關活動。

二、供應鏈管理SCM（Supply Chain Management）

乃是藉由有效的資訊系統，適時、適地、適量地提供適當產品予顧客之過程。供應鏈管理系統，是基於ERP基礎上發展而來的，旨在將企業生產製造過程、庫存管理、乃至供應商等方面的資料予以整合，再藉由單一的管控視野，協助企業建構一個整合性的供應鏈資訊及規劃決策機制，以達成供應鏈最佳化之目標，讓企業能在既有資源基礎上，充分滿足客戶的需求。

SCM透過快速運算，提出建議。其將需求依配銷運籌及資源狀況，在低成本之考量下，安排出計劃，包含送貨、補貨、生產、採購等。

舉例來說：

1. 首先以客戶需求產品、需求日期、需求地點等，決定配銷運送方式及途徑。
2. 再將各配銷需求與各配貨中心庫存進行補貨計劃的運算。
3. 然後再將補貨需求轉化爲生產需求，並安排各生產工廠之主生產排程計劃。
4. 而物料需求計劃在此完善之生產時程安排下，進行準確且有效率之採購。

三、長鞭效應（Bullwhip Effect）

又稱需求變異加速放大原理，由供應鏈管理專家Hau L. Lee、V. Padmanabhan與Seungjin Whang等三人在1997年所提出。主要用來描述經由供應鏈成員的傳遞，變異逐漸放大的現象。由於長鞭效應的影響，上游供應商往往維持比下游廠商更高的庫存水準。長鞭效應的發現，源自於寶僑公司P&G的主管對自家公司生產之尿布進行觀察，他們發現零售商的需求改變並不大，但批發商的訂單波動有明顯增加的趨勢，更特別的是，在進一步觀察上游供應商3M時，其訂單變化更加劇烈。

長鞭效應發生的主要原因如下：

(一) 批次訂貨

企業爲了個別利益常採用批次訂購法，但這會造成上游供應商的訂單不穩定。

(二) 需求預測

供應鏈各階層中，有各自的預測方法，當下游對需求作出預測後，加上自己的安全存量，再將訂單的資訊向上傳遞，經過一層層的資訊扭曲，使得眞實的需求產生極大的變異。

(三) 價格波動

上游廠商有時會進行促銷活動，以吸引下游廠商或消費者購買，產生大量的訂單；當促銷結束後，產品回復原價，買氣可能會驟減。

(四) 供給短缺之預期心理

當產品供不應求時，爲避免缺貨的情況，下游廠商會誇大其眞實需求，以取得到更多的產品；而當供給需求恢復平穩時，大量的訂單突然取消，因而造成訂單波動擴大。

要解決長鞭效應，有幾個對策，如：(1)持續補貨；(2)減少降價促銷；(3)參考先前訂單來比對訂貨配額；(4)供應鏈成員皆可獲得彼此間的眞實銷售資料。

透過供應鏈管理系統，將上下游成員串聯起來，分享彼此的資訊（如銷售、庫存、訂單等），便能解決供應鏈成員間的這種「資訊不對稱」的現象。

然而，有效的供應鏈管理，其上下游間之供給需求須能充分整合，也就是供應端與用戶端的完整連接，因此導入過程相當複雜，且需要相當長的時間。企業高階主管必須提供支持，承諾投入人員及資源，才能有效建構完整的供應鏈體系。

6-2-3 客戶關係管理系統（CRMS）

一、客戶關係管理（Customer Relationship Management, CRM）

也稱爲顧客關係管理，是收集顧客與公司有關的所有資訊，使公司能有效滿足顧客的需求，並與其建立良好的關係。CRM可利用系統蒐集的商情與營運資料了解客戶，並進行銷售、行銷、服務等流程的整合，進而達成提升客戶滿意度、忠誠度與企業營收等目標。

CRM主要功能有三，包括獲取顧客、維繫顧客、增進顧客的獲利力。

(一) 獲取顧客（Customer Acquistion）

可協助企業作市場區隔，篩選出最佳的目標顧客，並進行一對一行銷。

(二) 維繫顧客（Customer Retention）

根據統計，開發一位新顧客的平均成本約爲維護一位現有顧客的五倍，因此，對於現有顧客應當盡力去鞏固保有。特別是在目前高度競爭的環境下，現有顧客的流失已成爲企業最重視的課題。

(三) 增進顧客的獲利力（Customer Profitability）

企業應該運用顧客關係管理來深入分析，找出最重要的主力顧客，並供其更豐富的商品與服務，以爭取更多的利潤，例如：可以利用向上（Up-Selling）或交叉（Cross-Selling）銷售來增加公司收益。

二、顧客關係管理系統（CRM系統）

(一) 主要包含三大子系統，行銷、銷售與服務子系統。

1. **行銷子系統**：行銷研究、廣告、行銷活動管理、客戶資料分析等。
2. **銷售子系統**：電話銷售、網站銷售、店面銷售等。

3. 服務子系統：客訴案件管理、維修管理、電話客服中心等。

(二) 企業使用CRM系統的價值，包含快速回應客戶、掌握行銷活動與銷售成效、提高市場觸及率、找出有價值的顧客。

1. 快速回應客戶：快速資料搜尋，讓業務、服務、行銷等與客戶互動頻繁的相關單位，能夠即時得到正確且統一的資訊，並迅速回應客戶。

2. 掌握行銷活動成效：透過CRM呈現不同行銷活動的成效，行銷人員可追蹤哪項行銷活動能夠產生商機，並在最終達成銷售的成果。

3. 掌握銷售成效：藉由銷售個案追蹤管理，協助業務團隊精準掌握資訊，並可追蹤銷售的預估量，提供所有進行中的交易、個別銷售人員績效，以及預測收益。

4. 提高市場觸及率：透過各接觸管道，有效收集客戶高品質的資訊，並應用於增加銷售與服務。

5. 找出有價值的顧客：利用與客戶的接觸管道蒐集資訊，並結合基本資料、購買記錄、客服記錄等加以分析，藉此區分不同價值的顧客群。

6-2-4 知識管理系統（KMS）

一、知識管理（Knowledge Management, KM）

根據美國生產力與品質中心（American Productivity & Quality Center, APQC）的定義，係指有系統地獲得知識、瞭解知識、分享知識與使用知識，進而在對的時間，將對的知識傳遞給對的人。其可幫助員工分享資訊，並將之付諸行動，以改善組織的表現。KPMG企管顧問公司將KM定義爲：有系統、有組織地善用企業內部知識提升績效的方法。管理大師德魯克認爲：處於21世紀的組織，其最有價值的資產是組織內的知識工作者和他們的生產力。

二、知識的分類

(一) 一般可以分成內隱知識與外顯知識兩種。

1. 內隱知識（Tacit Knowledge）：指隱藏於腦內，對事情的方法、經驗、判斷、決策、創意等，皆爲難以外放的知識。理解、直覺和預感都屬於這一類，例如：企業員工的經驗。

2. 外顯知識（Explicit Knowledge）：指能用文字、聲音、影像等媒介表達出來的知識，例如：文件、技術論文、報告、操作手冊、教學影片等。

(二) 針對外顯知識和內隱知識的不同特性，學者（Hansen et al.）主張採用不同的策略進行知識管理。

1. 針對外顯知識可以採用編碼（Codification）的策略：將外顯知識蒐集並整理成文字、聲音、影像等形式，這樣就可以在組織內重覆使用。管理策略較為重視運用資訊工具來記錄與儲存知識，以增加知識流通與擴散的範疇與效率。

2. 針對內隱知識可以採用個人化（Personalization）策略：透過內隱知識的討論與交流，將內隱知識吸收轉換為自己的知識，便可在組織中培養出大量的專家。採用此種策略，主要著重於激勵員工傳授自己的創意與經驗，並強調透過人際溝通的方式進行。

三、知識管理系統（KMS）

是企業實現知識管理的平台，其目標是將企業中的各種知識資源（外顯知識和內隱知識）加以整合，並使用資訊科技協助知識的獲取、儲存、分享、移轉與利用等，促進知識創新，進而提高企業的競爭力。一般而言，外顯知識主要透過知識庫與搜尋引擎來進行儲存與分享，如將技術、維修、報價等文件加以控管與留存，以支援員工可以找到所需的各項資訊。內隱知識則可使用專家黃頁、知識地圖、協同作業系統、知識社群論壇等，讓員工快速找到其所要諮詢的專家，進行經驗分享。

6-3 電子商務

6-3-1 電子商務簡介

一、電子商務的意義

Kalakota 與 Whinston（1997）認為，所謂的電子商務（Electronic Commerce, EC）是利用網際網路進行商務活動，包括購買、銷售或交換產品與服務。其廣義為企業內部的電子化、企業間的協同合作，以及企業與顧客間的互動等各項電子化活動。

透過企業電子化的角度進一步分析，可將電子商務分爲四個流程進行探討：

(一) 商流

指商品所有權移轉的過程。例如：消費者在網站上購買商品，在付款給零售商後，取得該產品的所有權。

(二) 物流

指實體商品運送與傳遞的過程。例如：零售商透過物流配送商品至消費者手中。

(三) 金流

指電子商務中，金錢或帳務的移動過程。例如：消費者在網站上購買商品，利用網路ATM轉帳付款。

(四) 資訊流

指交易過程中，資訊的流動與交換。例如：消費者在網站上下單，傳遞訂單資訊給業者。

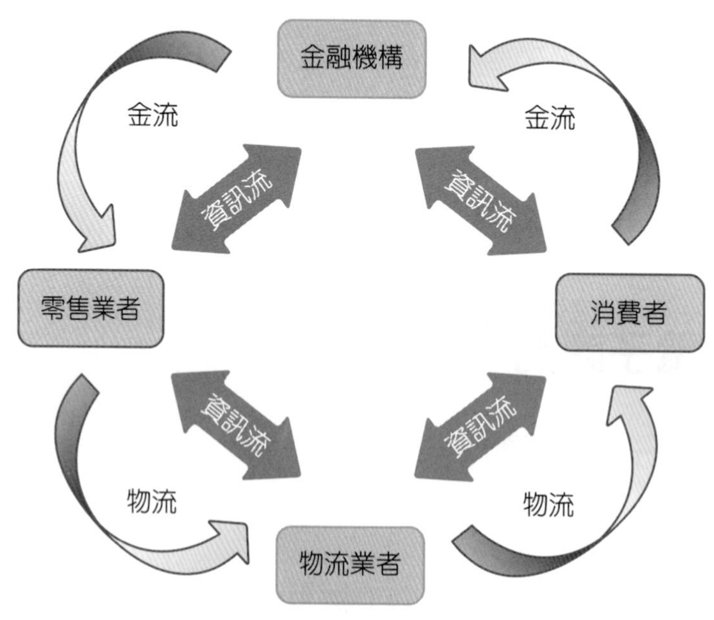

■ 圖6-5　電子商務交易運作流程

二、電子商務的特性

電子商務爲虛擬世界，與實體環境相較有很大的差異，其特性如下：

(一) 全年無休

可以一年365天，每天24小時地運作，突破時間的限制。

(二) 全球化市場

可以接觸到世界各地的企業與消費者，突破距離的藩籬。

(三) 較低成本

以零售商而言，利用網站進行銷售，可免除店面的租金及銷售人員聘任，以較實體通路低的成本進行銷售。

(四) 創新的商業模式

利用網際網路的特性，開創新的營運模式。

(五) 互動性

與傳統單向媒體不同，網際網路可以讓企業和消費者進行雙向的互動。

(六) 多媒體資訊

可使用文字、圖形、聲音、影像等多媒體技術，增添多元性。

(七) 客製化

可以依顧客的需求來訂製產品。

(八) 個人化

可利用顧客提供的資料或分析客戶上網的行爲，瞭解顧客進而提供顧客喜愛的產品資訊。

6-3-2 電子商務的分類

隨著電子商務持續發展，許多新的營運模式陸續浮現。若使用交易對象進行分類，基本上可以分爲下列四種：企業對消費者模式（B2C）、企業對企業模式（B2B）、消費者對消費者模式（C2C）、消費者對企業模式（C2B）。

一、企業對消費者模式（Business to Consumer, B2C）

B2C是指企業透過網際網路銷售產品或提供服務給個人消費者。這類模式又可稱為電子零售，是最常見的電子商務模式。例如：「PChome線上購物」（如圖6-6）是臺灣最大B2C電子商務網站，其自2000年開始營運，隸屬於臺灣最大的電子商務集團－PChome Online網路家庭。

■ 圖6-6　PChome Online網路家庭的B2C網站－PChome線上購物

圖片來源：PChome線上購物官網

二、企業對企業模式（Business to Business, B2B）

B2B電子商務為企業及其合作夥伴，透過網際網路進行產品銷售或採購。例如：中國鋼鐵公司，利用電子商務網站，進行產品銷售與採購。

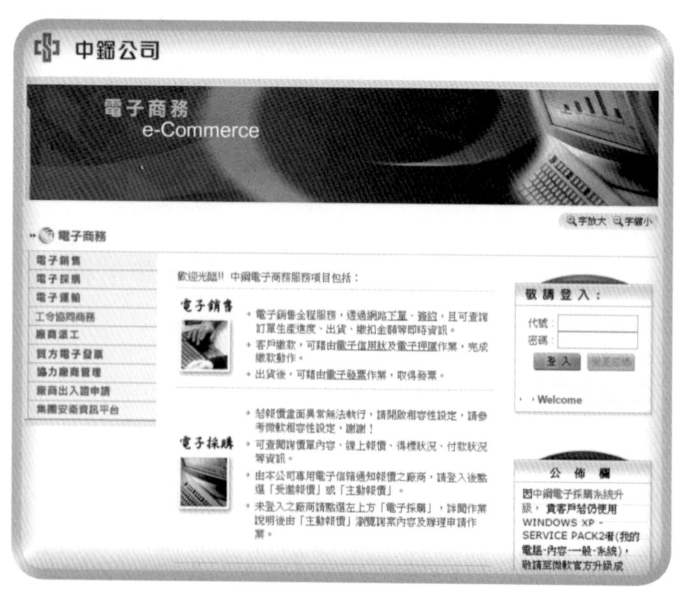

■ 圖6-7　中鋼的B2B電子商務網站

圖片來源：中鋼公司官網

三、消費者對消費者模式（Consumer to Consumer, C2C）

C2C是指消費者與消費者進行交易，例如：YAHOO！奇摩拍賣、露天拍賣網站等，皆是C2C的例子。

■ 圖6-8　YAHOO！奇摩拍賣C2C電子商務網站

圖片來源：Yahoo！奇摩拍賣官網

四、消費者對企業模式（Consumer to Business, C2B）

C2B係指由消費者主導，吸引企業進行交易的模式。例如：ihergo愛合購－社區合購網就是一個典型的C2B範例，其利用集體採購的方式提高議價能力，從交易中取得主導地位。

■ 圖6-9　ihergo愛合購－社區合購網－C2B電子商務網站

圖片來源：ihergo官網

6-3-3 新興的經營模式

網際網路具有無限的可能性，其經營模式亦不斷推陳出新，例如：B2B2C及O2O模式。

一、企業對企業對消費者模式（Business to Business to Consumer, B2B2C）

是一種結合B2B和B2C的新興電子商務經營模式。上游企業（產品供應商）透過具備銷售通路的企業（網站平台提供者），銷售其產品給消費者。平台除了收年費外，通常也可以抽取2~3%的交易手續費。2005年時，網家將其業務分割爲「PChome商店街」品牌，提供企業在網路上開設虛擬商店並販售其商品。

■ 圖6-10　PChome商店街－B2B2C電子商務網站

圖片來源：PChome商店街官網

二、線上到線下（Online to Offline, O2O）

O2O，是指線上之行銷與購買，帶動線下經營與消費。亦即將實體商務與電子商務做結合，透過網路無遠弗屆的力量尋找消費者，再藉由行銷活動或購買行爲將消費者帶至實體通路。例如：康太數位整合旗下的「17life團購網」即是O2O之經營模式。

■ 圖6-11　17life團購網－O2O電子商務

圖片來源：17life官網

6-3-4　客製化與個人化

透過網際網路，可以較低的成本與時間達成客製化（Customization）及個人化（Personalization）。

一、客製化

客製化係指依照顧客的需求訂製產品。如擁有實體店面的電腦業者，可以依照消費者指定的規格，組裝電腦並進行銷售。而網路上的電腦零售商如：戴爾電腦（Dell）在網站上提供不同規格的零組件，讓消費者直接在線上選擇下單，由業者組裝好後再配送給消費者。對消費者而言，透過網站訂製可以省時、省力、省錢的方式購物；對業者來說，透過網站接單，可節省實體店面租金及人力成本。

■ 圖6-12　Dell電腦提供客製化

圖片來源：Dell官網

二、個人化

個人化是指業者依據自己對消費者的認知，推薦消費者所喜愛的產品，例如：以Email寄送消費者喜愛之產品促銷資訊。知名零售網站亞馬遜（Amazon）就是分析顧客先前購買的訂單資訊，並擇其相似或相關之產品資訊，以Email寄送給顧客。另外，亞馬遜也透過紀錄瀏覽網站的行爲，相關資訊給網站瀏覽者。

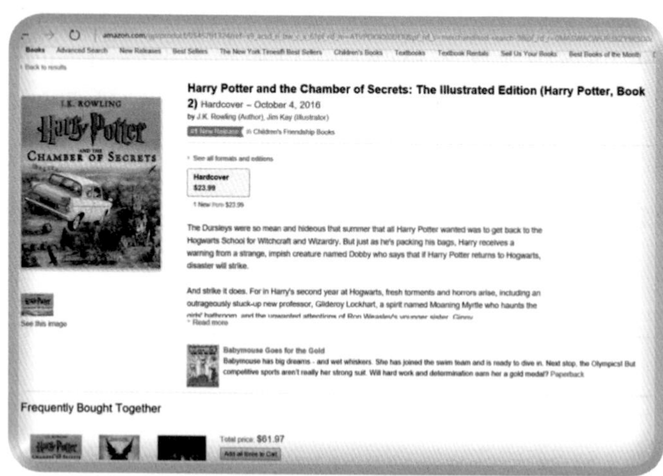

■ 圖6-13　Amazon網站使用個人化技術

圖片來源：Amazon官網

6-3-5 網路資訊安全

一、資訊安全簡介

電腦的普及與網際網路的蓬勃發展，帶給人類急速且巨大的衝擊，並改變了人們處理資料的習慣，相關的資訊安全問題也隨之而來，如電腦犯罪、電腦病毒等。因此，如何落實資訊安全管理及加強人員訓練，才是確保資訊安全的關鍵。

二、資訊安全的類別

1. **硬體安全**：指硬體環境及人為管理的控制。
2. **軟體安全**：指資料安全、程式安全及通訊安全等。
3. **個人安全防護**：指人身安全、個人隱私權安全、通訊安全等。

三、網路攻擊類型

網路攻擊類型一般可分成兩類，即社交工程攻擊與技術攻擊。

(一) 社交工程攻擊

是指犯罪者計誘組織內部人員，給予他們資訊或讀取那些他們所沒有的資料。該類型通常以交談、欺騙、假冒或口語用字等方式，從合法用戶中套取用戶系統的秘密資料，例如：使用者帳號、使用者密碼等。社交工程技巧的成功可歸因於人類先天具有的情感，如同理心、同情心、好奇心及恐懼等。社交工程技巧操弄人們的情感，藉以引誘人們採取犯罪者所期待的行動。犯罪者經常使用Email寄送各式吸引人的信件，再誘人開啓特定網址。網路釣魚（Phishing）是常被使用的方法之一，是在電子通訊媒介（通常是電子郵件）中，嘗試透過偽裝成一個值得信賴的實體，如知名銀行、信用卡公司等，來獲取使用者姓名、帳號、密碼與信用卡等機密資訊之犯罪、詐騙過程。

(二) 技術性攻擊

意指軟體與系統知識被用於技術性攻擊，而犯罪者通常擁有相當高的電腦與程式知識能力，其透過電腦病毒、系統漏洞等方式，達到其攻擊之目的。

1. **惡意軟體**：是設計用來滲入或破壞電腦系統，且不須經過擁有者同意，其包含電腦病毒、蠕蟲、特洛伊木馬病毒、間諜軟體、不實的廣告軟體等。另外，阻斷服務（Denial Of Service, DoS）亦是一種技術性攻擊，這種攻擊傳送大量的需求干擾系統，使其毀壞或無法及時回應服務。一般是透過大量且密集的封包傳送，使被攻擊的主機或網站無法處理，導致該網站的用戶被阻絕在外，無法連結該主機或網站。2001年美國白宮網站就曾因遭駭客之分散式阻斷服務攻擊，癱瘓長達數小時之久。

2. **勒索軟體**：最近發現一種新型態的惡意程式，被稱爲勒索軟體（Rasomware）。勒索軟體是一種特殊的惡意軟體，它會讓電腦的擁有者失去對自己系統或資料的控制權，若不答允其要求之代價便無法取回資料。也就是說，電腦系統及其資料皆已成爲人質，而電腦擁有者將被迫支付贖金。

   其實所謂的勒索軟體早在11年前便出現在俄羅斯，並在2013年捲土重來。其代表爲Cryptolocker，它會感染安裝Windows作業系統的電腦，並在CryptoLocker植入受害電腦後，自動以RSA非對稱加密法將電腦本機，與在同一區域網路中的特定類型檔案進行加密，這時受害者已經無法開啓受影響檔案。在CryptoLocker運作時，攻擊者的電腦會產生一組加密、解密金鑰，透過網路將加密金鑰傳送至受害電腦，並將檔案加密，由於受害者的電腦中並沒有解密金鑰，因而無法讀取被影響的檔案。由於解密金鑰不曾於網路上傳輸，除非受害者反過來入侵攻擊者的電腦，否則無法取得解密金鑰，再加上CryptoLocker採用的金鑰長度爲1024bit甚至是2048bit的RSA加密演算法，在實作上無法直接破解密碼、救回檔案。因此，使用者只能選擇支付贖金亦或是失去他們的資料。

   正如其它惡意程式，變種勒索軟體持續出現，新一代的Cryptolocker類型勒索軟體加入一些創新做法。例如：提供更多時間去支付這筆錢，還會讓你解開一個檔案，證明其確有能力控制該電腦。

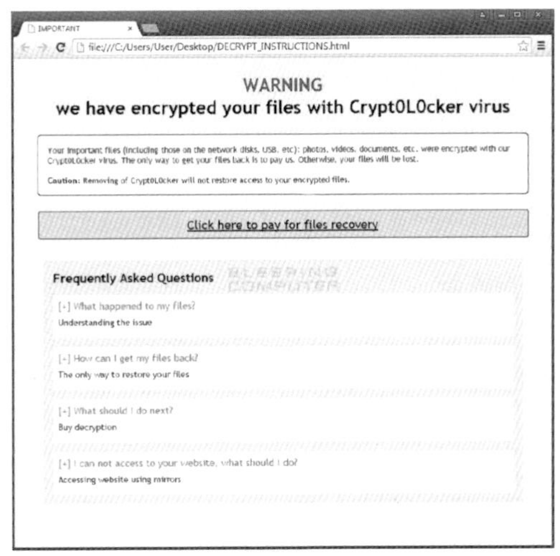

■ 圖6-14　勒索病毒發出的警告

圖片來源：http://www.bleepingcomputer.com/forums/t/574686/torrentlocker-changes-its-name-to-crypt0l0cker-and-bypasses-us-computers/

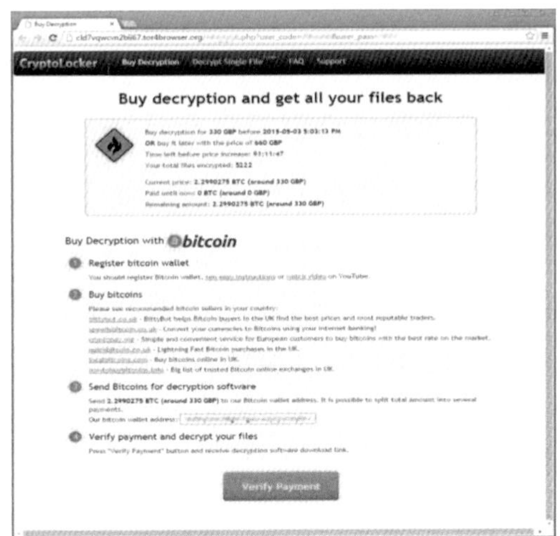

■ 圖6-15　勒索病毒要求付款取得解碼程式

圖片來源：http://www.bleepingcomputer.com/forums/t/574686/torrentlocker-changes-its-name-to-crypt0l0cker-and-bypasses-us-computers/

四、保護資訊安全

保護企業或個人的資訊安全有許多的技術工具與管理方法（如表6-2），列舉如下：

表6-2　保護資訊安全的方法

技術工具	1.防火牆 2.防毒軟體 3.加密
管理方法	1.使用者授權 2.避免安裝不明軟體 3.資料備份 4.避免開啓不明郵件

(一) 技術工具

1. **防火牆（Firewall）**：是用來確保資訊安全的裝置，通常是用來隔離內部和外部網路。個人防火牆安裝於作業系統中，可以設定特定程式或通訊埠（Port），允許或限制利用網路進行通訊。

2. **防毒軟體**：爲電腦防禦系統，主要用於偵測、移除電腦病毒及惡意軟體。通常是透過病毒碼比對及異常行爲的偵測來進行防禦。

3. **加密**：是將資料轉成密文，需經過解密後才能讀取內容。主要分成兩種方式，對稱式與非對稱加密法。對稱式加密，意即透過金鑰將資訊進行加密，解密時須使用同樣的金鑰及演算法進行解密；非對稱式加密，又稱公開金鑰加密，其加密和解密使用不同金鑰的演算法，爲較安全的加密作法。

(二) 管理方法

1. **使用者授權**：企業或個人在使用各種電腦或資訊系統時，應對所有使用者進行授權。不同層級的使用者應給予不同的存取權限，一般是透過帳號及密碼設定來進行控制。然而，使用者經常會忽略這個環節（如個人電腦的作業系統）或設定簡單易猜的密碼（如生日），導致安全性降低。

   爲因應上述問題，現今有許多新的身份認證技術用來替代密碼的使用，像是智慧卡（Smart Card）與生物辨識。智慧卡是將具有儲存加密及資料處理能力的積體電路晶片模組，封裝成和信用卡相同的尺寸，並透過讀卡機來解讀，如金融卡。生物辨識則是利用人體的特徵來確認使用者身份，如指紋、掌形、聲音、虹膜等，現在已有筆記型電腦及手機是採用指紋辨識技術。

2. **避免安裝不明軟體**：不要隨意下載或安裝來源不明之軟體，有心人士經常利用網站散佈或藏匿惡意程式，其安裝後會使電腦感染，可能會破壞電腦檔案、竊取使用者資料等。

3. **資料備份**：爲避免資料中毒或損壞，最好的預防方式就是資料備份，可採定時與不定時兩種方式，將電腦資料進行備份。另外，目前Windows作業系統內建之備份工具，可以將系統及指定的檔案備份成映像檔，以供未來需要時進行還原。且須作異地備份，如燒錄成光碟、或複製到外接硬碟保存（而不是從C槽複製到D槽或是雲端同步資料夾），才是較妥當的作法。

4. **避免開啓不明郵件**：許多惡意程式是透過垃圾郵件散佈，郵件可能僞裝寄件者、或以吸引人標題等方式來誘人開啓信件，若點擊信件中的連結或是執行附加檔案，可能就會遭到感染或被詐騙。

6-3-6 資訊倫理

是指人們在使用電腦、網路等資訊科技時應有的態度與行爲。倫理是一種自律行爲及態度的展現，亦是個人行爲的抉擇。資訊倫理的基本觀念，是個人必須對其行爲結果負責，並尊重他人的權益，包括個人的隱私權及智慧財產權。

一、智慧財產權

智慧財產權乃是指人類精神活動之成果，且能產生財產之價值者，爲保護創作發明者之權益，乃以法律所創設之權利。一般包括著作權、商標權與專利權。由於網路的普及，檔案容易經由網路進行散佈，特別是電腦程式。民國七十四年七月十日著作權法修正，電腦程式著作列入著作權保護之對象。以下列舉電腦程式於著作權之相關重點說明。

1. 電腦程式爲受著作權法保護的著作，電腦程式著作包括直接或間接使電腦產生一定結果爲目的所組成指令組合之著作。

2. 合法電腦程式著作重製物之所有人得因配合其所使用機器之需要，修改其程式，或因備用存檔之需要重製其程式。但限於該所有人自行使用。

3. 電腦程式不得出租。

4. 以侵害電腦程式著作財產權之重製物作爲營業之使用者亦視爲侵害著作財產權。
5. 依本法取得之著作權，其保護僅及於該著作之表達，而不及於其所表達之思想、程序、製程、系統、操作方法、概念、原理、發現。

二、資訊隱私權

資訊隱私權，乃人民決定是否揭露其個人資料、及在何種範圍內、於何時、以何種方式、向何人揭露之決定權，並保障人民對其個人資料之使用有知悉與控制權，及資料記載錯誤之更正權。網站可以利用Cookie技術，當網友瀏覽網站時，傳送檔案至使用者電腦中，此類文字檔可記錄使用者瀏覽之網站歷史資料，但此種追蹤行爲使用者往往是不知情，因而有侵犯隱私權之嫌，使用者若要避免被追蹤可在瀏覽器中設定封鎖。而我國爲規範電腦處理個人資料，避免人格權受到侵害，並促進個人資料之合理利用，在1996年制定了「電腦處理個人資料保護法」。

6-4 雲端運算與物聯網

6-4-1 網際網路

一、網際網路起源

網際網路（Internet）起源於美國國防部一個研究計劃，其於1969年連結了4所大學，並建立了通訊網路ARPAnet。此計畫於當時完全基於軍事用途，其所研發的網路連結技術，是爲了避免通訊的中斷，因爲部分網路若因戰爭而損壞時，傳送的資訊會繞過損壞的電腦找到新傳輸路徑。它最大的特色就是讓不同廠牌、型式、作業系統的電腦之間能進行資料交換；到了1980年代，美國各大學、研究機構紛紛加入，並建構出TCP／IP的通訊協定，到1990年時已發展成全世界最大的電腦網路，提供的資訊相當豐富且多元化。

二、網路分類

表6-3　網路的分類

有線網路	1.ADSL 2.Cable Modem 3.VDSL 4.光纖
無線網路	1.無線區域網路Wi-Fi（Wireless Fidelity） 2.行動通訊網路 3.藍牙（Bluetooth）

(一) 有線網路

現在家庭、學校、公司內部等，最常使用的網路連接方式是採用乙太網路（Ethernet），一般是使用雙絞線來連接。而用戶常使用之連接對外網路的方式，爲寬頻網路－非對稱式數位用戶迴路ADSL（Asymmetric Digital Subscriber Loop）、有線電視纜線數據機（Cable Modem）、VDSL（Very High Speed Digital Subscriber Line）與光纖（Optical Fiber）等。

1. **ADSL**：是利用一般的銅質傳統電話線來進行高速上網的技術，上傳下載不等速。基本上，ADSL將網路封包與電話通訊二者以高頻／低頻傳送，互不干擾，可同時通話及上網。若安裝一台ADSL數據機，將頻寬切割爲上傳／下載二個部分，下載速度將比上傳快。

2. **Cable Modem**：其使用有線電視（Cable Television, CATV）的同軸纜線作爲傳輸訊號的載體，只需連接一條線到家中，再透過數據機進行分流即可。因爲受限於有線電視的原始運作方式，使用CABLE上網需要和附近其他用戶共享頻寬，當用戶較多時，頻寬起伏程度會較大。

3. **VDSL**：VDSL是比ADSL快的非對稱式網路，目前臺灣的光纖並非全程光纖，只要是機房到家／公司中，有一段是使用光纖傳輸，就稱爲光纖上網，其他段落則是以VDSL電話線傳輸。

4. **光纖**：光纖是利用光線在導線內之反射傳送訊號，可傳輸大量訊號，且通訊強度衰退較慢，不似傳統電子流通過介質訊號減弱較快，訊號穩定可以傳送較長的距離，不易受到電磁波的干擾。

(二)無線網路

隨著科技的進步，無線網路的便利及高效性，是其普及的主要原因。以下介紹三種常見的無線網路通訊技術。

1. **無線區域網路Wi-Fi（Wireless Fidelity）**：WiFi是一個無線網路通信技術的品牌，由Wi-Fi聯盟（Wi-Fi Alliance）創立，目的是改善IEEE 802.11標準的無線網路產品之間的互通性。傳輸距離可達100米以上，工作頻率訂在2.4GHz及5GHz頻帶。IEEE 802.11ac是2014年發布的新標準，為802.11n的繼承者，它透過5GHz頻帶進行通訊。理論上，它能夠提供最少1Gbps頻寬進行多站式無線區域網通訊，或最少500Mbps的單一連線傳輸頻寬。

2. **行動通訊網路**：臺灣目前主流是使用3.5G及4G電信網路。

   (1) 3.5G（第3.5代）：HSDPA（High Speed Downlink Packet Access），是WCDMA（3G）升級版本，速度達到14.4Mbit / s。

   (2) 4G（第4代）：LTE（Long Term Evolution）獲GSM協會支持，為目前主流之一，臺灣目前已採用LTE技術。

3. **藍牙（Bluetooth）**：是一種短距離的無線傳輸技術，1994年由電信商愛利信（Ericsson）發展而來，使用2.4GHz頻段，傳輸距離可達10米，每個Bluetooth裝置可同時與八個裝置進行連線，藍牙5.0是藍牙技術聯盟於2016年推出的新版本，傳輸距離可達300米以上，常用於連接電腦、手機、相機、印表機、耳機、音箱等裝置。

三、企業連接方式

(一) 網際網路（Internet）

指透過公眾網路進行連接。例如：企業建立B2C購物網站，提供消費者購物。

(二) 企業內部網路（Intranet）

指企業將Internet技術，應用在公司內部。例如：視訊會議系統，提供公司員工利用網路進行討論與溝通，可支援位於不同地點的員工同時開會，節省交通費與時間。

(三) 企業間網路（Extranet）

指運用Internet技術，應用在公司與其供應商進行資訊的分享。例如：B2B網站，企業與其往來之客戶或供應商，透過網站進行產品銷售或原物料之採購。

6-4-2 雲端運算

一、何謂雲端運算

雲端運算（Cloud Computing）是一種以網際網路爲基礎的運算方式，用戶利用電腦等裝置，透過網際網路使用雲端所提供的服務。Google臺灣總經理簡立峰說：「簡單的說，雲端運算就是把所有的資料全部丟到網路上處理！」。「雲」即是我們最常使用的網際網路（Internet）；「端」則是指使用者端（Client）。雲代表了龐大的運算能力，由服務供應商建造大型機房，提供各種應用。

二、服務模式與部署方式

(一) 雲端運算的服務模式

根據美國國家技術標準局（National Institute Of Standards And Technology, NIST）的定義，雲端運算可區分爲三種服務模式：

1. **軟體即服務（Software As A Service, SaaS）**：是一種服務觀念的基礎，軟體供應商在網路上提供軟體服務給客戶使用。例如：Google Maps提供地圖查詢、導航等服務。
2. **平台即服務（Platform As A Service, PaaS）**：廠商提供程式開發平台與作業系統平台，讓開發人員可以透過網路撰寫程式。例如：Google App Engine讓使用者自行開發APP應用程式，部署至該平台。
3. **基礎設施即服務（Infrastructure As A Service, IaaS）**：廠商提供硬體資源給客戶使用，包括運算、儲存、網路等資源。例如：Dropbox提供網路硬碟。

(二) 雲端運算的部署方式

美國國家技術標準局進一步提出四種雲端運算的部署方式：

1. **公用雲（Public Cloud）**：爲銷售雲服務的組織所擁有，公用雲服務可透過網路及第三方服務供應者，開放給一般大眾使用。其價格較爲低廉，只要付費均可使用雲端平台的資源。
2. **私有雲（Private Cloud）**：由組織本身所部署，資料與程式皆在組織內管理，不對外開放，如此才能確實保護公司內部的資料安全。
3. **社群雲（Community Cloud）**：由多家利益相同的組織共同部署，社群成員共同使用雲端資料及應用程式。
4. **混合雲（Hybrid Cloud）**：結合公用雲、私有雲、社群，可以是兩個或兩個種類以上的組合。使用者通常將非企業關鍵資訊於公用雲上處理，而關鍵服務及資料則置於私有雲中，如此可節省部分成本亦可保有資料的安全性。

6-4-3 物聯網

一、物聯網簡介

物聯網（Internet Of Things, IOT）指的是將生活中的物品、設備，透過無線或有線的方式與網際網路串聯，各設備、物品間可以互相傳輸資料，不再僅能藉由人與機器互動的方式完成，其目的是爲了讓人們的生活更完善。

物聯網概念最初起源於比爾蓋茲在1995年《未來之路》一書。1999年，Kevin Ashton首先提出物聯網這個名詞。當時Ashton爲P&G引入RFID管理其供應鏈。國際電信聯盟（International Telecommunication Union, ITU）則於2005年正式提出物聯網概念。

而美國國家儀器的年度盛會NI Days，Keynote講者－東亞區副總裁AjitGokhale，提到需有五項關鍵的技術發展，才能讓物聯網的概念成眞：摩爾定律、梅特卡夫定律、電池電量、無線網路、感測元件。

摩爾定律是指電子裝置的效能持續進步，體積越來越小，價格也越來越便宜。梅特卡夫定律則是講求網路的價值，網路用戶越多，彼此相連的節點也越多，網路的值相對提高。根據BI Intelligence估計，2017年連網裝置出貨量將超越智慧型手機。而Harbor Research指出，2020年將會有上百億個聯網物體，潛藏商機超過1兆美元。Gartner甚至更樂觀，預測到了2020年，透過物聯網相連的裝置將達到260億台。

二、物聯網的架構

歐洲電信標準協會（European Telecommunications Standards Institute, ETSI）將物聯網可分成3層架構，由底層至上層分別爲感知層（Device）、網路層（Connect）與應用層（Manage）。感知層用來識別、感測與控制末端物體的各種狀態，透過感測網路將資訊蒐集並傳遞至網路層，網路層則是爲了將感測資訊傳遞至應用層的應用系統，應用層則是將收集到的資料，結合各項分析技術，進行各種有效的應用。

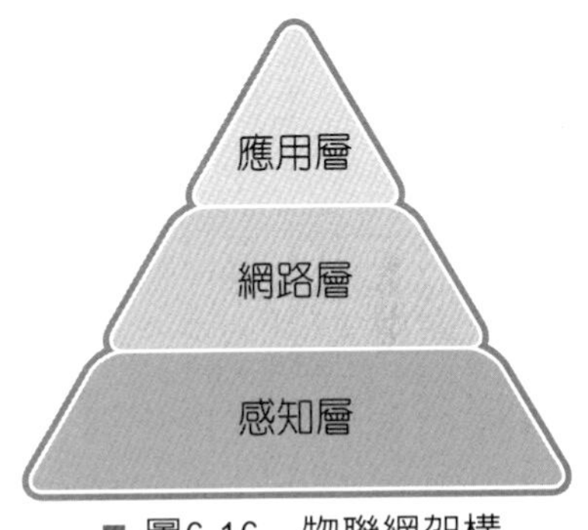

■ 圖6-16 物聯網架構

(一) 感知層

使用針對不同場景進行感知與監控，且具有感測、辨識及通訊能力的設備。例如：RFID標籤及讀寫器、GPS、溫度、濕度、紅外線、光度、壓力、音量等各式感測器。主要可分爲感測技術及辨識技術。

感測技術是指具有感測環境變化或物體移動的能力，例如：濕度感測器。辨識技術則是指能夠用以辨識物品的身份的能力，例如RFID標籤及讀寫器。

(二) 網路層

將感知層收集到的資料傳輸至網際網路，主要建構在無線通訊網路上。可分爲內部網路及外部網路。

內部網路主要以短距離無線通訊技術爲主，而常用的短距離無線通訊包含RFID、藍牙、紅外線、Zigbee、Z-Wave、Wi-Fi等；外部網路一般是使用無線電信網路，例如：3.5G HSPDA、4G的LTE。

(三) 應用層

根據行業間不同的需求開發出相應的應用軟體。物聯網可應用在非常多的地方，例如：智慧居家、智慧交通、遠端醫療、物流監控、智慧電網等，以下爲應用實例：

1. **智慧冰箱**：有業者將腦筋動到最重要的家電－冰箱上。網路連線功能可以允許用戶藉由智慧型手機來查看家中冰箱的狀態，無論他們身處何方。用戶也可以通過他們的平板或是智慧型手機，便能知道冰箱存放了哪些食物，並隨時查看它們的保存期限。另外，用戶不用花時間在紀錄購物清單上，可直接在超市裡通過手機連上冰箱，來查看家裡的冰箱有什麼。

   智慧購物是另一個新功能，用戶可在冰箱的LCD板上直接進行線上購物。當冰箱中的物品快要被用光時，這些物品便會自動的訂購或者是由人工挑選後下單。智慧購物功能消除了需要再次光顧超市的麻煩，省時省力且節能減碳。

   健康管理功能會根據用戶的個人檔案，向用戶建議個人飲食食譜，以及每日每週飲食計劃。用戶的年齡、性別、體重、身高以及過敏物等資訊將會被輸入到資料庫中以創立個人專屬的飲食計畫。

   智慧節能模式爲冰箱的「環境溫度感應」，除了自動感知室內溫度，亦感應開關次數，並調節最適運轉，達到節能省電的目的。

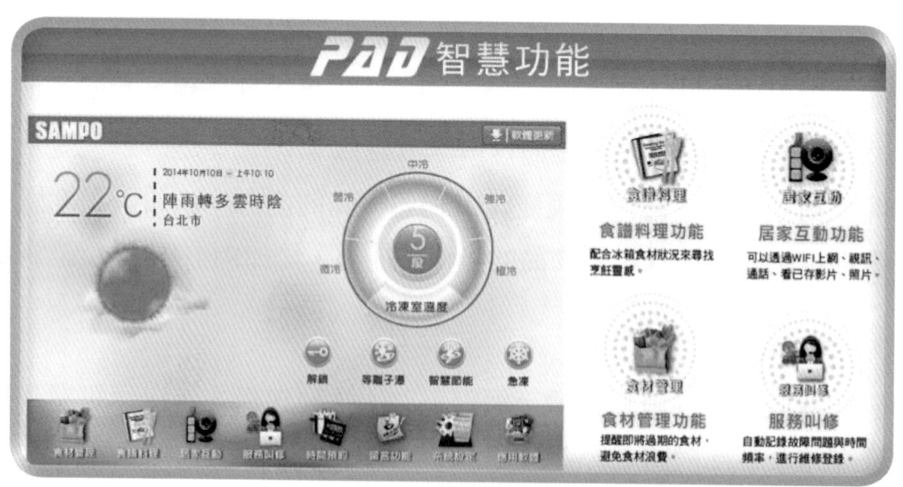

■ 圖6-17　SAMPO智慧冰箱

圖片來源：http://www.sampo.com.tw/pdetail.aspx?pd=348

2. 無人機（Uncrewed vehicle）：是一種無搭載人員的載具，通常使用遙控或自動駕駛來控制。而內建或外掛照相機、攝影機的飛行載具常被稱爲「空拍機」。無人機可用在空拍、勘察、救災、醫療、物流、建構巨型模型、噴灑農藥等。近期亞馬遜發表自行開發的送貨無人機，搭載感測與迴避技術，可以自動避開空中和地面的障礙物，能辨識目的地位置、尋找著陸的地點。這台無人機更利用即時同步定位與地圖構建技術，畫出無人機目前所在位置的地圖，來彌補GPS資訊不足時的情況。其最遠飛行距離約爲24公里，最高載重爲2.3公斤，約80%的包裹都介於此重量之內。

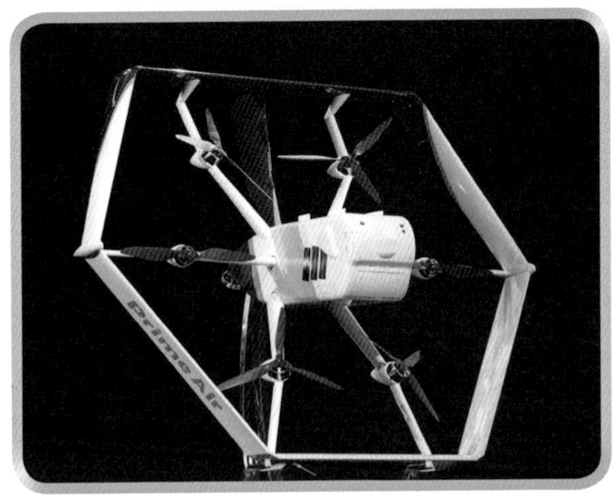

■ 圖6-18　電商亞馬遜（Amazon）展示自家開發的送貨無人機

圖片來源：https://www.bnext.com.tw/article/53543/amazon-shows-off-delivery-drone

個案討論

ATM提款機遭駭，被盜領千萬

2016年7月駭客從倫敦遠端遙控台北及台中兩地第一銀行的41台ATM，10多名車手兵分多路到達指定的提款機前，不需提款卡，沒輸入任何密碼，不用接觸ATM就能領錢，彷彿像電影情節般，ATM會源源不絕地吐鈔，直到無鈔為止，總共被盜領8,327萬7600元。

第一銀行指出，歹徒讓機台直接進行吐鈔，與系統、後端帳務、帳戶沒有連接，所以銀行在第一時間並沒有監控到ATM異常提領的行為。一開始，這批ATM的數位鑑識過程並不順利。經過進一步反組譯惡意程式樣本後，調查局資安鑑識團隊發現，主因就是這些惡意程式中，有一個批次檔，用來移除藏在ATM內部的所有惡意程式和相關檔案，做到來去不留痕跡（類似電影「不可能任務」中的傳遞訊息的機器被設定成自動銷毀），而調查局發現惡意程式的那一臺ATM，其實是因為自毀程式執行失效才留下犯案線索。

一銀ATM遭駭的主謀是東歐駭客犯罪集團Cobalt集團，專門攻擊金融機構為主，以NCR主機為鎖定目標進行攻擊，利用商業滲透測試軟體「Cobalt Strike」，刺探各國金融機關主機弱點，經客製化惡意程式後，受害國家逾40國，超過100家金融機構被駭，總計不法所得高達10億歐元，折合新台幣約360億元。

在一銀ATM盜領案中，發現其使用網路駭侵工具、吐鈔程式、滅證程式及連線中繼站IP等駭侵軌跡，都與Cobalt犯罪集團手法及特徵高度相符，透過合作管道與相關國際警察組織交換情資並通力合作，於2018年3月24日，終於在西班牙阿立坎特逮捕該案主嫌俄羅斯籍Denys，偵訊時，他坦承犯下一銀盜領案。

一銀ATM被駭案是我國首次被國際駭客盜領，由警方負責刑案，調查局負責資安鑑識調查。調查局發現一銀倫敦分行是駭客入侵的端點之一，找出了惡意程式，確認ATM遭駭，於是調查局轉而聚焦清查一銀內網的各種異常連線記錄，終於找到了在7月9日時，有大量來自海外一銀倫敦分行連線到臺灣ATM的記錄，發動大量連線的系統是倫敦分行的電話錄音伺服器，推斷一銀倫敦分行

就是造成此次駭客入侵的端點之一，駭客入侵伺服器做為跳板，再攻入臺灣總行的ATM。

■ ATM提款機

圖片來源：https://www.flickr.com/photos/76657755@N04/8125994718

問題討論

1. 一銀ATM盜領案，駭客是使用什麼手法企圖讓人無法追查？
2. 試述一銀ATM被入侵的過程。
3. ATM爲何會被有心人士挑選做爲入侵對象？

討論引導

ATM遭駭客攻擊的案例，往往是透過木馬程式入侵！一般是以兩種方式進行：第一種方式，駭客可能會入侵有ATM管理權限的人的帳號，植入木馬程式，但不會馬上觸發，會設定觸發條件，像是到提款機面前輸入當初設定好的密碼，或是透過網路遙控，一旦啓動之後，ATM就自動開始吐鈔。另一種方式，則是用惡意程式感染ATM的核心，將ATM變成側錄機器，記錄磁條和提款人在鍵盤上輸入的密碼，再製作偽卡去提領現金。

ATM使用微軟的嵌入式系統，屬於封閉網路。然而，由於ATM的運算能力不如一般電腦和筆電那麼好，廠商往往擔心相容性和效能的問題，所以更新頻率較不頻繁。一旦有心人士或內部員工疏失沒注意到木馬程式的話，就很可能會被入侵。另一項原因是犯罪集團意識到數位犯罪手法的風險更低，而且可以暗中移動。

資安專家表示，一銀的ATM網路和內部辦公網路，並沒有有效隔離，一銀對ATM上啓動哪些服務和作業系統日誌都沒有監控，這也會造成一銀爆發如此重大ATM盜領事件時，無法有任何事先預警機制。

自我評量

一、是非題

1. ( ) 凱爾．麥唐納（Kyle MacDonald），在他的部落格放了一張紅色迴紋針的相片，要和網友交換一個更大、更好的東西，最後換到一棟房子。
2. ( ) 企業部門所需的資訊系統開發、選購與導入等，皆是由資訊部門負責，與該部門人員無關，完全不用去關心與了解。
3. ( ) 波特的五力分析模型，常被用於競爭戰略，可以有效的分析企業的競爭環境。
4. ( ) 材料需求計劃（Material Requirement Planning, MRP）系統是一個企業管理平台，其利用資訊科技將企業內部，包括財務、會計、生產管理、銷售與配銷、人力資源等系統。
5. ( ) 長鞭效應（Bullwhip Effect），主要用來描述顧客需求，透過供應鏈成員的傳遞，其變異逐漸擴大的現象。
6. ( ) 露天拍賣網站是屬於企業對消費者模式B2C（Business to Consumer）。
7. ( ) 對稱式加密，意即透過金鑰將資訊進行加密，且解密時須使用同樣的金鑰、同樣的演算法進行解密。
8. ( ) 雲端運算（Cloud Computing），是一種以網際網路為基礎的運算方式，用户利用電腦等裝置，透過網際網路使用雲端所提供的服務。
9. ( ) 企業間網路，是指運用Internet技術，應用在公司與其供應商進行資訊的分享。
10. ( ) 平台即服務（Platform as a Service, PaaS），係指廠商提供硬體資源給客户使用，包括運算、儲存、網路、等資源。

二、選擇題

1. (　　) 企業為達特定的目的，所執行的一組相關活動，係指　(A)企業流程　(B)資訊系統　(C)資訊科技　(D)解決方案。
2. (　　) 下列那一種系統是屬於作業支援系統？　(A)管理資訊系統MIS　(B)高階主管資訊系統EIS　(C)交易處理系統TPS　(D)決策支援系統DSS。
3. (　　) 波特五力分析模型中的五力不包括下列何者？　(A)供應商的議價能力　(B)新進入者的議價能力　(C)替代品的威脅　(D)同業間的競爭程度。
4. (　　) 企業從生產製令完工入庫的管理過程，係指ERP中的哪一個模組功能？　(A)庫存管理　(B)配銷管理　(C)財務管理　(D)生產管理。
5. (　　) 長鞭效應發生的主要原因不包括下列何者？　(A)批次訂貨　(B)需求預測　(C)供過於求　(D)價格波動。
6. (　　) 中國鋼鐵公司，利用電子商務網站，進行產品銷售，是屬於　(A)B2C　(B)B2B　(C)C2B　(D)C2C。
7. (　　) 交易過程中，資訊的流動與交換是指那一種流程？　(A)物流　(B)金流　(C)資訊流　(D)商流。
8. (　　) 下列何者屬於社交工程攻擊？　(A)網路釣魚　(B)電腦病毒　(C)間諜軟體　(D)阻斷服務。
9. (　　) 利用光線在導線內之反射傳送訊息，可傳輸大量訊號，且訊號穩定可以傳送較長的距離，不易受到電磁波的干擾。上述係指下列何種網路？　(A)同軸纜線　(B)光纖　(C)電話線　(D)雙絞線。
10. (　　) 物聯網最上層架構為　(A)感知層　(B)網絡層　(C)應用層　(D)RFID層。

三、問答題

1. 何謂企業流程？企業流程和自動化有何關聯？
2. 何謂企業資源規劃ERP？
3. 試述電子商務客製化的意義。
4. 請說明勒索軟體。
5. 何謂物聯網？

07 策略管理

學習目標

本課程主要針對策略管理之基本概念與分析工具進行介紹，探討企業如何在外在環境與自身所擁有之資源特質下，面對競爭者的各種競爭行為，建立獨特的定位，並取得持續性的競爭優勢。

學習的目標將涵蓋以下幾個重點：

1. 策略管理的意義與重要性
2. 策略分析工具，包括：五力分析、PEST 分析、價值鏈分析、BCG 矩陣與 SWOT 分析
3. 不同層級的經營管理策略
4. 策略的選擇
5. 策略的規劃、執行與控制

引導案例

企業存活的利器—策略管理

根據經濟部中小企業處編印的「2021年中小企業白皮書」發佈資料顯示，由於COVID-19（嚴重特殊傳染性肺炎）的衝擊，2020年全球景氣走勢低迷，全球經濟成長率為-3.34%，為1960年代後最差表現；臺灣總體經濟則因防疫有成，以及臺商企業回臺投資加持，經濟成長率達到3.12%，表現優於預期。臺灣的產業結構以中小企業為主，2020年臺灣中小企業家數為156萬5,637家，占全體企業98.93%，較2019年增加0.15%；中小企業就業人數達931萬1千人，占全國就業人數80.94%，較2016年增加1.07%，兩者皆創下近年來最高紀錄。但其中值得注意的一項資訊是：中小企業銷售額比重前六大行業為「批發及零售業」、「製造業」、「營建工程業」、「金融及保險業」、「不動產業」及「運輸及倉儲業」。－2020年新設（成立未滿1年）之中小企業有10萬8,301家，以服務業為主，比重約85.10%；工業比重約14.23%。新設中小企業之銷售額以內銷市場為主，內銷占總銷售額之比重達90.78%。在2020年經營未滿10年之中小企業約占48.32%。其中，經營年數未滿1年者占6.99%；經營年數5年以內者占29.35%。然而2020年女性中小企業主有56萬5,876家，占中小企業總計家數比率為36.96%；女性中小企業主，有近5成（48.66%）為經營「批發及零售業」，有59.23%為獨資經營；其內銷比率達91.27%，略高於男性中小企業主。在臺灣有一半的中小企業平均存活的壽命僅有10年左右。那麼是什麼原因造就一個企業成功存活，又是什麼原因會讓一個企業退出市場呢？

當我們要探討一家企業的經營是否成功、能否永續時，馬上就會發現其中的複雜性與困難度。因為不論企業的型態或規模大小，都有其內部資源的限制（例如：勞力、土地、資本等），也都須面臨外部環境的改變（例如產業發展、經濟成長、社會文化科技變遷等），以及這些內外因素間的交互影響。由於上述不確定的變數，因而需要一套完整的管理方法。從規劃可長可久的企業目標開始，到有效的發展，並執行計劃以達成目標，這就是策略管理。其為企業在競爭的環境中，考量本身的優劣與環境的機會，據以形成優勢，並創造生存與發展空間所採取的反應。它能夠對企業競爭優勢的建立，和永續經營的發展，提供清楚的引導方向。

策略管理的應用，可以透過許多分析工具來完成。其中最常使用的是SWOT分析。例如：上述「2018中小企業白皮書」也提到，由於近年來，網際網絡的發達讓生產地點不再受到侷限，企業只要藉由外部組織整合，形成新需求鏈，就能推出自有產品與服務，因而產生了微型企業發展之機會（O）；其優勢（S）有：創業風險與失敗成本低、補足所需技術、創業資本門檻降低、經營彈性高、可迅速啓動另一專案。但劣勢（W）是不易掌握關鍵技術，且若外包過程複雜反會降低效率；其威脅（T）則是：傳統製造業具規模經濟效益。

商場如戰場，策略錯誤可以使曾經是經營逾百年，世界排名百大的公司，也會面臨破產的困境。美國的柯達公司（Kodak）創立於1880年，在1976年其佔有全美國90%的照相底片與85%的相機市場。柯達在1990也被列為世界前五名最有價值的品牌。因為策略錯誤，忽略了核心能力的提升與新市場的開發與創新，無法面對數位科技的進步，數位攝影取代了底片，智慧相機取代了照相機的挑戰，柯達公司現在面臨破產的困境。反之，面臨同樣的危機，其競爭對手富士公司（Fujifilm）卻能持續獲利成長。富士的三箭策略使其轉型成功，盡力壓擠其底片市場的利潤，成功地由類比轉換到數位照相技術，進行多角經營並開發新的技術與市場。

策略管理雖是個好用的分析程序，但在競爭的激烈市場上，企業不同的運用方式，將影響最後優勝劣敗的結果。而且，不同的企業即使運用相同的策略管理，其結果往往也不盡相同。以美國的兩大零售業鉅子Kmart超市與Wal-Mart百貨為例，他們以不同的策略來搶攻同一個零售市場。Kmart超市認為提升商品品質和商店氣氛，市場佔有率就會增加；Wal-Mart百貨則認為全面調降商品價格，市場佔有率就會增加。這兩種假設都有道理，但都會成功嗎？不幸的是，往後十年呈現的卻是Wal-Mart百貨不斷從Kmart超市手中搶走顧客。

策略管理是企業針對組織使命、願景，以及策略行動相關的所有資源和活動，加以協調、整合和維繫，其重要性在於能夠協助組織進行未來規劃與導向的功能，促使組織成員作出前瞻性的思考與能力的開發，無論在組織未來的成長或競爭力的培養上均具關鍵性的地位。

引言

策略管理為公司高層管理人員在組織競爭下，評估資源評估內外環境後，代表業主所採取的主要目標，以及倡議之制定和實施。它提供組織的目標、發展政策、和設計完成這些目標的計畫，以及執行這些計畫的資源配置等全方位思考，值得管理者用心學習。

參考資料：

1. 2018中小企業白皮書，經濟部中小企業處編印，2018。
2. 2021中小企業白皮書，經濟部中小企業處編印，2021。

7-1 策略管理的意義與重要性

企業經營的目的就是爲了生存，生存的要件是必須獲利（Profit），獲利的基礎在於優勢（Advantage），而優勢來自於差異化（Differentiation），以便於在市場上與其他企業競爭（Competitiveness）。擁有競爭優勢的企業才能保有長久經營與永續發展（Sustainable Development）（吳尚儒，2012）。

爲了產生或保有競爭優勢，企業必須產生獨特與難以被取代的價值。爲此，因此企業必須能在競爭中，學習與培養出策略管理思想，據以發揮成效，方能取得與競爭者之間足夠的優勢落差，進而確保企業永續經營的價值。策略管理的重要性在於能協助組織對未來進行規劃與導向的功能，促使組織成員作出前瞻性的思考與能力的開發，因此在組織未來的成長與競爭力的培養上均具關鍵性的地位（林憲政、黃宗賢、洪三和，2009）。

策略管理包括策略規劃和思維的相關概念。策略規劃是分析性的，指的是以數據和分析作爲策略思想的建立過程。策略一旦確定，策略規劃也可以是實施該策略的控制機制。換句話說，策略規劃是圍繞著策略思維和策略制定的活動而產生。

一般提到「策略」這兩個字，都認爲它是從軍事用語「戰略」一詞而來。指稱一個將帥如何廟算，制定戰爭方略，營造有利局勢，以此作爲攻守依據，因而獲得最後勝利。相較於「戰略」鮮明的軍事用途，策略則適用於各個領域，可說是把「戰略」的概念，引用到各行各業上。有關策略的相關概念，進一步說明如下。

7-1-1 策略（Strategy）

策略這個字依商業字典（Business Dictionary）的定義是：

1. 爲了滿足未來目標的達成或問題的解決所做的一系列方法或計劃的選擇。
2. 利用規劃和整頓讓資源的使用更有效率與效益的藝術和科學。

一、策略的意義

國內學者吳思華（2000）在其著作《策略九說》中則談到策略的意義主要有以下四個方面：

(一) 評估並界定企業的生存利基。

(二) 建立並維持企業不敗的競爭優勢。

(三) 達成企業目標的系列重大活動。

(四) 形成內部資源分配過程的指導原則。

二、策略思維（Strategic Thinking）

策略思維被定義爲一個個體爲了獲得競賽的成功，在各種情況下所施加的精神或思維的過程。策略思維包括爲一個組織尋找和開發策略遠見的能力，通過探索組織所有可能的未來，以及挑戰傳統思維，最後作出決策。

1998年，學者Liedtka提出了策略思維的五個元素，可更清楚地說明策略思維的內涵：

(一) 系統化的透視（Systems Perspective）

意指能夠理解策略行動的影響。

(二) 意向要集中（Intent Focused）

就是要比市場上的競爭對手更加堅決，並減少分心。

(三) 以時間思考（Thinking in Time）

意味著能夠同時保持心存過去、現在和未來，以便創造更好的決策及執行的速度。

(四) 以假設驅動（Hypothesis Driven）

確保創造性和批判性思維同時納入策略之制定。

(五) 智慧機會主義（Intelligent Opportunism）

意味著能響應良好的機遇。

三、策略規劃（Strategic Planning）

策略規劃是一項組織管理活動，用來設定優先等級、聚焦精力和資源、強化操作、協議預期結果的建立、確保員工和其他利益相關者都朝著共同的目標努力等，並能在不斷變化的環境下，評估和調整企業組織的發展方向。

策略規劃係設想一個未來的願景，並把這一願景變成可清楚定義的目標、方案和序列步驟，接著實現這些願景的系統過程。長期規劃的每一個階段都是在解決現在要做什麼，才會到達下一階段或更高階段，而策略規劃在於解決前一階段要做什麼，才會到達現在的一階段。

四、策略管理（Strategic Management）

策略管理則是爲了提供最佳管理實務的基礎，針對客戶和競爭對手（外部環境）以及組織本身（內部環境）等因素所進行的系統化分析。策略管理的目標是要做到企業的政策和策略之優先順序協調一致。策略管理的行動，在於轉換策略規劃所產生的靜態計畫，以供決策制定和策略績效，成爲可以因應環境變化和組織發展需求的回饋系統。

企業要如何在產業中持續保有競爭力呢？一個管理者是要不斷地尋找新的機會？還是僅僅聚焦在相同的市場中改善效率？又或者該靜下來思索要如何對市場的變化做出因應？

企業在產業中的操作和競爭方式可說五花八門。它可以選擇每季推出一個新產品，也可以把所有的能量專注於一個「明星」產品。上述兩種方法未必有一定的正確或錯誤性。因爲最重要的是，一個組織管理者所選擇的競爭策略類型，能否與建構出的組織保持一致。

(一) 結構與策略

1978年，Miles與Snow研究結構與策略之間的關係，並發表了《組織策略，結構和程序（Organizational Strategy, Structure, and Process）》一書，歸結了涵蓋四項企業經營策略的類型，展示企業如何進行競爭。這裡參考林憲政、黃宗賢、洪三和（2009）三位學者對這四項策略類型（參考圖7-1）的整理說明如下：

1. **前瞻型策略（Prospector Strategy）**：產品較同業多，並經常推陳出新，通常會較先開發新產品或進入新市場，但利潤並不一定是最高，對環境較敏感且反應迅速，經營重心在開發新產品及進入新的市場。
2. **防禦型策略（Defender Strategy）**：產品數目較少，變動較小，經由高品質低價位的服務及產品鞏固現有市場，通常不會先開發新產品，只想在目前的領域追求更好的績效，追求工作績效爲其經營重心。
3. **分析型策略（Analysis Strategy）**：企業擁有固定的產品，同時也會謹慎的進入新的領域，但通常不是第一個進入者，會以較低成本及較好的服務來吸引顧客，經營重心在追隨領導者進入具有潛力的新市場。
4. **反應型策略（Reactor Strategy）**：此類型企業沒有固定產品或市場，既不維持其市場地位亦不想承擔高風險，經營重心通常是因爲環境的壓力才作因應行動。

■ 圖7-1　企業經營策略類型

(二) 改善產業地位的三個條件

管理者一旦瞭解哪些類型較爲適合該企業組織，接下來就是要知道如何改善企業在產業中的地位。關於這一點，Miles與Snow也提供了下列三個典型的關鍵問題，讓管理者藉由回答而深入瞭解與進行：

1. 你應該追求什麼樣的功能策略（Functional Strategies）？
2. 你應該採取什麼樣的結構（Structure）類型？
3. 你應該如何做出策略決策（Strategic Decisions）？

(三) 策略管理的工作

策略管理爲公司高層管理人員在組織競爭下，評估資源與內外環境後，代表業主所採取的主要目標，以及倡議之制定和實施。它提供了包括組織的目標、發展政策、和設計來完成這些目標的計畫，以及執行這些計畫的資源配置等企業的全方位思考。綜合以上，策略管理的工作可彙整如下：

1. 定義企業和陳述使命。
2. 設置可衡量的目標。
3. 制定實現目標的策略。
4. 實施策略。
5. 評定策略的表現，審查新的發展，並採取糾正措施。

企業的使命反映了組織管理層「想做」以及「想成爲」的願景，提供組織爲客戶而努力實現的一個明確主張，也表示出企業期望的經營藍圖。企業的使命會被轉換成許多績效目標，這些績效目標必須可隨時追蹤，並且達成。一般可分爲「改善財務金融績效結果」、「提升競爭力和強化長期市場地位結果」這兩種類型。策略計劃則描繪出「組織的發展方向（使命說明）」、「短期和長期績效指標（策略和財務績效目標）」以及「管理層所欲達到預期結果的行動（實現目標的全面策略）」。

(四) 實施策略

實施策略包括：

1. 創建完成工作的執行策略。
2. 有效率（Efficiently）與有效益地（Effectively）執行策略。
3. 準時達成需要的結果。
4. 策略與組織能力。
5. 獎勵結構。
6. 內部支援系統。
7. 組織文化。

由於策略管理的工作和對象會隨時間和條件而改變，策略的實施也會有新的想法或做法，對於策略表現的評定也要與時俱進才行。因此，管理者必須不斷評估績效，監控情況和決定工作如何進行，以及做出必要的調整，包括改變企業的長期發展方向、提高或降低績效目標，和進行策略修改等。

(五)「全面」與「長期」的特性

國內知名學者司徒達賢教授曾指出：「策略管理是企業管理各個領域中，最核心的一門學科。」他認爲策略管理具有「全面」與「長期」的特性，「全面」是指所有企業功能領域（生產、行銷、人資、研發、財務、資訊等）在構思與企畫上，都必須考量或歸結於策略的層次上；「長期」則是指策略決策會分段指導組織裡各功能領域，最終影響組織長期的經營績效與成敗，由此便可看出策略管理的重要性與核心地位。

許多學者或管理者都開發過策略模型和架構，其可用於協助企業，在複雜與動態的競爭環境下，進行策略決策。策略管理在本質上並非靜態，這些模型通常會包含一個迴路來監視執行，以做爲下一輪規劃之參考。

一般的策略管理程序架構如圖7-2所示，本章將依序說明其中與策略管理緊密相關的諸多議題，包括外部環境分析、內部資源分析、企業的層級策略、策略分析工具、策略的執行與控制，以及策略創新等。

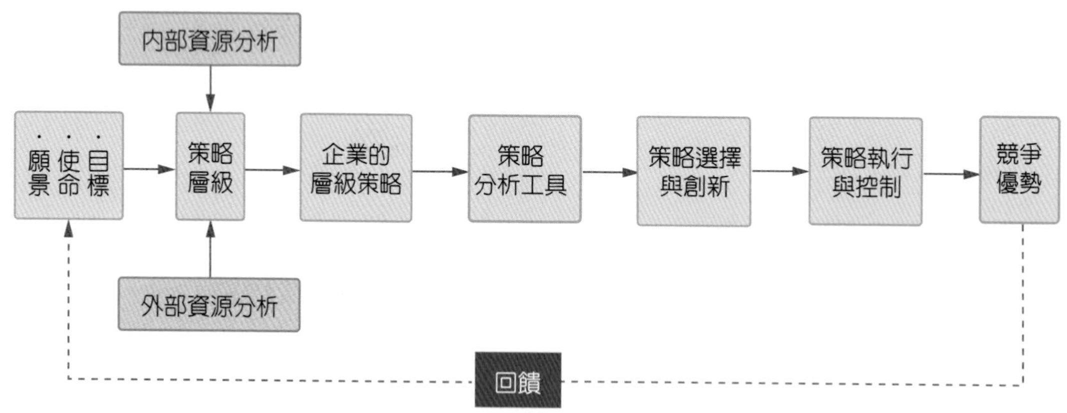

■ 圖7-2　策略管理程序架構

7-2 策略分析工具

策略管理的過程一直都是複雜和難以應付的。因此，許多爲了幫助策略管理者之工具和技術都已被開發出來。本節將介紹應用在企業策略分析上，最基本且被廣泛使用的工具，以供學習和應用。希望在組織策略制定或規劃上，可以透過分析技術的幫助，以較爲迅速及系統的理出頭緒，規畫出較佳的策略計劃。

爲能瞭解競爭優勢的所在，企業的領導者常使用多種工具來分析其外部局勢（例如：波特的五力分析、PEST分析）和內部狀態環境（例如：價值鏈分析、BCG矩陣），藉以找出致勝的方向和有利的要素，再以「SWOT分析」進行整合性的策略規劃，最後訂出正確的策略。其概念如圖7-3所示。

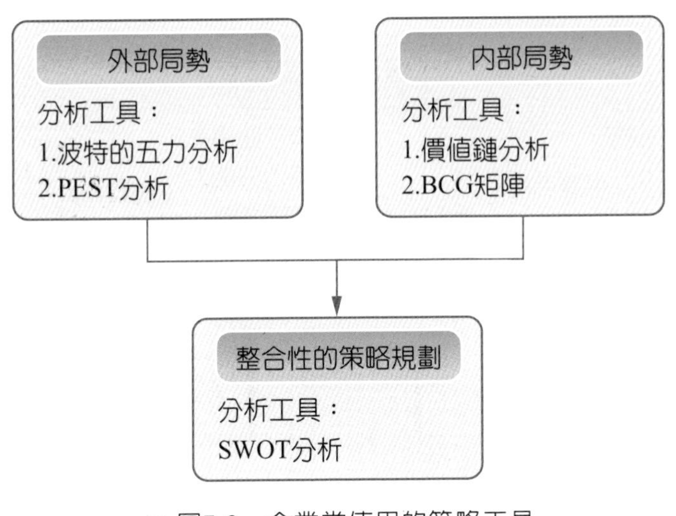

■ 圖7-3 企業常使用的策略工具

7-2-1 六力分析模型

美國學者麥可．波特（Michael E. Porter）於1980年提出五力分析模型（Michael Porter's Five Forces Model），後來學者又提出另外一個影響力，故名之爲六力分析。它是用於企業在產業結構中，與對手進行競爭的一種有效策略分析工具，甚至可以僅對一個企業進行策略制定，卻產生全球性的廣泛影響。

六力分析模型主要是確定與一個企業競爭的六種主要來源，他們分別是：

1. 供應商的議價能力。
2. 購買者的議價能力。
3. 潛在競爭者進入的能力。
4. 產品或服務的替代能力。
5. 市場內同業競爭者現有的競爭能力。
6. 互補品提供者的力量。

六力分析（圖7-4所示）的精神在於認爲一種可行策略的提出，至少應確認並評價這六種力量，而這六種力量的不同組合變化，最終也會影響一個企業在產業中的競爭力和獲利能力。

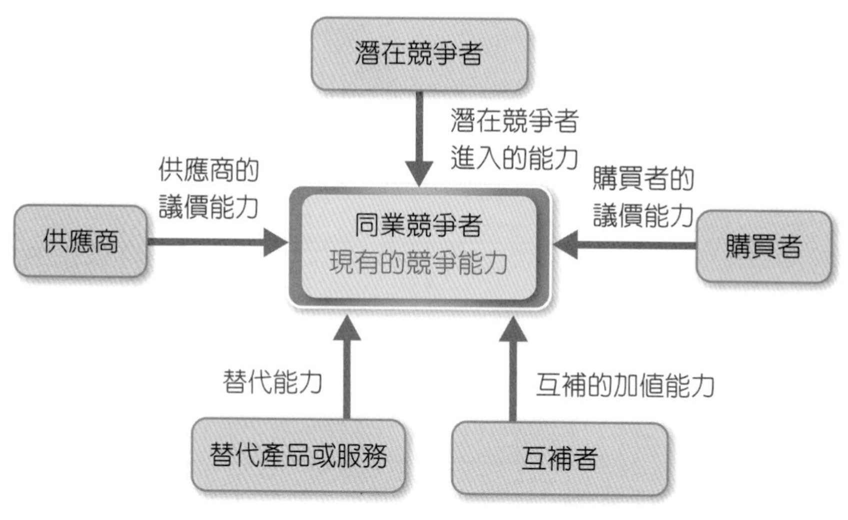

■ 圖7-4　六力分析

波特利用產業內外的這六種競爭力，來描述與發掘個別企業的強弱點，如此可讓企業在產業中有清楚的定位，並能察覺產業內外的各項變動趨勢，以及可能帶來的機會與威脅，而能及早因應，以保持競爭力與永續經營的契機。以下分述這六項競爭力：

一、潛在競爭者的進入能力

一個有利可圖的市場，就有機會吸引新的競爭者進入。新的競爭者可能是產品擴張者或市場擴張者，也可能是擁有特殊能力或資產者。這些新進者輕則一起瓜分市場、稀釋盈利，重則可能將原來的企業取而代之。

故因減緩或排除新進入者的威脅，製造新進者進入市場的高門檻（或退出市場的低門檻），如下列因素：

1. 專利。
2. 權利。
3. 資金需求。
4. 規模經濟。
5. 產品差異化。
6. 品牌資產。
7. 客戶忠誠度。
8. 法規限制或政府管制。
9. 絕對成本優勢。

二、替代性產品或服務的威脅

一種產品或服務若存在替代品，顧客便有機會捨棄原來的產品或服務而改用替代品。例如：飲料中的水、茶、咖啡、汽水、甚至是酒，他們之間都可互相視爲替代品，也就成了相互存在的競爭者威脅。替代性產品某種程度會決定企業本身產品或服務的訂價上限，同時也會限制企業可能獲得的投資報酬率。當替代品的價格越低、品質越好、產品差異化越小、或買家轉換成本越低時，其所能產生的競爭壓力就越強。故現有企業就必須採行各種防範的競爭策略，以維持企業產品或服務的市占率及存在壽命。替代性產品或服務的威脅力量很可觀，例如，CD問世後黑膠唱片一年 就消失匿蹤，數位相機已經取代了膠片相機，未來LED燈是否會取代日光燈？

三、購買者的議價能力

當企業面對議價能力較強的購買者時，可能會受其左右而壓低售價、減少利潤。這種情況較可能發生的原因有下列三種：

1. 購買者爲大客戶，購買量占了賣方銷售量很高的比例。
2. 賣方規模相對較小，依存性較高。
3. 賣方被取代性高，購買者有許多賣方可以選擇，因而怕失去交易的機會。

四、供應商的議價能力

當企業生產的產品、服務（如專業知識的擁有）所需之原物料、零配件、勞動力，須受到供應商強力的主導和限有的供應，亦或是產品及服務的數量和品質受制於供應商時，供應商對於買主的潛在議價能力就大大的增強。

五、現有廠商的競爭強度

對於大多數的企業而言，其競爭的對象和競爭力的好壞，主要是來自產業中現有廠商之競爭力。且產業中廠商家數的多寡以及競爭者的同質性，都會是影響競爭強度的主要因素。這種競爭往往導致企業需要在行銷、研究、開發或降價等方面做更多的努力，進而影響到獲利能力。因此，企業必須透過創新提高競爭優勢，並隨時與在線或離線公司保持優勢距離，包括廣告花費、價格、售後服務、集中化與差異化等策略的應用。

一般來說，出現下述情況將意味著市場中現有企業之間的競爭加劇：

1. 行業進入障礙較低，勢均力敵競爭對手較多，競爭參與者範圍廣泛。
2. 市場趨於成熟，產品需求增長緩慢。
3. 競爭者企圖採用降價等手段促銷。
4. 競爭者提供幾乎相同的產品或服務，用戶轉換成本很低。
5. 退出競爭要比繼續參與競爭的代價更高。

六、互補者的加值能力

英特爾的前執行長安迪・葛洛夫認爲，波特的五力分析模式忽略了第六種作用力：互補者。互補者（Complementors）是指銷售可以使產品增加價值

（互補）的產品的公司，因為當兩種產品一起使用時，更能滿足顧客的需求。尤其是高科技產業，產品的生命周期越來越縮短，顧客對於產品整合性的服務要求也越來越高，策略聯盟產業互補更能提升競爭力。例如：個人電腦產業的互補者，就是製造應用軟體來執行這些機器的公司。執行個人電腦的高品質應用軟體愈多，個人電腦對顧客的價值就愈大，對個人電腦的需求也就愈高，則個人電腦產業的獲利能力就愈強。

透過六力分析可以瞭解目前產業結構，也可確認企業本身在產業的優劣勢，幫助企業訂定適合的競爭策略。

7-2-2 PEST或PESTEL分析模型

PEST分析（PEST Analysis）是企業對影響其活動和績效的外部環境因素進行分析，包含政治（Political）、經濟（Economic）、社會（Social）和技術（Technological）等四個面向。

PESTEL分析（PESTEL Analysis）模型則是在這四項外部環境因素之外，另加上環境（Environmental）與法律（Legal）兩個因素。前者可視為簡化版，後者則為完整版。一般用在分析一個企業所處背景的時候，通常是通過這六個因素來分析企業所面臨的外部環境狀況。PESTEL分析模型（如圖7-5所示）是用於識別一個企業主要外部（宏觀環境）影響力量（即機遇或威脅）的工具，簡單而有效。企業可藉此把握機會及抵禦威脅，並提出優於競爭對手的經營策略。

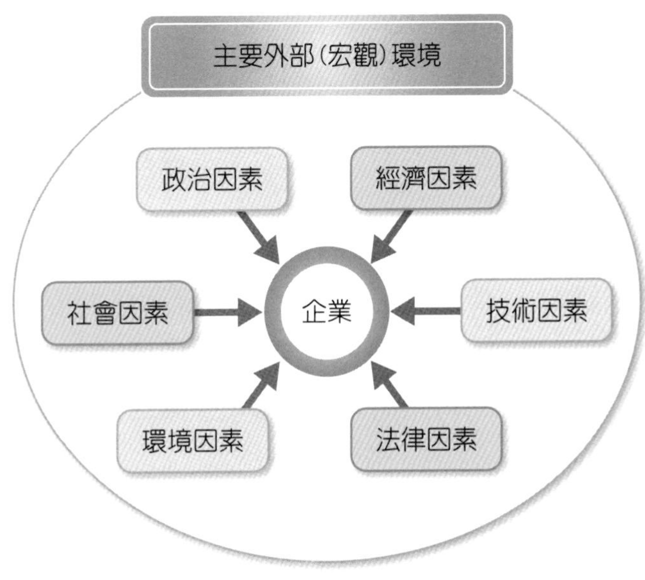

■ 圖7-5 PESTEL分析模型

這六大因素可以進一部描述如下：

一、政治因素（P）

是指對企業經營活動具有實際或潛在影響的政治力量，或相關的政策、政局及法令等因素，例如：政治體制與政局穩定狀況、執政黨黨性、產業政策、貿易限制、租稅政策與關稅等。

二、經濟因素（E）

是指企業外部的經濟結構、產業佈局、資源狀況、國民所得、利率、匯率、經濟成長率、通貨膨脹率、失業率、貨幣政策、財政政策等。

三、社會因素（S）

是指企業所在之社會中，其成員的歷史發展、文化傳統、風俗習慣、健康意識、教育程度、宗教信仰、人口成長率、年齡結構、工作態度、價值觀念、年齡分佈和壽命、家庭結構，以及對儲蓄和投資的態度等因素。

四、技術因素（T）

1. 國家對科技開發的支持重點。
2. 對專利的重視及其保護情況。
3. 一般科技之基礎設施水準。
4. 資訊科技基礎設施。
5. 企業對研發投資的意願與進展。

其中，技術要素不僅包括那些引起革命性變化的發明，還包括與企業生產有關的新技術、新工藝、新材料的出現，以及發展趨勢與應用前景。

五、環境因素（E）

指一個企業的活動、產品或服務中，與環境發生相互作用的要素。例如：氣候變遷、環境污染的法律規範、空氣和水的污染問題、廢物的減量、回收、再利用議題、綠色環保、再生能源，與環境保護之相關法令規章等。

六、法律因素（L）

企業外部的法律、法規、司法狀況和公民法律意識所組成的綜合系統。例如：公平交易法、消費者保護法、食品安全法、勞工法、數據保護，與版權／專利／知識產權法等。

7-2-3 價值鏈分析

在第一章中，我們曾定義企業是一個提供商品或服務來賺取利潤的組織。它除了能夠爲員工提供就業的機會與爲雇主獲取利潤之外，也能將各種不同的資源加以組合，創造出更具價值的商品與服務，提供消費者生活所需。而這種在一個公司內部，將一系列輸入轉化爲輸出的序列活動就是價值鏈（Value Chain）的代表。

價值是買方願意爲企業提供的產品或服務所支付的價格，也是代表著顧客需求滿足的實現。理論上，每個活動相較於最終的產品，都會產生增值行爲（因爲一個無法增值的活動，企業是不會允許其存在的）。而價值鏈分析（Value Chain Analysis, VCA）是企業用來辨認組織擁有哪些生產或服務活動，分析如何在這些活動上增加價值到最終的產品上，以及如何降低成本或增加差異化的過程。

價值鏈分析方法的目的，乃是分析如何增強企業的競爭地位。然而，要如何才能使得企業的最後產出價值，大於原始的投入成本呢？

價值鏈分析是1985年，麥可・波特（Michael Porter）在其《競爭優勢》一書中提出的企業策略方法。其目標是要分析與確認，企業內部有哪些活動是成本和差異化優勢的來源？哪些可以改進以提供競爭優勢？確認後，企業就能想辦法以比競爭對手更低的成本進行內部活動。當一個企業能夠通過競爭成本優勢來生產卓越的商品服務時，它就有能力賺取利潤。而這種競爭成本優勢是從解構一個企業的經營模式或流程開始，然後在每一個環節思索創造更高的附加價值，因而形成一連串的增值鏈。

波特提出可以用價值鏈分析來檢查所有企業的活動，觀察整個系統是如何連接的，又是如何從輸入變成消費者購買的產出。運用這種觀點，波特描述出一般企業適用的企業活動鏈，並把他們分成主要活動（Primary Activities）與支持活動（Support Activities）兩類，如圖7-6所示，其中增額是指價值的創造和獲取超過創建成本的部分。

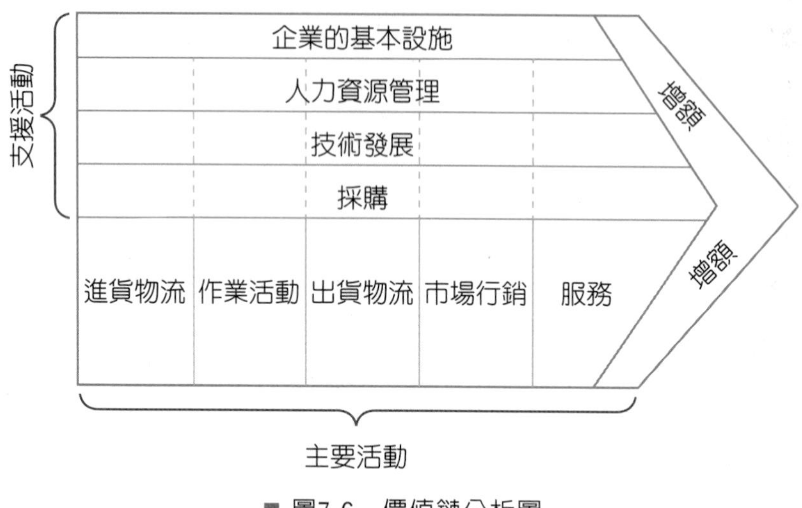

■ 圖7-6　價值鏈分析圖

一、主要活動（Primary Activities）

是企業產生價值的主要環節，它直接關係到產品或服務的實體塑造、銷售、維護和支持，包括以下內容：

(一) 進貨物流（Inbound Logistics）

例如：從廠商獲取的燃料、能源、原物料、零配件、商品和耗材，或從供應商接收、存儲和傳送的輸入，還有檢查和庫存管理之成本、資產和相關活動。上述皆爲涉及接收、存儲和分發的內部投入過程。企業與供應商的關係，是創造這個階段價值的關鍵因素。

(二) 作業活動（Operations）

例如：生產、裝配、包裝、設備維修、設施、營運、品質保證、節能環保等，這些轉換投入最終產品，並輸出、銷售給客戶之成本、資產和相關活動。企業的營運系統是創造這個階段價值的主因。

(三) 出貨物流（Outbound Logistics）

例如：成品的倉儲、訂單處理、訂單揀貨、包裝、發貨，和送貨載具操作、配銷處理產品到買家之成本、資產和相關活動。上述皆爲涉及收集、儲存、分發和運送產品，或服務客戶的系統，其可能存在於企業的內部或外部。

(四) 市場行銷（Marketing and Sales）

例如：銷售人員的努力、廣告、促銷、市場調查與規劃，以及經銷商 / 分銷商的支持等，其成本、資產和相關活動。這是用來說服客戶從你的企業，而不是競爭對手之購買過程。企業提供何種優惠和如何與顧客溝通，是這個階段的資源價值重點。

(五) 服務（Service）

例如：安裝、零配件交付、維護和維修、技術援助、客戶諮詢和客訴處理等，對買家提供援助之成本、資產和相關活動。在企業的產品或服務被客戶購買後，就須靠這些活動來保持售出產品或服務的價值。

二、支援活動（Support Activities）

屬於輔助性的增值環節，這些活動主要是用於支持上述的主要功能。在圖 7-6，虛線代表何種支持活動可以在哪個主要活動中發揮作用。例如，採購支持市場行銷與其他的活動，但它也支持市場行銷與其它的活動。支援活動包括的內容有：

(一) 企業的基本設施（Film Infrastructure）

例如：會計、財務、法律、安全、保險、管理資訊系統、一般行政和管理等，其成本、資產和相關活動。這些都是企業的支持系統，可用來維持日常營運的需要，也可以用來建立自己優勢的所在。

(二) 人力資源管理（Human Resources Management）

例如：一個企業要如何招聘、僱用、培訓發展、激勵、獎勵與留用人才、勞工關係活動和知識技能發展等，其成本、資產和相關活動。企業可以用良好的人力資源實務來建立顯著的競爭優勢。

(三) 技術發展（Technology Development）

例如：產品研發、製程研發、製程設計改善、設備設計、計算機軟件開發、電信系統、計算機輔助設計與工程、新的資料庫功能，以及發展計算機支援系統等，其成本、資產和相關活動。這些活動涉及到資訊的管理和處置，以及企業知識基礎的保護。資訊技術成本的最小化、維持技術領先，並保持卓越的技術優勢，是企業創造價值的源泉。

(四) 採購（Procurement）

例如：支援公司及其生產活動所需的原料、物資、服務和外包等，其成本、資產和相關活動。這是企業確切得到它需要操作資源的環節，包括尋找供應商，以及協調到最好的價格。

企業內部某一個活動是否創造價值，端看它是否提供了後續活動所需要的東西、是否降低了後續活動的成本、是否改善了後續活動的品質。而價值鏈是企業從原材料投入資產開始，通過不同的過程，直至成爲產品或服務售給顧客爲止，其中做出的所有價值增值活動，都可作爲價值鏈的組成部分。

7-2-4 BCG矩陣

BCG是波士頓顧問集團（Boston Consulting Group）的英文縮寫，BCG矩陣則是指1968年由這個集團所創造出的一個簡單分析圖表－「成長－佔有率矩陣」（Growth-share Matrix）。這個圖表的分析概念認爲企業要成長，必須先知道自己能提供的產品或服務之市場屬性；若要清楚如何建構具有市場競爭力的產品組合、確立企業的發展方向，以及將資源運用在最佳的研發、生產與行銷上，產生最大利潤，就必須藉由檢視企業內部的各項產品之市場成長率，與每項產品於產業中的對應產品之市場佔有率，分析這些產品投入與產生的現金流量關係，評估企業的產品組合優劣。因此，成長佔有率矩陣也可說是投資組合規劃的前導作爲。其後，這個圖表分析法即以「BCG矩陣」爲名而廣受應用，主要在幫助企業決定評估，以及分析其現有產品線，並利用現有資金的分配與運用，進行產品的有效配置與開發。

BCG矩陣的橫軸爲企業在競爭的產業市場中，相對於主要對手之市場佔有率（Relative Market Share），代表的即是企業面臨的市場現況與企業間的競爭分析。一般而言，產品的市場佔有率是影響企業現金流量（獲利能力）的主要因素，高市場佔有率也意味著高現金回報。這是因爲當產量大時，從經濟規模和經驗曲線獲得的好處，將有機會讓企業獲得較高的利潤和經濟收益。由上可知，市場佔有率與獲利能力呈現正向關係，而提升產品的市場佔有率，就需要企業持續投入資源（如現金流出）。

BCG矩陣的縱軸則是企業的市場成長率，高市場增長速度也意味著高收入和利潤，但同時也會因爲透過投資以驅動企業的進一步成長，而消耗大量資金。一般的情況是，隨著產品生命週期（Product Life Cycle）的演進，產業會先由低成長逐步進入高成長階段，最終再由高成長步入低成長階段。因此，要如何決定企業各階段的資源配置（用資源取得市場佔有率）更顯重要。BCG矩陣是將橫軸的市場佔有率（或市場現況）及縱軸的市場成長率（或市場未來潛力）這兩個因素再各分高低，透過企業的現況探討與是否具有未來性，將產品或服務分爲老狗（Dog）、金牛（Cash Cows）、明星（Star）、問號（Question Mark）四大類（如圖7-7所示），進而成爲企業在投資策略與資源分配上的指引和判斷依據。

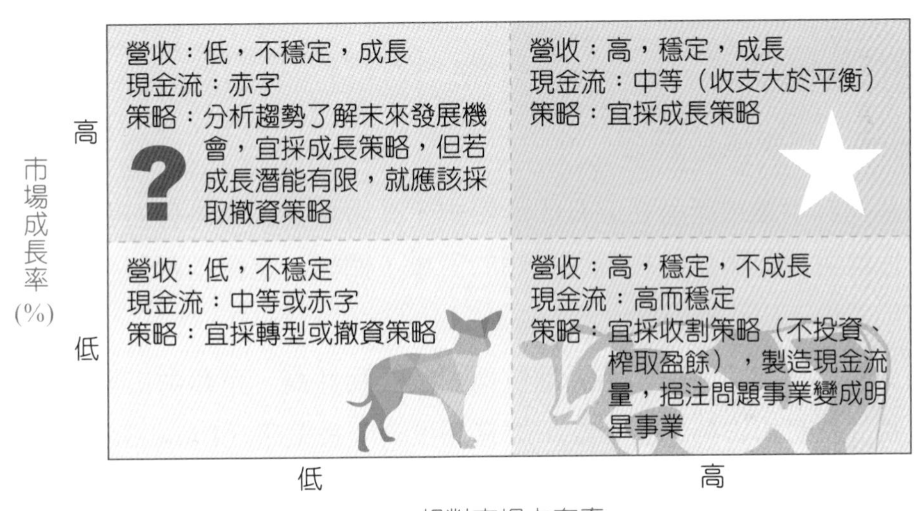

■ 圖7-7　BCG市場佔有率與成長趨勢矩陣圖

任何一個企業的營運管理策略，都可以透過BCG矩陣來決定。經由BCG分析結果，經理人可以決定最適當的產品或事業組合，及其資源的配置。四種分類的事業、產品特質與對應策略說明如下：

一、老狗類的事業或產品

當企業的事業或產品已經過了市場的成熟期，意即市場不再成長且市佔率低，通常這時的資金需求不大，但相對獲利也低，此時企業處於一個劣勢的地位。從企業的會計角度來看，這樣的事業或產品是沒有價值的，他們壓低企業的盈利和收益率，因此將不再是公司重要的投資策略對象，將會因被取代而消失。也因爲市場已經達到飽和，或這一類產品已無法引（多少）興趣，故宜採對策是撤資策略（Divest Strategy）。

二、問號類的事業或產品

問號類的事業或產品是大多數企業在開始時都會面臨的狀況，指的是有前景（成長率高）但未知數很高（市佔率仍低）的事業或產品，意即仍然不確定該事業之未來走向爲明星（有潛力贏得市場占有率）或老狗（市場的成長率下降）。若有意提高其市場佔有率及競爭地位，則須投入鉅額資金，因此賭注較高，需有進一步的探究與付出。一般對問號類的事業或產品可以創建一個新的品牌或新的目標客群（Target Audience）。這也是一種積極獲取市場占有率的成長策略（Build Strategy）。但若判定成長潛能有限，就應該採取撤資策略（Divest Strategy）。

三、明星類的事業或產品

明星類的事業或產品在成長的市場中，其市場佔有率將有如明日之星般的增長。因此可以針對性的投資明星類的對象，例如：進行創新和調整活動，以維持市場領先、提高成熟度。

明星類的事業或產品因市場地位穩固及獲利性高，可藉由市場的成長來維持其成功（現有市占率）與利益，故宜採投資成長策略（Build Strategy）。然而，明星類的事業或產品需要高額資金的不斷投注，以保持其領先地位，當市場成長放緩，如果市場佔有率仍高，會轉爲金牛類持續獲取利益；若市場佔有率降低，將變成老狗類，最後被撤資或拋售。

四、金牛類的事業或產品

金牛類的事業或產品雖然市場成長率低，但市佔率仍高，通常是企業運用資金的來源，故宜採維持策略，持續製造現金流量，並可挹注到其他發展中的事業或產品，例如：投資在問號類的事業或產品，以期待其成爲明星類。由上可知，對金牛類而言要採取收割策略（Harvest Strategy），盡可能的去賺取現金，其可通過對事業、產品的改善或更新，或是副產物的製造來實現。

一個企業的經營狀態，往往有多種事業、產品、服務或投資同時存在。因此，若要取得成功，應該要深入考量這些因素在不同市場之相異成長率與佔有率，以因應不同的投資組合，再透過投資組合來達成資金之間應用的平衡功能。

一般而言，高成長的產品需要資金的投入以求發展，低成長的產品則會產生過多的資金，兩者間可互相輔助。而經由BCG矩陣的分析，可以提供企業產品或服務的「優勢（Strengths）」、「劣勢（Weaknesses）」、「地圖（Map）」等，並應用於目前的盈利能力以及可能的現金流方面。事實上，企業對現金流的管理，就是決定在市場的成長率與佔有率這二項主要指標上。

BCG矩陣的策略應用，也跟產品或服務的發展生命週期有關。一個產品的最理想發展路徑，是從一開始的問號順利進入「明星」或「金牛」的維持與收成階段，之後則盡量延遲或拉長進入「老狗」的時間。而較不理想的狀況是停留在問號的時間太長，或太快就進入「老狗」的階段。因爲這樣會造成太多投資的浪費，或者無法產生較多的投資回收。

然而，策略可以靈活運用，有時產品或服務的組合，將「明星」或「金牛」搭配著「老狗」也會產生經營的佳績，例如：在很多的快餐店，幾乎總是提供茶或軟性飲料（老狗）與一般主食（金牛）做自由搭配，如此的結合反而使老狗成爲出售金牛的保證。

7-2-5 SWOT分析

SWOT分析法是1982年由美國舊金山大學的管理學教授，海因茨．韋裡克（Heinz Weihrich）所提出的。此分析工具是在收集和描繪對企業具有或可能具有影響的內部或外部因素資訊。這些內部因素主要是在探討公司本身之內部優勢（Strengths）和劣勢（Weaknesses）到底有哪些？而外部因素主要是在探討公司本身之外的機會（Opportunities）和威脅（Threats）又有哪些？SWOT正是這四個因素的英文字首縮寫，其方式是透過內部因素與外部因素的交互影響之解析，幫助管理者找出因應之道，量身訂做適合自身條件的策略，以有助於達成企業所要追求的目標。

一、內部因素與外部因素

這四個因素的內涵說明如下：

(一) 優勢

是指一個企業所擁有的比競爭對手更加優越的所有因素。

(二) 劣勢

是指一個企業在與對手競爭時，產生難以抗衡，甚至因而危害到自身的所有因素。

(三) 機會

是指可以帶給一個企業競爭優勢的有利形勢。

(四) 威脅

是指會讓一個企業產生負面影響的不利形勢。

其中，優勢和劣勢可以通過企業內部直接管理，而機會和威脅則屬企業外部的不可控形勢，只能預測是否發生並設法因應。SWOT分析常以矩陣的方式呈現（如表7-1），其執行步驟如下：

表7-1　SWOT分析矩陣

內部因素／外部因素	優勢（S）	劣勢（W）
機會（O）	SO： 盡量發揮、利用	WO： 盡量改善、加強
威脅（T）	ST： 盡量監督、管控	WT： 盡量消弭、移除

步驟一：確認策略的對象、目標和問題界定。

步驟二：檢視企業內部因素之強勢與弱勢。

步驟三：確認影響企業的所有外部因素之機會和威脅，並預測與評估其未來之可能變化。

步驟四：利用SWOT分析架構研擬可行策略。

步驟五：進行策略選擇。

其中，步驟三在確認企業外部環境的變化時，可另加利用波特的五力分析模型（Michael Porter's Five Forces Model）或者PEST分析等方法（將於下兩節進一步介紹）的應用。步驟四則是將企業的內、外部因素進行交叉分析，並整合研擬出四類不同執行要求的配對（Matching）策略：

1. **優勢+機會（SO**：Max-Max）策略：此策略爲最佳策略，可將外部因素的機會與內部因素的優勢互相配合發揮加乘效果。在這種情形下，企業必須敏銳地捕捉機會，把握時機，以尋求更大的發展。
2. **優勢+威脅（ST**：Max-Min）策略：此策略爲當企業面對外部因素的威脅時，可發揮本身的競爭優勢來克服面臨環境的不利因素。
3. **劣勢+機會（WO**：Min-Max）策略：此策略爲利用外部因素的機會，來克服本身的劣勢。在這種情形下，企業可提供或追加某種資源，轉化劣勢，從而迎合或適應外部機會。
4. **劣勢+威脅（WT**：Min-Min）策略：這是企業面臨之最嚴峻的挑戰，如果處理不當，後果堪慮，故此時的策略是將組織的內部劣勢和外部威脅所產生的危害降至最低。

以大家熟悉的星巴克咖啡連鎖店之經營策略爲例說明，30年前，星巴克還只是一家在西雅圖派克市場Parker Place販售優質咖啡的小店；如今已成爲全球咖啡烘焙與零售業者的龍頭，在全球六大洲及75個國家擁有超過3萬1千餘家店面，儼然成爲全美國最知名的品牌之一，甚至台灣2021年4月於宜蘭頭城門市爲星巴克在臺灣的第500間門市。本文將針對星巴克咖啡連鎖店的優勢、劣勢、機會和威脅進行說明，重要的現況描述如表7-2。

表7-2　SWOT內、外部因素表列

內部因素		外部因素	
優勢	劣勢	機會	威脅
1. 全球最大跨國連鎖咖啡店（2021年星巴克報：全球75個國家皆有據點，超過3萬一千家分店）。 2. 歷史悠久，且有良好的商譽。並有良好的品牌。 3. 注重產品品質的維持，有自己的咖啡豆烘焙場，可以控制產品的品質，讓消費者能享受到最好的產品。 4. 全球化經營成功，主要的都會區設有銷售據點。 5. 不定期推出應景產品，提供消費者收集的需求。 6. 良好的經營團隊，領導階層注重員工的福利更勝於自己的利潤。 7. 與其他相關領域的企業進行策略聯盟。 8. 其他國家經營，是以代理權與合作的方式進行，有效降低投資風險。 9. 選擇的原料為最上等的原料，故能提供品質良好的產品。 10. 持續與其他異業進行策略聯盟以滿足消費者之需求。	1. 版圖擴張過速，資金調度與產品的品質不易維持。尤其亞洲地區的咖啡豆烘焙仍需仰賴美國供應。 2. 店面的選擇均為辦公大樓或是高級的商業中心，所選之地點均是黃金地段，故每月的租金昂貴。 3. 選擇最好原料，導致成本相較於其他對手為高，產品的定價也須提高才足以反映成本。 4. 擁有全球規模最大的營業據點，有多樣化的勞工，各國也有不同的法律規範，員工福利的維持相當不易。	1. 美國國內市場正快速成長。目前美國人對於咖啡店的觀點正在更新，能接受重烘焙的咖啡，而願意放棄原先的淺烘焙咖啡。 2. 採外包方式進行咖啡之銷售，目前的市場，咖啡外賣人口持續增加，隨走隨喝將是未來的趨勢。 3. 擴散效果的顯現，使得該國某地區能接受該產品後，便快速擴大到其他地區，使企業能迅速擴張。海外主要的商業中心都有不錯的經營效果。 4. 咖啡本身是一種不受景氣循環影響的商品，一般人在不景氣的時代，往往會減少購買汽車或名牌衣服等高價產品，但像咖啡這種花費不高，又能帶來滿足感的消費品，人們多半會捨不得放棄。 5. 全世界的人都更注重休閒活動，也注意工作壓力的紓解，所以更能接受且願意在Starbucks中休憩與聊天，放鬆一下忙碌的心情。	1. 產品的進入障礙低，產品易於被對手模仿，目前競爭環境激烈。 2. 辦公室工作者，業務繁重、生活忙碌，鮮少有時間能坐在咖啡店中享受咖啡。 3. 各地區的文化環境差異相當大，且華人市場是屬於茶飲料的市場，華人較習慣飲用茶飲。 4. 國際間競爭仍舊相當激烈，連鎖咖啡店仍是進行國際化活動。 5. 大部分產品來源國巴西，與美國關係不穩定，加上「封豆入庫」的行為，使得產品的成本相當高。 6. 產品原料的來源有限，迅速擴張後，產品的原料供應必定發生問題。 7. 各國風土民情不同，某些國家必須調整基本模式，以適應地方差異。

經過SWOT分析後，獲得之研擬的可行策略如表7-3所示。

表7-3 SWOT分析結果

內部因素 外部因素	優勢(S)	劣勢(W)
機會(O)	SO策略： 1.與其他異業進行策略聯盟以滿足消費者，在店面中提供多樣化的食品，甚至提供套餐式的餐點，讓咖啡的風味更能散發出來，讓消費者更能享受咖啡的味道。 2.尋找合適的通路，讓產品更能推銷至消費者手中。 3.掌握中高年齡層的顧客群，在店中進行差別取價，提供最高級的特別產品給特定的消費群體，以產品的品質的差異來定出不同的價格。 4.可鎖定學生顧客，於其他鄉鎮學校附近成立分店，向下紮根，讓學生族群從小就接觸與喜歡喝Starbucks的咖啡。 5.增加「咖啡快遞」的服務，讓忙碌的上班族能自行選擇喜愛的咖啡，且又不必自己去買。 6.進行茶類的研究，以提供最高品質的同樣的方式進入華人市場。	WO策略： 1.針對人口稠密的地區但地價不致昂貴的地點（例如：住宅區）設置分店，鎖定下班休閒人口的市場，並非只針對正在上班的忙碌上班族。 2.於營業據點的服務範圍內，辦理貴賓卡的服務，不定期提供新產品的試用券，以及商品回饋贈禮。 3.讓擴散效果更為明顯，除現有市鎮仍努力經營外，亦針對各國之主要城市設立據點，有效掌握住顧客群。 4.印製能吸引主要顧客群的宣傳品（例如：針對學生則印製書籤，針對上班族則印製公文夾、日曆），以達到宣傳與實用的效果。 5.尋找合適的代理商處理當地之營運業務，也找尋合適的進口商快速且確實的將產品運送至所需的地方。
威脅(T)	ST策略： 1.針對不同地區，將福利服務區分成基本的與彈性的兩大部分，基本的為全球一致的服務，彈性的則提供不同的員工手冊與適合當地民情的福利服務，以滿足全球各地不同的員工需求。 2.選擇合適的地點，自行栽培咖啡作物，降低原料來源的不確定性。 3.將現有市場區分出主要的區域，再於交通便利的地點設置烘焙場，以因應未來快速成長對咖啡豆需求的增加。 4.進行顧客滿意度調查，以修正咖啡進入策略與店面或環境的裝潢。 5.設置多種語言的網站，針對不同語言的人口進行觀念的更新與建議，讓各地區的人更能接受與瞭解自己所飲用的咖啡，也可以進行推銷活動。	WT策略： 1.減少商業中心昂貴地價的店面，選擇性地於黃金地段提供小型店鋪，只提供外送或是外帶服務，像是必勝客或是一般的休閒小站。如此可以快速滿足上班族的需求。 2.針對現有產品進行研究與改良，以提供更新且具有差異的產品。 3.提供其他各式的糕點並如同介紹咖啡一樣介紹糕點要如何與咖啡搭配使用。

二、SWOT分析的主要優點

SWOT分析的主要優點有：

(一) 簡單實用

(二) 清晰明瞭

(三) 聚焦於影響公司的主要內外因素

(四) 有助於識別未來的目標

(五) 可用於開創進一步的分析

由於它的概念簡單，又能專注在企業的內外關鍵問題上，可直接分析、滿足有關機會和威脅等特定情況下的優勢和劣勢，進行策略規劃和執行的參考，因而成爲一個被廣泛使用的策略管理分析工具。但在使用上也要留意，不要過度列舉或陳述這些優勢、劣勢、機會和威脅的項目，必須根據事實，且要能注意因素之間的優先次序。

以上的五種策略分析工具只是眾多方法中的代表而已。每一種策略分析工具或方法都不是各自獨立的，他們往往可以相輔相成、產生更大的綜效。因此，管理者可以因時制宜，視策略的目標和層次搭配運用，在擬定策略時就能夠更有效、更準確地釐清企業面臨的處境以及突破的關鍵，進而發掘出最佳的競爭策略。

7-3 經營管理策略的層級

一個不具有策略的企業，它的經營活動通常不會有共同想法，許多理念和作爲會隨興而起，卻又沒來由的無疾而終。其後果也許短期間看不出來，但長期下來，一個缺乏審愼發展策略的企業，其經營成功的機率就會大大的降低。

企業的經營似乎隨時隨地都需要考慮到策略管理的問題，例如：碰到新的經濟情勢、政治情勢該怎麼做？人事的布局、投資的布局策略如何？優點是什麼、缺點是什麼？要不要策略聯盟？該如何分析？從哪裡著手？顯然身爲企業的管理者，也要無時不刻的去思考種種策略決策的問題。這些問題有的關係到企業的整體營運規模，有的則僅涉及個別部門的局部運作。因此，當談到經營管理策略時，必須先清楚所談的是何種層級的策略問題，意即可以先將問題劃分層級，釐訂權責，再交由不同層級的管理者進行策略的規劃與執行，因爲不同層級的策略分析角度和其應用工具並不相同。

企業的策略可依其影響的範圍大小而分成不同級別。典型的商業公司之一般經營策略層級可劃分爲：

1. 追求生存利基的企業總體層級（Corporate Level）。
2. 發展競爭優勢的事業單位層級（Business Level）。
3. 落實執行效能的各部門功能層級（Functional Level）。

在實務上又可分爲單一事業公司（Single-business Film）與多重事業公司（Multiple-business Film）兩類，其結構如圖7-8所示：

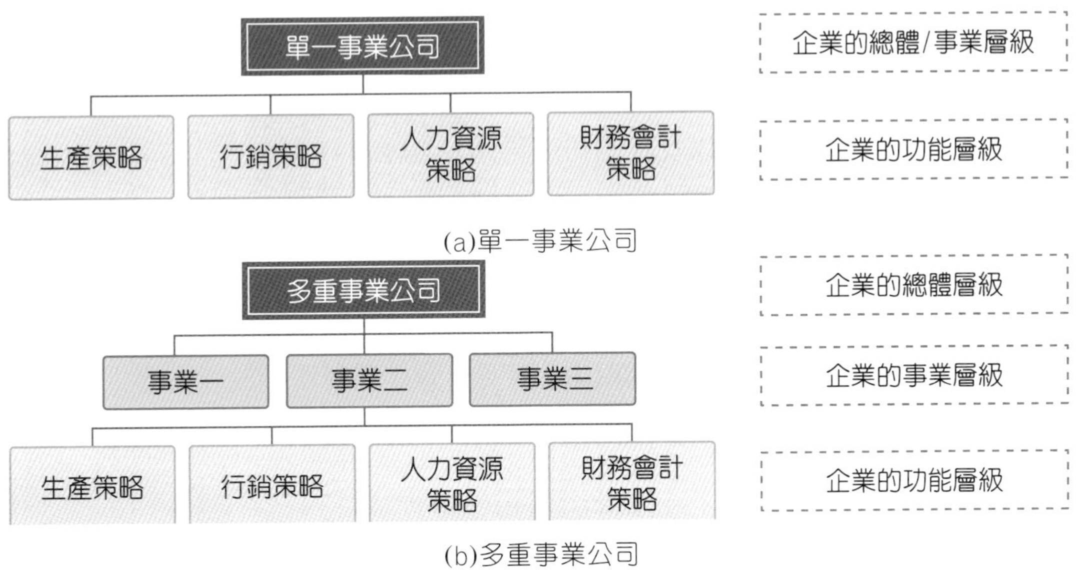

■ 圖7-8 經營管理的策略層級劃分

企業的總體層級策略重點在於確定公司應經營何種事業；各事業單位層級策略重點則在決定何種事業區塊應發展何種競爭優勢；各部門的功能層級策略重點則在決定生產、行銷、人力資源、研發、財務會計、資訊科技等企業功能應如何操作，以便確保公司的每個部分皆符合企業的策略。

7-3-1 企業總體層級策略

企業的總體層級策略涵蓋了組織決策的整體範圍，這是以宏觀的角度來決定企業的整體發展方向和經營方式，包括企業的長程目標擬定、達成目標之行動方案選擇、與所需資源的分配等。

一、企業總體層級策略作為

相關作爲有：

1. 經營範圍的決定，例如：市場的競爭產品或服務種類，甚至市場區隔與地理界限訂定（包括地區或國家）。
2. 對於多重事業公司的整體資金、人員和其他資源之分配。
3. 市場的界定、產品樣式組合、以及是否增加新的（或減少舊的）產品或服務。
4. 企業該如何組織？該如何界定組織內的各個部門？
5. 企業與供應商、顧客，以及其他利害關係人之經營方式。
6. 是要與其對手硬碰硬競爭，還是選擇建立合作夥伴關係，成立「策略聯盟」的決策安排。

由上述這些作爲可看出，總體層級策略是針對一個企業組織整體，進行長遠經營方向的訂定，並且能夠因應組織發展能力或經營環境改變的變化，屬於最高層次策略，可用來整合各事業部門的資源、角色與策略，進而創造出企業的競爭優勢與綜效。

這類的策略制定責任落在企業最高階管理人員的身上。他們要直接負責對組織的資金提供，以及爲增加業主或主要利害關係人的利益而採取行動。綜合國內外重要學者的論述，將總體層級策略整如表7-4。

表7-4　主要的總體層級策略內涵

學者	年代	主要總體層級策略內涵
Harry I. Ansoff	1957	根據產品與市場的新舊，提出安索夫矩陣，說明四種不同的成長性策略，包括： 1. 市場滲透策略。 2. 市場開發策略。 3. 產品開發策略。 4. 多角化策略。
Alfred D. C1iandler	1962	為強化競爭優勢，可採垂直整合策略，又分為： 1. 向前整合以獲取配銷商或零售商之所有權，或增加對其控制。 2. 向後整合以尋求供應商的所有權或增加對其控制。
司徒達賢	1995	包括以下各項決策與規劃： 1. 各事業應如何劃分。 2. 事業間未來的比重與發展方向。 3. 策略構想之設計。 4. 預期之績效目標。
Charles W. L. Hill and Gareth R. Jones	1998	包括以下各項決策與規劃： 1. 公司應投入何種事業領域以使其長期利潤最大化？ 2. 應採用何種策略來進入及退出某事業領域？常用的策略包括垂直整合、多角化、及策略聯盟等。

二、安索夫矩陣（Ansoff Matrix）

爲理解上述總體層級策略的論述觀點，我們以安索夫矩陣爲例，進一步說明如下：

安索夫矩陣（Ansoff Matrix）是由被尊稱爲策略管理之父的安索夫（Harry I. Ansoff）於1957年所提出的。這個矩陣主要是以產品（當然也可以延伸到服務上）和市場作爲兩大基本面向，針對各自的新舊交互關係，區別出四種產品／市場組合和相對應的經營策略（如圖7-9所示），藉此達成增加企業收入或獲利的目標。

這四種不同的成長性策略包括：市場滲透策略（Market Penetration）、市場開發策略（Market Development）、產品開發策略（Product Development）、多角化策略（Diversification）。

■ 圖7-9　安索夫矩陣

(一) 市場滲透策略（Market Penetration）

係在現有產品與市場的組合基礎下，藉由促銷或是提升服務品質等方式來說服消費者增加購買量。實現的方式包括：

1. 降價求售。
2. 增加促銷和配銷通路的支持。
3. 收購同一個競爭市場的對手。
4. 適度的改進產品。

但當市場佔有率上升困難時，也可採取市場鞏固策略（Consolidation），持續保住現有競爭力。

(二) 市場開發策略（Market Development）

係在現有產品之核心技術不變的情況下，進行新市場的開拓，並尋求新的顧客群，其中的產品定位和銷售方法可能會有所調整。實現的方式包括：

1. 創造不同的客戶群。
2. 開闢新的銷售市場（包括國內外市場）。

市場開發策略也叫作產品推動策略（Product Push），一般以增加產品知名度（如展示促銷），或者提供銷售獎勵以增加市佔率的方式爲主。

(三) 產品開發策略（Product Development）

係在現有市場基礎下，開發新產品或擴大現有產品的深度和廣度，採取的是產品延伸策略，或叫市場拉動策略（Market Pull）。例如：顧客需要免底片的相機，促使數位相機的產生。實現的方式包括：

1. 投資研發附加產品。

2. 購得生產他人產品的權利。

3. 取得共同開發其他產品、配銷管道、或品牌的所有權。

(四) 多角化策略（Diversification）

係在現有的基礎下，同時提供新產品給新市場，以提升市場佔有率。此處因同時需要開發產品和市場，企業既有的專業知識能力可能派不上用場，故成了最冒險、失敗率也最高的策略。實現的方式包括：

1. 企業的垂直整合策略。

2. 企業的集團式成長（Conglomerate Growth）。

3. 企業以策略聯盟或併購的方式直接取得新產品和新市場。

但多角化策略一旦成功，企業多半能同時在銷售、通路或產品技術等專有技術（Know-how）上，取得某種綜效（Synergy），故能快速擴充市場和提升獲利能力。

7-3-2 事業單位層級策略

大多數組織都可以分割成許多事業單位（Business Units）。事業單位是以企業的單一特定產品、產品線、或市場爲主，可獨立面對某一特定產業內競爭之企業組織。而企業的事業層級策略則是指一個事業策略單位（Strategic Business Unit, SBU）如何在其競爭環境中求生存與發展的方法，主要強調事業單位競爭優勢的建立，以及決定事業單位的發展方向，使之能符合企業的總體層級策略。

一個企業若想具備滿足客戶的需求或偏好的核心競爭力，或者實現高於平均水準的收益能力，就必須要依賴事業層級策略來完成。這個層級的策略行動可爲客戶提供價値，並藉由開發具體的產品或服務市場之核心競爭力，獲得競爭優勢。

因此，客戶是企業事業層級策略的基礎和本質，而首要行動也在於認清誰是客戶，因爲知道要服務誰（Who），才能進一步知道要滿足什麼（What）需求，以及要如何（How）去滿足這些需求，並由此獲得和保持企業的競爭優勢。在這樣的策略過程中，企業必須先瞭解產品和市場的範圍與需要，再確定要如何推動其資源和能力，以形成核心競爭力。接著再利用這些核心競爭力，透過實現價值創造策略來滿足客戶的需求。

一、策略面向

一個事業單位的策略可能包括以下幾個面向：

1. 強調在產品和服務的生產和銷售上，提高其利潤率。
2. 整合各種企業功能活動，例如：生產、行銷、人力資源、研究發展、財務、以及資訊等部門的活動，以實現事業單位的目標。
3. 瞭解產品和市場的範圍與需要，發展每個事業單位的能力與競爭優勢，並使之能符合企業總體策略。

如果一個公司的盈利能力之主要決定因素，是其在經營產業中的吸引力，那麼第二個重要的決定因素就是它在該產業中的定位。即使在一個低盈利的產業環境中，一個有著最佳定位的公司仍可以產生高回報盈利。而一個公司的定位則有賴於其擁有的優勢。

在這方面，現代策略大師麥克．波特（Michael Porter）認為，一個企業的優勢，最終會落入兩個主題之中：成本優勢（Cost Advantage）和差異化（Differentiation）。而不管如何運用這些優勢，都會導致三種通用的策略，即：

1. 成本領先－不必多餘裝飾。
2. 差異化－創建獨特、合意的產品與服務。
3. 聚焦－提供一個有利潤而又具專業性的產品或服務。

他更進一步將聚焦策略分為：「低成本聚焦」和「差異化聚焦」兩個部分。而這些策略被用在事業單位層級中（Business Unit Level）。這就是波特在1980年所提出，並為大眾所週知的通用策略（Porter's Generic Strategies），其中「通用（Generic）」指的是該策略可以適用在任何類型的公司或產業上進行分析。

二、通用策略

波特的通用策略結構如圖7-10所示，說明如下：

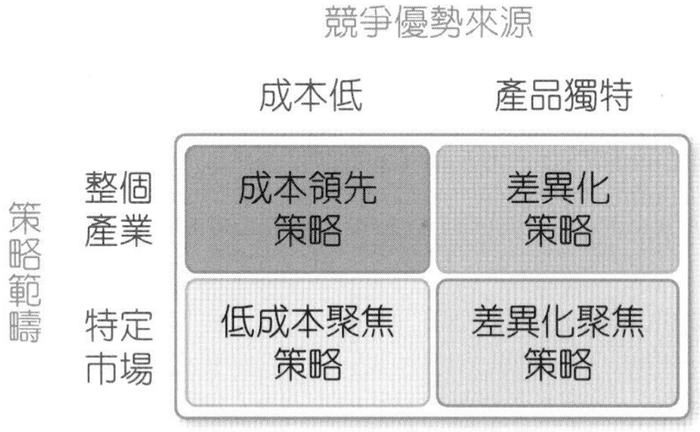

		競爭優勢來源	
		成本低	產品獨特
策略範疇	整個產業	成本領先策略	差異化策略
	特定市場	低成本聚焦策略	差異化聚焦策略

■ 圖7-10　波特的通用策略

(一) 成本領先（Cost Leadership）策略

這個通用策略要求作爲一個產業中的低成本生產者，其產品或服務還是要具備一定的品質水準。這樣公司即使以產業的平均價格將之出售，仍能賺取高於競爭者的利潤；亦或公司也可以低於產業平均價格將之出售來贏得市場的佔有率。因此，不管是打價格戰或產業衰退引發的價格下降，公司比起競爭者都可以保持一定的盈利能力，成本領先戰略通常瞄準的是廣闊的市場。

企業獲得成本優勢的途徑是通過提高流程效率、獲得唯一大量低成本的材料、製定最佳外包和垂直整合的決策，或有辦法降低某些費用。而競爭者若在此時無法降低類似數額的成本，企業就有可能根據成本領先來維持競爭優勢。

成本領先的成功企業往往有以下的內部優勢：

1. 進入資產高門檻，讓其它企業可能無法負擔。
2. 在產品設計上具有高效率的製造技能。
3. 具備製造過程中的高水準工程專業知識。
4. 擁有高效率的銷售管道。

然而，每一種通用策略也都有其風險。因爲你能做的，當然別人也想做、想克服、甚至想超越。這種成本領先局勢也可能被逆轉，競爭優勢可能不再或無法長久，甚至轉移到競爭對手身上。因此，企業均需不時省思，以維持各種競爭優勢，最好能拉開優勢的距離，朝永續經營的方向邁進。

(二) 差異化（Differentiation）策略

差異化策略是指企業須能提供優於競爭對手的產品或服務，能讓客戶感知其更好或不同的價值獨特性，並能讓這種產品獨特性的增值，轉為超過支付額外費用的更高售價。也由於產品或服務的獨特屬性，會讓客戶不易找到替代產品，而讓企業有機會提高價格、轉取較多利潤。

差異化策略成功的企業往往有以下的內部優勢：

1. 具備領先的科學研發能力。
2. 擁有高技能和創造性的產品開發團隊。
3. 強大的銷售團隊，具備成功地傳達產品優勢的能力。
4. 具有品質和創新的企業信譽。

差異化策略相關的風險則包括競爭對手的模仿和客戶口味的改變。

(三) 聚焦（Focus）策略

聚焦策略的主要思維是將資源集中在一個特定或狹小的區域，再在該區域內實現成本優勢或差異化策略。前提是顧客的需求可因這樣的完全聚焦，而得到更好的服務。使用聚焦策略的企業往往因而得到更高的顧客忠誠度，而這種根深蒂固的忠誠度會直接阻礙其他企業的競爭。

企業的聚焦策略會因為市場窄化、需求量減少，導致與供應商的議價能力降低。但企業追求差異化聚焦策略的同時，也能夠傳遞更高的成本給顧客，原因是相近的替代品並不存在。

聚焦策略成功的企業，往往清楚知道如何從一個大範圍的市場，裁切到一個能為顧客訂制各種產品或服務優勢，相對狹窄的市場。聚焦策略相關的風險則包括競爭對手的模仿和目標區隔市場的改變。此外，也可能無法像廣闊市場的成本領先者那樣，易於調整產品、進行直接競爭。最後，也許競爭對手的市場聚焦手法更佳，這些均須預防。

值得注意的是，這些通用策略不一定能彼此兼容。若一個公司試圖同時使用這些策略，將會造成不同區隔市場的政策和文化差異，反而變得毫無優勢可言。因此，使用時必須針對市場需求，因勢利導。

7-3-3 部門功能層級策略

功能層級策略是指事業單位層級策略下的執行性策略，包括生產策略、行銷策略、人力資源策略、研發策略、財務策略、資訊科技策略等。其主要作爲是在統整每個企業功能單元內的次級功能，透過各種策略活動，共同提高資源性能和生產力。例如：生產部門運用生產功能內的製造、品管、裝配等次級功能，使之具有獨特的能力，並發揮其最大的生產力，形成成功的生產策略。又如行銷部門在現有的市場上，試圖銷售現有產品給不同的顧客，或不同地理區域的新顧客，形成成功的行銷策略。而結合這些個別功能的成功，便可協助事業單位層級策略發展，最終達成企業的總體層級策略。

功能層級策略往往以事業單位層級策略的制定、施行爲依歸，所以兩層間必須相配合。例如：當事業單位層級策略確立了差異化的發展方向，要培養創新的核心能力，企業功能層級中的人力資源策略就必須體現對創新的鼓勵與重視，加強培訓與學習，把創新貢獻納入考核指標體系中，並在薪酬方面加強對各種創新的獎勵。功能層級策略的內容包括：

一、生產策略

生產策略係根據企業擁有的各種資源要素，與內外環境形勢的分析，對生產製造或服務提供的相關問題制定決策謀略和行動方針，其目標是在生產領域內取得某種競爭優勢的能力。這些能力包括以下四個類型：

(一) 基於成本的策略

經由流程改造、設計優化、技術精進、標準化、規模經濟等方式，使得生產產品或服務的成本低於競爭對手的同類產品，以獲取價格競爭的優勢。

(二) 基於品質的策略

指企業把品質因素作爲競爭優勢的來源，透過顧客對所提供的產品或服務品質領先之感知，轉爲滿意度與忠誠度，並贏得高市場占有率和穩定的利潤。

(三) 基於時間的策略

指企業把時間因素作爲競爭優勢的來源，透過產品或服務的設計開發、生產製造、運輸配送、維修服務等速度的提升，滿足顧客對時間的期待需求。

(四) 基於彈性製造的策略

指企業具備快速反應環境變動的彈性製造能力，可隨消費者喜好調整因應策略，提供顧客最滿意的產品或服務，創造優於對手的市場導向競爭優勢。

二、行銷策略

行銷策略是企業以顧客需要爲依歸，透過市場調查獲得顧客喜好的產品或服務品項、需求量以及購買力等資訊，進行市場定位和行銷活動的訂定。

行銷活動主要包括銷售市場的規劃與選擇、顧客的需求與滿足、以及行銷組合方案的制定。是一個能爲顧客提供滿意產品和服務，既可獲得市場競爭優勢，同時又能實現企業目標的過程。其中，行銷組合，即產品（Product）、價格（Price）、通路（Place）與促銷（Promotion），又稱爲行銷4P，簡要說明如下：

(一) 產品策略

決定提供何種產品或服務。

(二) 價格策略

制定產品或服務的價格。

(三) 通路策略

選擇將產品或服務分配給顧客的方法。

(四) 促銷策略

決定如何引起消費者對產品或服務的興趣，刺激其購買慾望。

三、人力資源策略

人力資源策略是指企業爲了實現其策略目標，在人力規劃與任用（人才招募與甄選）、人力培育與發展（員工訓練、發展升遷與績效考核）、薪資與福利管理（薪資、獎勵、福利政策）等諸多方面所制定，並依次實施的全局性、長期性的思路和謀劃。

人力資源策略是企業經營策略的重要組成部分，它係根據企業總體層級策略或事業單位策略，對現狀和未來人的力資源需求做出評估之後，依人員的數量、時間和種類需求，所導引出的人力資源政策與手段。

人力資源策略是在傳統人事管理屬性（如選、育、用、留）之外，透過涵蓋組織建設、文化建設與系統建設等各個方面之策略整合與執行，並推動人力資源管理理念、人力資源策略和政策、人力資源制度、人力資源實務運作，到企業員工對人力資源管理理念、政策、制度及實務運作的接受與發揚，發揮最大的人員績效與組織效能，確保整體經營策略目標的實現，獲致企業長期穩定地成長。

四、研發策略

研發策略就是企業根據其總體層級，或事業單位層級所確定的產品和市場策略，藉由顧客調查與新科技趨勢預估、外部環境條件分析等，來選擇研究與開發的方式。透過研發策略可以決定企業的資源分配原則（包括投資組合、人力規劃等）、訂定新產品或技術的開發優先順序、與研發相關的管理辦法（包括組織設計、知識管理、智慧財產權與技術轉移等）。其爲企業產品的更新換代、生產效率的提高，以及生產成本的降低，提供了科學基礎和技術保證。

企業的研究與開發策略共分爲四種類型：進攻型策略、防禦型策略、技術引進型策略及部分市場策略，整理如表7-5所示。但它也可以因應企業的外部環境、內部條件、以及企業的不同生命週期而調整改變，整理如表7-6所示。

表7-5　研發策略的分類

研發策略類型	內涵
進攻型策略	積極追求企業產品或服務的技術領先，透過開發或引入新產品搶占市場，在競爭中保持技術與市場的競爭地位。
防禦型策略	企業只在市場上出現成功的新產品或服務時，才發揮研發能力，對其進行快速的改進或仿造，進而分享市場。
引進型策略	當企業缺乏研發能量時，改以合作或購買技術專利的方式，利用他人的研發成果來開發新產品或服務。
部分市場策略	企業只為特定的大型企業提供研發服務，依賴大企業的成功，間接分享市場的部份成果。

表7-6　不同生命週期的研發策略

生命週期階段	研發策略內涵
發展期	企業要具有高度的靈活性和適應力，隨時抓住市場機會，為新事業、新產品或服務在開發上建立競爭優勢。
成長期	企業以發展壯大為基本導向，致力於產銷規模、資產、利潤等方面獲得增長，培養新事業或新市場的競爭優勢。
成熟期	以保持現狀、安全經營的穩定型策略為主，努力留住企業競爭優勢，延續企業榮景。
衰退期	企業應及時做出開發新產品或服務的策略，有計劃地以新代舊；或者做出退出市場（進入新市場）的決策。

五、財務策略

企業財務策略主要任務是根據「總體層級」或「事業單位層級競爭策略」的目標，配合其他功能策略的資金需求量，調整和優化企業內部資本結構，通過有效資產管理手段提高資金的使用效率，在防止財務危機發生的前提下，謀求企業總體策略的順利實現。

企業財務策略可以分爲資本籌措策略、資金運用策略和利潤分配策略三個部分：

(一) 資本籌措策略

即根據企業經營的實際資金需求量和特定的融資環境進行綜合分析，確定企業最佳融資規模、資本結構和融資方式的財務策略，包含融資數額、期限、利率、風險等的考量。

(二) 資金運用策略

主要在解決資金的使用效率問題，可分爲：

1. **投資策略**：針對企業所處之投資環境，制定最佳的資源組合和運用方案。
2. **資產管理策略**：針對企業各種資產的計劃、分配及有效運用。

(三) 利潤分配策略

就是股利分配政策，主要爲決定多少利潤要分配給股東，多少利潤留在企業用於再投資。

六、資訊科技策略

資訊科技指的是包含電腦、通訊技術、工作自動化、共享的資料庫和知識庫、以及其它的軟硬體及相關服務等技術。對企業而言，為因應環境急遽變遷的挑戰，企業的營運流程與作業方式亦須不斷地調整，對於資訊科技的掌握速度與運用能力，已成為企業營運的成敗關鍵。其中最直接的影響，就是企業透過資訊科技的有力支援，能促使各部門功能的效率與效益提升。

資訊科技不只是一項協助企業作業的工具，在不斷強調企業電子化的競爭環境中，它更是強化企業競爭優勢的一項重要策略。因此，企業在資訊科技導入考量時，不僅是從作業性方面，更須提升到企業整體競爭上。企業透過資訊科技策略的考量，不只能使系統的部署符合低建置成本、快建置時程，更能快速展現輔助企業營運的績效與成果；除了使生產作業更加合理與快速，亦能提供不同於競爭對手的服務與優勢地位。

學者McFarlan et al.（1983）與李健興（2001）均認為企業能藉由資訊科技策略創造出競爭優勢，茲綜整臚列如下：

(一) 增加進入障礙

防止或減緩潛在競爭者進入市場。

(二) 增加高轉移成本

增加顧客忠誠度或掌握固定顧客來源。

(三) 改變競爭的基礎

創立或改變市場競爭的規則或方法。

(四) 改變供應商關係的平衡

改善企業與供應商的作業方式。

(五) 創造新產品

創造或支援新產品的生產，或提供新的服務。

7-4 策略的規劃、執行與控制

企業的策略是對其未來之成長方式，或目前所處產業與市場之關鍵性競爭活動所作的最佳決策。而策略的規劃、執行與控制，是企業用以建立持久性競爭優勢的三個基本程序。若以第一章中的PDCA管理循環來說明的話，企業的策略內涵包括了：

1. **策略的規劃（Plan）**：指的是選擇或策劃策略之過程。
2. **策略的執行（Do）**：指的是管理者與組織爲確實進行規劃之策略，所採取的所有手段或步驟。
3. **策略的監核與行動（Check and Action）**：其實就是策略的控制，指的是按規劃執行的策略，在過程中必須具備監測或檢核機制，一旦發現結果偏離策略目標方向、或產生差異時，就需要採取補救的行動措施，以保證策略目標之達成。而若策略執行的監核結果良好，則整體過程可做爲標準程序或未來典範。

「基本策略程序」與「管理循環」兩者的對應關係與內涵整理如表7-7所示：

表7-7　基本策略程序與管理循環對應關係

管理循環	基本策略程序	相關內涵
Plan	策略的規劃	選擇或策劃策略之過程
Do	策略的執行	管理者與組織為確實進行規劃之策略，所採取的所有手段或步驟
Check and Action	策略的控制	具備監測或檢核機制，若發現偏離目標，就採取補救行動；若結果良好，則做為標準程序

7-4-1　策略規劃

策略規劃（Strategic Planning）的學說源自於1960年代，在1970年代開始盛行於美國、再擴展到世界各處。策略規劃顧名思義就是具備策略性之規劃，是在一般性的規劃應用上，增加策略性的思考與行動。「策略性」是企業爲達成其組織目標的過程中，展望未來、審時度勢、反覆推敲而獲得一連串可行方案的舉動。其重點在合理的引導企業之機能與作業，以幫助企業順利達成組織目標。因此，在運用上，其目的更具特殊性，內涵上也包含更寬廣的時空範圍。故能夠產生企業的長期發展目標與管理的理性運作程序。

在7-1節中，我們曾對策略規劃做了定義性的初步介紹，本節則加強其整體性的概念與帶給企業的影響。同很多管理學上的名詞一樣，策略規劃至今還沒有統一的定義。Drucker（1954）認爲，它是藉由計劃、分析過程、以及聚焦在作出最佳策略決策的管理；Ansoff（1970）擴大Drucke的定義，將策略規劃概念化爲一個在企業的產品或技術與日益動盪的市場之間，尋求更好匹配的過程；Hofer and Schendel（1978）則定義策略規劃是一個響應環境變化的管理演進，從聚焦內部結構和生產效率，移轉到結構、產品創新、跨國擴展和多樣化的整合策略。

國內學者李勝雄（2003）則認爲一個健全的策略規劃必須探討下列問題：

1. 對外在環境的評量如何？
2. 對現有客戶與市場的瞭解有多少？
3. 能兼顧獲利的最佳成長之道爲何？
4. 競爭者是誰？
5. 企業是否具備執行策略的能力？
6. 計劃執行過程中的階段性目標爲何？
7. 是否能兼顧短期與長期的平衡？
8. 企業面對的關鍵性課題爲何？
9. 該如何在永續性的基礎上追求獲利？

總的來說，策略規劃可以說是一個選擇組織的目標和策略、確定必要的程序以實現具體的路徑和目標，並建立確保措施及程序實現的必要方法之過程。它能決定一個組織的經營策略與方向，以及爲完成此策略的資源分配之決策制定。廣義的策略規劃也可以往前延伸到訂定使命、規劃願景，與設定目標，或往後延伸到涵蓋指導策略實施的控制機制。因此，策略規劃的架構與流程可如圖7-11所示。

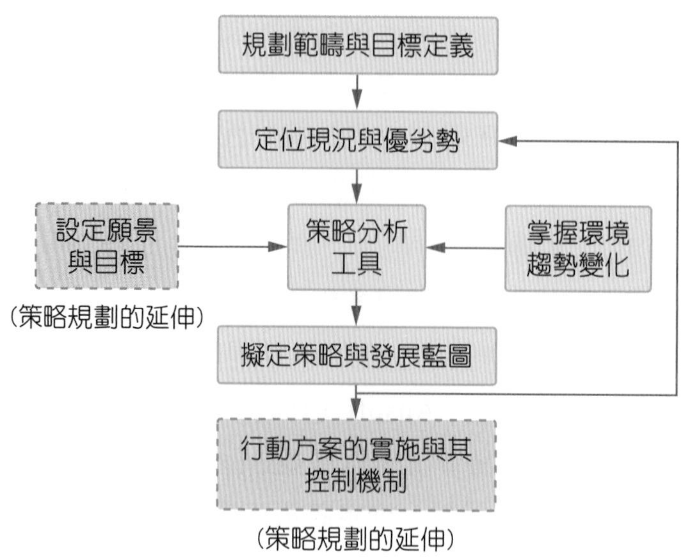

■ 圖7-11　策略規劃的架構與流程

在策略規劃的流程中，需要被考量的因素很多，包括組織宗旨、長期目標、整合計畫、策略分析、策略擬定及子計劃之執行等。對應上述的策略規劃步驟，其相關內涵可整理如表7-8所示。

表7-8　策略規劃步驟與相關內涵

策略規劃步驟	內涵
規劃範疇與目標定義	充分考慮所有利害關係人的期望
定位現況與優劣情勢	對當前產業、企業內部資源能力進行分析、效法標竿企業、尋求關鍵成功因素、建立核心競爭優勢的策略規劃，以及主要業務組合。
設定願景與目標	審視公司願景、使命和宗旨，確立公司發展願景和使命。
掌握環境趨勢變化	進行宏觀環境分析、預測市場潛力、競爭程度、以及預判中長期競爭趨勢的變化。
策略分析工具	應用五力分析、PEST分析、價值鏈分析、BCG矩陣、SWOT分析。
擬定策略與發展藍圖	制定可行的策略和財務目標、評價和選擇各層級之競爭策略、確定策略實現模式、將總體目標實施具體化。
行動方案的實施與其控制機制	制定策略支援體系框架、管控行動方案與組織架構，並對各項企業功能提出後續強化思考。

7-4-2 策略執行

策略執行（Strategic Executing）是當今企業面臨的最主要挑戰。因爲影響其成敗的因素很多，包括組織結構的調整因應，及其他爲順利推動策略行動方案所進行的相關業務，從人員溝通、系統或機制的施行、以及其間的協調和控制等都是。當策略制定後，接著就是進入執行階段，此時需要有適當的組織結構、控制系統與組織文化，方能有效地執行策略，其關係如圖7-12所示。

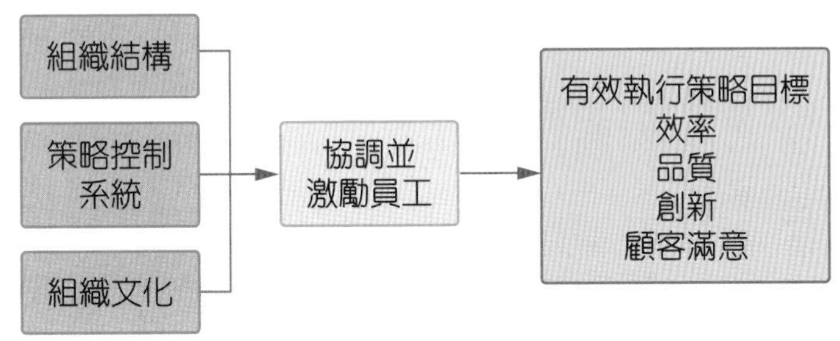

■ 圖7-12　策略的執行架構

一、策略的有效執行

企業的整體策略必須考量環境的變化、掌握問題的特性、創造與運用有利狀況，最後產生出能夠達成企業目標的行動方案。但在有了最好的行動方案後，若缺乏良好的執行力，則一切仍是枉然，只能空嘆「策略都都相同，爲何成效差那麼多？」。所以在一個好的策略規劃流程中，需要投入最多心力到如何執行策略之各項問題中。如果不重視如何執行的問題，策略將只是紙上談兵。

國內學者湯明哲在其對《執行力》一書的導讀中，也提到許多企業的失敗，常可歸因於執行力不佳。這些企業沒有將策略、願景落實到目標、戰術上，也未能將目標、執行方法列出里程碑，然後根據達到的程度訂定賞罰標準。他還指出，執行力的關鍵在於透過組織影響人的行爲，並且讓執行力融於企業文化中，因爲只有透過文化、用人，和組織程序，才能讓員工自願用心地將工作執行得更好。其重點還有要將公司的獎勵制度和執行力連結起來，以及要改善組織流程，競爭力才能提升。

在這裡我們也參考國內學者林清河（2006）的意見，列出企業若要有效地執行策略，所必須具備的幾個條件：

1. 須能設計與調整組織的結構，進行分工與整合。
2. 須有組織成員共同認定的價值觀與規範，形成組織文化，並成爲公司成員日常運作的基本思維方式。
3. 須有一套執行業務時可以遵循的控制制度。
4. 須有時點的擬定，定期檢核修訂。
5. 須有一套能適當激勵員工的策略酬償制度。

二、策略執行的轉化

企業策略的執行首先需將策略轉化爲整個組織具執行力的行動，我們可以透過底下五種考量（如圖7-13）來進行這個做法：

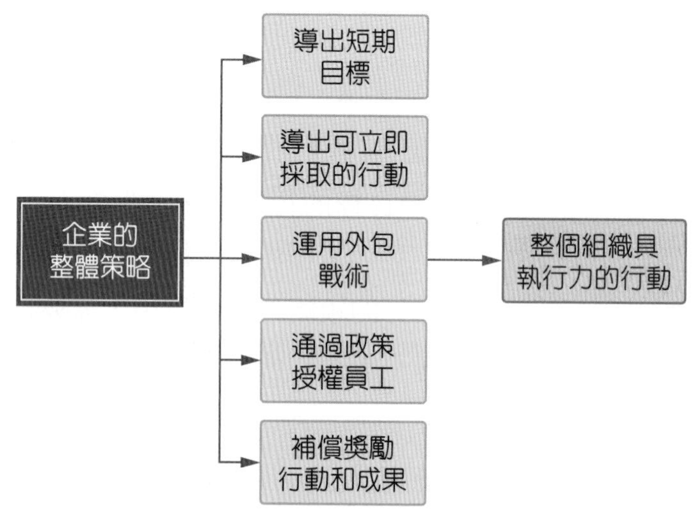

■ 圖7-13　策略執行的轉化行動

(一) 從長期目標中推導出短期目標

從長期目標中推導出短期目標，然後將其轉化爲當前的行動和標的。短期目標與長期目標的時限、特性和衡量方式不同。爲了有效地實施這些短期目標策略，必須進行整合與協調，還要符合一致的、可衡量的、以及有優先性的特質。

(二) 從事業單位層級策略推導出各部門功能層級策略

這些功能層級策略，可以明確地指出必須立即採取行動的重點功能範圍，來完成事業單位層級策略的執行。

(三) 功能層級活動外包

選擇將功能層級活動外包，幾乎已成爲當今全球經濟中，每一個企業的核心戰術作爲。一般的經理人都會尋求外包方式來執行企業策略，只要這樣的活動是更有效或成本更低的。

(四) 政策授權

通過政策授權員工，使其能在公司的作業層級，提出與業務和職能策略一致的其他行爲指導、決策與行動手段。這種政策授權，可讓操作人員做出決策並迅速採取行動。

(五) 補償獎勵行動和成果

一旦公司確定了好的策略目標，就可以利用獎勵補償計劃來激勵員工，使其朝著目標努力執行。

三、組織的執行力提升

國外學者Bossidy和Charan（2002）認爲組織的執行力提升，主要是在於領導能力的發揮，領導人必須以身作則，以行爲改變公司文化及知人善用，推行人員流程、策略流程與營運流程，並將其緊密結合。

然而，中國學者房晟陶、王拓軒（2003）則認爲，企業的執行力是任何公司無法取代的，但是要發揮執行力，光靠好的領導是不夠的，建立系統化的制度才是確保組織擁有強大執行能力的長久之計，同時也指出影響執行能力的七項關鍵因素包含：

1. 策略產生過程需要相關人員的參與。
2. 要將策略細化爲執行任務的工作計劃。
3. 企業內部的信息溝通，以及企業與外部環境的信息溝通系統。
4. 企業內有效的員工培訓與發展系統。

5. 合理且能與企業核心經營流程互相配合的組織結構。

6. 企業內的授權結構與決策方式。

7. 適當的獎勵制度。

7-4-3 策略控制

「控制」是管理程序的最後一個功能，完善的管理活動，最後一定要有控制的把關。它能監督整個計畫的進行，藉此矯正過程中的重大偏差，確保如期如質完成。對策略管理而言，從策略形成、策略執行與策略控制，係透過策略控制對長、短期計畫和目標的整合，幫助企業組織完成策略執行，並維持長期的獲利與競爭優勢。

「策略控制（Strategic Control）」是在策略的實施過程中，以追蹤的方式進行關切，並做必要的檢測、調整或改變的作爲。它會針對策略設定的目標進行衡量與回饋，評估執行上是否已達到卓越的效率、品質、創新及顧客回應，以及判定策略管理是否成功的一個程序。完整的策略控制程序，會包括一套設計適當的控制制度與控制準則（方法），讓組織各階層在執行業務時有所遵循，以及管理運用上的互相整合。這些控制準則類別涵蓋財務控制、產出控制、目標管理、行爲控制及標準化作業等。

一、策略控制的程序與目的

(一) 策略控制的程序

關於策略控制的程序，學者林宏遠（2005）引用Harrison（1991）的論述，認爲策略控制程序必須包括以下單元（如圖7-14所示）：

1. **策略目標**：清楚定義運作的標準。

2. **任務的分配**：執行策略的各個組織層級。

3. **責任確立**：各職權的責任。

4. **預算資源的分配**：以目標導向爲主。

5. **員工**：勝任的員工。

6. 回饋機制的建立：資訊流的建立。

7. 監控與環境偵測：對環境進行偵測，並將實際成果與基準做比較。

8. 修正行動：注重即時性與有效性。

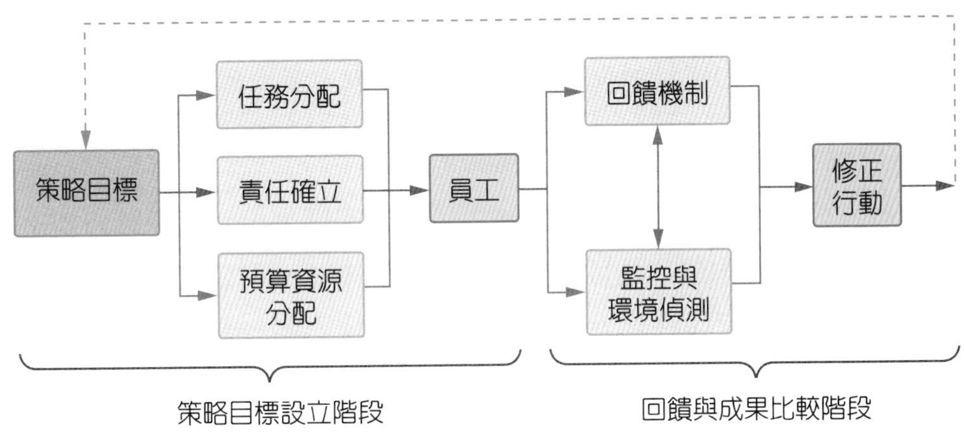

■ 圖7-14　策略控制程序

(二) 策略控制系統的目的

策略控制不只是目標的建立與衡量，更涉及到競爭優勢的建立與評估。對此，林宏遠（2005）也引用Goold（1991）的論述，指出策略控制系統的目的有：

1. 定義何謂好的策略績效。
2. 平衡預算控制或營運控制的影響。
3. 激勵經理人執行策略。
4. 提早辨別出需要調整的策略。

二、策略控制的建立

策略控制會隨著策略執行的時間推移而轉變。因為從策略的開始，與實施到最後預期結果的達成之間，公司的內外部環境均有可能產生新的發展或改變，這將導致策略控制必需調整行動和方向，以作為因應。基本的策略控制型態可分以下四種：

(一) 策略前提控制（Premise Control）

在策略的規劃與執行時，每一個策略都基於一定的規劃前提或預測。前提控制的目的是持續且有系統地檢查這些策略是否一直有效。如果發現任何一個重要的前提不再有效，該策略就必須改變，而且越早進行調整與反映現實越好。環境因素與產業因素是前提控制的兩個最主要考量對象。

(二) 策略環境監控（Strategic Surveillance）

策略監控的目的是廣泛地觀察組織內、外部範圍裡，有可能影響到組織策略進行的事件。其基本想法是可以透過多重資訊來源，例如：報章雜誌、網路資訊、貿易會議、政府談話等，來發現一些重要但又無法意料的訊息。

(三) 特殊警示控制（Special Alert Control）

特殊警示控制是當一個組織發生立即的、不可預見的事件時，啓動對企業策略的嚴格且快速之重新評估。例如：發生競爭對手突然被外人收購的事件。企業也有必要成立危機小組來處理突發事件發生的初始回應。

(四) 策略實施控制（Implementation Control）

策略的實施可能會經過一系列的步驟、活動、投資和漫長時間。管理者往往必須調動資源、調整人力、以及執行特殊專案。策略實施控制就是依事件的開展進行，又可以分爲兩種：

1. **策略重點監控（Monitoring Strategic Thrusts）**：提供幫助管理者確定整體策略是否按原計劃進行的資訊。
2. **里程碑評核（Milestone Reviews）**：監控策略在不同的時間間隔，或里程碑上的進度。

在策略控制程序中，這四種控制類型的相互關係可如圖7-15所示，而其各自的類型特徵比較則整理如表7-9所示。

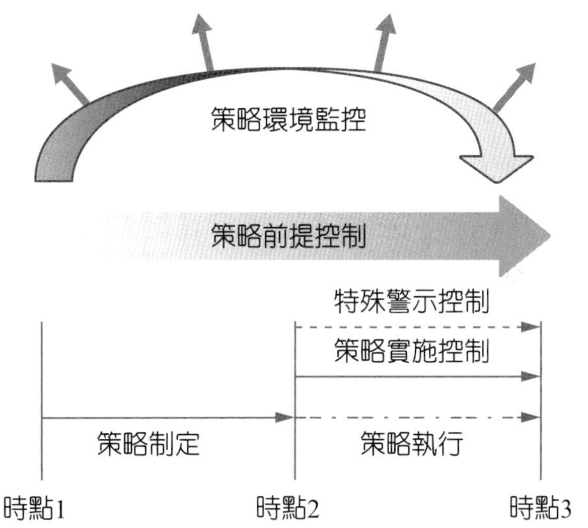

■ 圖7-15 策略控制程序中的四種類型

資料來源：Schreyögg & Steinmann（1987）與Pearce & Robinson（2011）

表7-9 策略控制程序中四種控制類型的比較

特徵＼類型	策略前提控制	策略環境監控	特殊警示控制	策略實施控制
控制標的	策略規劃的前提與專案	策略的潛在機會與威脅	識別可能事件的發生	關鍵策略重點與里程碑
聚焦程度	高	低	高	高

資料來源：Schreyögg & Steinmann（1987）與Pearce & Robinson（2011）

個案討論

全聯福利中心的成功策略

全聯福利中心（以下簡稱全聯）的前身是全聯社，更早之前則是軍公教福利中心，民國70、80年代只要具有公務員身分就能進場採買，因為不必繳稅、有政府補助，因此商品售價是市面上的7～8折。後來隨著便利商店如雨後春筍般興起、外商來臺投資百貨，以及量販店陸續加入戰場，全聯社平均單店每月營收由3,000萬元滑落到1,000萬元以下。全聯社因此轉讓經營權，於1998年改為民營化後成為今日的全聯。二十年後，全聯已是全臺灣最大連鎖超市霸主，不僅從當初的66家店，成長到2021年超越1,000家賣場，整體營收也由年營收127億元成長到逼近1,600億元歷史新高，超越頂好、家樂福，更在2021年1022日宣布收購大潤發，坐穩臺灣最大超市量販店通路的寶座。全聯的策略成功可以4P面向分析。

一、Price

低價可以說是全聯的核心價值，電視上也常常看到他們令人印象深刻的廣告：「便宜一樣有好貨」等廣告，堅持淨利只抓2%，售價要比別人便宜20%。結束全聯社的模式後，全聯福利中心必須開發票、繳5%的營業稅，如何壓低售價？

其實全聯有一套「寄銷模式」，一般來說，供應商將商品進入賣場時通常要先支付一筆「上架費」，而全聯的「寄銷模式」則是將這筆上架費直接作為商品的優惠價格，也因為是「寄銷」，全聯不必像一般的量販通路必須「進貨結帳」，而是「銷貨結帳」，一來有充足的周轉金可運用，二來也不必擔心庫存壓力。雙方節省這些額外的成本負擔，就可以轉換成優惠的價格給消費者了。快速展店達到經濟規模，進而增加與供應商的議價空間，降低貨品與管理費成本也是重要的策略。全聯一直開到250家才損益兩平，第300家店才開始賺錢。

高效率的管理系統也減低庫存，提高貨品週轉率，進而減低營運成本。全聯積極的使用最新的資訊系統，流程電腦化朝著簡單化、便利化，提供乾淨、舒適，美觀的賣場給消費者，且上架速度快，以滿足顧客多變且及時的需

求。在公司內部，公司與供應商，公司與客戶之間建構超強資訊網路，從賣場收銀系統開始到商品供配、財務會計、銷售管理，建立了一整套資訊網路，讓整體管理更有效率。

二、Product

全聯不斷的擴大商品組合，以乾貨起家，後來加入美妝，生鮮，有機概念進而加入都會即食品項。強調多樣化即食商品，同時提供用餐區及臺灣辦手禮區服務都會區消費者。於2015年Q4開幕的林口環球購物中心A8店也引進全聯i-mark，全聯正式進入百貨通路。其中涵蓋了大部份的世界性品牌及全國性品牌。再加上達到經濟規模後便利性的增加，成為全聯最大的競爭優勢。

三、Place

擴展版圖，深入社區經營，全聯據點深入社區，居民們能騎腳踏車、摩托車就能到達，不像量販店通常涵蓋4萬戶以上的家庭，就必須加入停車場的成本。全聯省下擁有停車位的建築或租金成本，也讓它有餘力逐步合併各地社區福利站。「全聯實在真便宜」宣傳廣告深植人心，婆婆媽媽們不再大老遠跑去郊區量販店就可以享受價格優惠，全聯鄉村包圍城市的展店策略發生綜效，在社區巷弄間開始發現全聯的蹤影。店址選擇避開租金昂貴的主要道路，多為馬路第二巷弄間，省去設置停車場的龐大地租成本，同時滿足臺灣各鄉鎮鄰里的需求，全聯透過實體店鋪正直接觸到消費者，創造實際交易的機會點。

四、Promotion

全聯整合性行銷溝通的策略，透過廣告傳達企業理念，使競爭者與消費者生關注和討論。全聯採用循序漸進的電視廣告，分階段地將企業核心價值深植消費者心中，一開始以獨樹一格的「價格」主張面對消費者，告訴消費者的訊息是「實在真便宜」切入低價訴求，一系列幽默詼諧的廣告，除了成功打響品牌知名度外，經由廣告效應引起廣泛討論，成功吸引消費者目光。至今主要鞏固消費者對全聯福利中心的好感度，從實在真便宜轉型到買進美好生活傳達「價值」訴求，因應家庭結構及經濟環境變化，鎖定的行銷客群年齡層也逐漸下降。主要要傳達的訊息是「價值取向，走向美好的生活」。

過去全聯店，年輕顧客比較少轉型的過程中最重要的是，「年輕人走進來了」因此全聯除了改變廣告形象之外，從產品包裝上特別是生鮮食品，也盡量符合小家庭、年輕人的需求。2017年起，全聯更砸下重金，邀請日本知名超市設計師西川隆合作，著重內部裝潢及照明設計，推出「新型店」，更瞄準都會區展出小型店，強打生鮮、烘焙或是熟食料理，提供小家庭或單身族有更多商品選擇。

近來，全聯更加入AJS全日本超級市場協會會員，品牌正式由價格走向價值取向。近來，全聯面臨了M型社會衝擊帶來消費兩極化，重塑品牌定位，走向品牌轉型之路臺灣超市未來更趨向多元發展，2015年Q4全聯收購了善於進口、國際採購力強的松青，資源盤整後除了現有i-mark店型外，可能藉由已在百貨公司設點的松青門市，一舉打入百貨通路。近年亦積極拓展新型態店型，強調服務價值導向對於品牌轉型的長期佈局來看，這將是一段正向的必經之路。

補充說明：
111/07/15　全聯宣佈正式併購大潤發

參考資料：
1. 全聯傳奇！零售門外漢林敏雄如何成功變身臺灣連鎖超市新霸主？葉佳華撰，2018/12/28。
2. 經理人雜誌，這些年，全聯如何變身零售巨頭？3個關鍵策略，缺一不可！2016/03/16。
3. 全聯福利中心維基百科。

問題討論

1. 你認爲全聯過去的成功策略可以一直延續使用嗎？
2. 面對景氣趨緩的市場，你認爲全聯未來的走向爲何？
3. 面對眾多的競爭者，你認爲全聯該怎麼做？

討論引導

1. 全聯低價策略，區隔出一個「超市規模、量販價格」的市場定位，透過鄉村包圍城市策略成功打入市場。透過自曝其短的方式，強調企業以簡樸實在的樣貌接觸消費者，表達出省下華麗裝潢及宣傳成本，回饋給消費者的經營概念，而非單一思維的傳遞低價促銷訊息，成功的將其劣勢轉換為優勢，而造就了成功。但企業的經營環境會變，昨日可以帶來成功的策略，可能今日反而變成失敗的造因。所以成功的策略是需要時時檢視修訂，必須能夠回應外在環境的變化才行。
2. 要跳脫一切聚焦「紅海策略」的思維，轉為著重創新與開創新市場的「藍海策略」思維。
3. 全聯在過去的發展過程中，企業核心價值是「低價策略」，成功地打敗競爭對手，並大舉併購強化市場佔有率，提升規模經濟。許多量販店與便利商店的競爭對手也因此模仿轉型，電子商務的興起更造成極大的挑戰。全聯從「實在真便宜」轉型到「買進美好生活」傳達「價值」訴求，應維持創新精神、增加異業聯盟、多角化經營、國際運籌的策略，並注意社會家庭結構及經濟環境變化鎖定行銷新的客群，提供多元服務，創造更高價值。重新找到一個新的起點，繼續新的增長。

自我評量

一、是非題

1. (　　) 策略管理包括策略規劃和策略思維的相關概念。策略規劃是分析性的，指的是以數據和分析作爲策略思想的建立過程。

2. (　　) 爲了產生或保有競爭優勢，企業必須產生與競爭者相同的價值，方能取得競爭優勢，而確保企業永續經營。

3. (　　) 策略思維包括爲一個組織尋找和開發策略遠見的能力，通過探索組織所有可能的未來，並且能挑戰傳統思維，以促成最後的決策。

4. (　　) 一個有利可圖的市場，就有機會吸引新的競爭者進入。新的競爭者可能是產品擴張者或市場擴張者，也可能是擁有特殊能力或資產者。

5. (　　) 在SWOT分析中，劣勢＋機會（WO：Min-Max）策略是企業面臨的最嚴峻挑戰，如果處理不當，後果堪慮，故此時的策略是將組織的內部劣勢，和所面對的外部威脅產生的危害降至最低。

6. (　　) 多角化策略係在現有產品與市場的組合基礎下，藉由促銷或是提升服務品質等等方式來說服消費者增加購買量。

7. (　　) 聚焦策略的主要思維是將資源集中在一個特定或狹小區域，再在該區域內實現無論是成本優勢或差異化策略。

8. (　　) 生命週期中的成熟期之研發策略是企業應及時做出開發新產品或服務的策略，有計劃地以新代舊；或者做出退出市場（進入新市場）的決策。

9. (　　) 策略創新（Strategic Innovation）則是一個用以優化企業的創新組合，在於幫助組織獲得持續競爭優勢和轉型成長的系統方法。

10. (　　) 「控制」是管理程序的最後一個功能，完善的管理活動，最後一定要有控制把關。它能監督整個計畫的進行，藉此矯正過程中的重大偏差，確保如期如質完成。

二、選擇題

1. (　) 企業經營策略類型不包含下列哪一種？ (A)前瞻型策略 (B)防禦型策略 (C)攻擊型策略 (D)反應型策略。

2. (　) 五力分析模型在於確定與一個企業競爭的五種主要來源，但不包含下列哪一種？ (A)供應商的議價能力 (B)購買者的議價能力 (C)潛在競爭者進入的能力 (D)產業內同業競爭者過去的競爭能力。

3. (　) PEST分析是一個企業對會影響其活動和績效的外部環境因素分析，但不包含下列哪一種？ (A)通路（Place） (B)經濟（Economic） (C)社會（Social） (D)技術（Technological）。

4. (　) 下列敘述何者有誤？ (A)老狗類的事業或產品宜採對策是撤資策略 (B)問號類的事業或產品宜採對策是撤資策略 (C)明星類的事業或產品當市場成長放緩，如果市場佔有率仍高，會轉爲金牛類持續獲取利益 (D)對金牛類而言要採取收成策略，盡可能的去賺取現金。

5. (　) 在SWOT分析中，須盡量發揮與利用的策略是下列哪一種？ (A)SO策略 (B)WO策略 (C)ST策略 (D)WT策略。

6. (　) 企業在舊有產品與舊有市場的情況下，最好採取 (A)市場滲透策略 (B)市場開發策略 (C)產品開發策略 (D)多角化策略。

7. (　) 企業須能提供優於競爭對手的產品或服務，能讓客户感知其更好或不同的價值獨特性，並能讓這種產品獨特性的增值，轉爲超過支付額外費用的更高售價的是： (A)成本領先策略 (B)差異化策略 (C)聚焦策略 (D)低成本聚焦策略。

8. (　) 決定如何引起消費者對產品或服務的興趣，刺激其購買慾望的策略是： (A)產品策略 (B)價格策略 (C)通路策略 (D)促銷策略。

9. (　) 當企業缺乏研發能量時，改以合作或購買技術專利的方式，利用他人的研發成果來開發新產品或服務。這是研發策略中的 (A)進攻型策略 (B)防禦型策略 (C)引進型策略 (D)部分市場策略。

10. (　) 當一個組織發生立即的、不可預見的事件時，啓動對企業策略的嚴格和快速的重新評估的控制型態是下列哪一種？ (A)策略前提控制 (B)策略環境監控 (C)特殊警示控制 (D)策略實施控制。

三、問答題

1. 何謂策略管理？其行動和目標爲何？
2. 請以圖示說明策略管理的程序架構。
3. 何謂PESTEL分析模型。
4. 何謂SWOT分析？試以圖示說明SWOT分析矩陣。
5. 何謂成本領先策略？

參考文獻

1. 中山大學企業管理學系（2014），管理學：整合觀點與創新思維，新北市：前程文化。
2. 惠鈴（2013），中霸天推手　改造百年老醫院，天下雜誌535期，2022.8.03擷取自http://www.cw.com.tw/article/article.action?id=5053747。
3. 魏艷艷編（2013），全新思維：決勝未來的6大能力，杭州：浙江人民。
4. 正保會計網校（2011），小企業的創立方式及其優缺點，2022年8月3日，擷取自：http://www.chinaacc.com/new/635_647_201103/23le610858332.shtml。
5. 方世杰、蔡敦浩、蔡志豪（2012），策略管理，二版，台中市：滄海。
6. 方至民（2014），策略管理概論，新北市：前程文化出版。
7. 方至民（2015），策略管理：建立企業永續競爭力4/e，新北市：前程文化。
8. 方至民（2015），策略管理-建立企業永續競爭力，新北市：前程文化。
9. 方至民（2000），企業競爭優勢，新北市：前程文化。
10. 方至民、李世珍（2013），管理學：內化與實踐：新北市：前程文化。
11. 方至民、鍾憲喘（2006），策略管理．新北市：前程文化。
12. 什麼是ERP系統http://tw.digiwin.biz/serviceListDetail_5660.html。
13. 司徒達賢（2006），策略管理：長期的觀念工程，PChome電子報，2006.02.22擷取自http://epaper.pchome.com.tw/archive/last.htm?s_date=old&s_dir=20060222&s_code=0609&s_cat=#。
14. 司徒達賢（2010），「擁抱策略，管理未來」，司徒達賢教授論壇，2006.02.22擷取自http://prof-seetoo.blogspot.tw/2010/12/blog-post_6600.html。
15. 司徒達賢（1995），策略管理，台北市：遠流出版公司。
16. 行政院經濟建設委員會（2022），產業政策，擷取自http://www.cepd.gpv/tw。
17. 李友錚（2011），作業管理：新北市：前程文化。
18. 李明譯（2003），執行力：沒有執行力．哪有競爭力，台北市：天下文化/遠見雜誌。
19. 李明軒、邱如美譯（1999），競爭優勢（上）、（下），台北市：天下文化。
20. 李旭華（2013），作業管理，台中市：滄海書局。
21. 李鈞、李文明（2012），生產作業管理，台北市：普林斯頓。

22. 李健興（2001），建構資訊科技策略決策支援系統之研究，成功大學/管理學院/工業管理科學系，碩士論文。

23. 李勝雄（2003），經營策略、執行力與平衡計分卡導向經營績效之研究，以橡膠產業爲例，義守大學管理科學研究所，碩士論文。

24. 劉致昕（2015），從冰品的門外漢到年銷百萬支冰棒：堅持共好，才走得遠，2016.04.08擷取自http://www.seinsights.asia/story/2807/5/2818。

25. 吳秉恩，黃良志，黃家齊，溫金豐、廖文志、韓志翔（2020），人力資源管理基礎與應用，台北市：華泰。

26. 吳尙儒（2012），企業環境策略管理之整合競爭力分析探討，國立中山大學國際經營管理碩士學程，碩士論文。

27. 吳思華（2000），策略九說（新版），台北市：臉譜。

28. 吳思華（2011），策略創新企業成長的核心，天下雜誌337期，2011.04.19 擷取自https://www.cw.com.tw/article/5010174。

29. 吳菁芳、李誠（2003），企業文化的塑造－以C公司爲例，第九屆企業人力資源管理實務專題研究成果發表會，中央大學，擷取自 http://hr.mgt.ncu.edu.tw/conferences/09th_/2-1.pdf。

30. 吳淑華譯（2010），企業概論（7e），台北市：華泰文化。

31. 何應欽譯（2021），作業管理（8e），台北市：華泰文化。

32. 林金榜譯（2003），策略巡禮，台北市：商周出版。

33. 林宏遠（2005），以平衡計分卡作爲策略控制系統之探討—多重個案研究，東吳大學企業管 學系碩士班，碩士論文。

34. 林東清（2018），資訊管理e化企業的核心競爭能力，台北市：元照出版。

35. 林彥彤（2016），連2年食安問題居冠，消基會提3大解決辦法：自由時報，台北報導。擷取自：http://news.ltn.com.tw/news/life/breakingnews/1579088。

36. 林建煌（2013），企業概論，台北市：華泰文化。

37. 林建煌（2014），策略管理（4版），台北市：華泰文化。

38. 林清河（2006），「專題報導－管理與生活，策略管理」，科學發展，399，12-19。

39. 林憲政、黃宗賢、洪三和（2009），公立醫院員工對醫院經營策略與績效評估指標認知之研究，第六屆企業經營管理研討會，P1~17。

40. 林薏茹（2016），馬來西亞投資商吞下茂矽私募，取得49%股權成最大股東，科技新報，2016.06.01擷取自 http://technews.tw/2016/02/04/mosel-and-singularity-ventures-sdn-bhd/。

41. 鄭逸寧（2011），物聯網技術大剖析，2016.08.01擷取自 https://www.ithome.com.tw/news/90461、 http://online.ithome.com.tw/itadm/article.php?c=71415&s=5。

42. 周瑛琪，顏炘怡（2012），人力資源管理－跨時代領航觀點（4e），台北市：全華。
43. 房晨陶、王拓軒（2003），企業執行能力的系統化保障。企業網景，2003.4.24擷取自http://www.cn21.com.cn/managetabloid/pager.php?id443。
44. 新聞鏡（The News Lens）關鍵評論（2013），食品安全誰把關？5大假造食品&10大黑心食品排行榜，2016.3.20擷取自 http://www.thenewslens.com/post/10158/。
45. 科技產業資訊室（2015），企業策略規劃標準流程與步驟，2015.10.01擷取自 http://iknow.stpi.narl.org.tw/post/Read.aspx?PostID=11621。
46. 科技產業資訊室（2013），再談策略規劃流程與核心思維，2013.1.15擷取自 http://iknow.stpi.narl.org.tw/Post/Read.aspx?PostID=7734。
47. 風傳媒（2016），「豬碰上風也許會飛，但是風過去後，摔死的還是豬」小米盛極而衰的下坡路，2016.5.8擷取自http://www.storm.mg/article/115440。
48. 洪順慶（2003），《行銷學》，台北：福懋出版社。
49. 高振誠（2015），茂矽-先瘦身、再增肥，ETtoday新聞雲，2016.8.01擷取自 https://finance.ettoday.net/news/481922。
50. 高登第、李明軒譯（2010），競爭論，台北市：天下文化。
51. 翁望回、蔡馥陞、張雍昇（2010），策略管理與競爭優勢，台北市：華泰文化。
52. 趙義隆、黃深勳、耿慶瑞、蔡明達、江啓先（2004），《行銷概論》，台北：國立空中大學。
53. 張百棧（2006），生產與作業管理，台北市：三民書局。
54. 張哲郎（2007），研發管理的經驗分享（上），擷取自 http://www.dachan.com/uploaded/64.pdf。
55. 張國雄（2018），行銷管理-創新與挑戰，台北：雙葉。
56. 張緯良（2015），企業概論：掌握本質創造優勢6/e：新北市：前程文化出版。
57. 張瀞文（2016），一家彰化醫院　如何影響中國13億人，商業周刊第1480期，2016.3.24擷取自 http://www.businessweekly.com.tw/KArticle.aspx?ID=61127&path=e。
58. 曾如瑩（2016），從一盤炒蛋的服務：看早午餐大戰，商業週刊第1491期，2016.06.17擷取自 http://www.businessweekly.com.tw/KWebArticle.aspx?ID=61865&pnumber=1。
59. 國發會產業發展處（2015），特別報導：Feature－打造臺灣的矽谷創業模式構築青年的創業圓夢基地：台灣經濟論衡，13，3。
60. 莊立民（2011），策略管理（第十二版），台北市：全華圖書。
61. 郭芝榕（2015），「馬雲：我爲什麼能夠走到今天，7大關鍵支撐！」。數位時代，2016.6.01擷取自http://www.bnext.com.tw/article/view/id/35529。
62. 陳瑋玲（2009），企業概論，台北市：台灣培生教育出版。

63. 陳瑞順（2021），資訊管理概論（3e），台北市：全華圖書。
64. 榮泰生（2006），善用五大工具，解決策略難題，2009.8.31擷取自 http://daidaibaby.pixnet.net/blog/post/27792351。
65. 趨勢科技全球技術支援與研發中心（2022），十大知名勒索軟體，2022.8.01擷取自http://blog.trendmicro.com.tw/?cat=2266。
66. 方世榮譯（1996），行銷管理學，台北市：東華書局。
67. 張振明譯（2004），《行銷是什麼？》，台北市：商周。
68. 華文企管網（2021），策略創新的五大觀念，華文企管網，2022.8.01擷取自 http://www.chinamgt.com/article.php?id=839。
69. 湯明哲（2022），執行力---填補管理最大的黑洞，名人說書，2022.8.01擷取自 https://www.books.com.tw/activity/business/note1.htm。
70. 湯明哲（2003），策略精論：基礎篇，台北市：天下遠見。
71. 網智數位（2014），雲端運算定義與範疇，2016.8.01擷取自 http://www.netqna.com/2014/04/define-cloud.html。
72. 經濟部智慧財產局（2022），現行著作權相關法規，2022.8.01擷取自 https://topic.tipo.gov.tw/copyright-tw/lp-441-301.html。
73. 黃靖萱（2015），最新「企業家最佩服的企業家」調查出爐！天下雜誌，第200810期2015.10.29擷取自 http://dgnet.com.tw/articleview.php?article_id=3255&issue_id=639。
74. 黃營杉譯（2000），策略管理，台北市：華泰文化。
75. 黃鴻程（2006），服務業經營，台中市：滄海。
76. 楊國樑、劉瀚榆（2005），知識經濟理論與實證，台北市：五南。
77. 葉榮義（2006），轉型策略、執行力與經營績效之研究—以石化業爲例，國立中山大學人力資源管理研究所，碩士論文。
78. 中華民國連鎖店協會（1996）。1995中華民國連鎖店發展年鑑之美髮美容業歷史回顧。台北市：中華民國連鎖店協會。
79. 榮秦生（1997），策略管理學，四版，台北市：華泰文化。
80. 科技產業資訊室（2006），談BCG「Growth-Share Matrix」成長佔有率矩陣，2016.8.01擷取自https://iknow.stpi.narl.org.tw/Post/Read.aspx?PostID=2957。
81. 劉亦欣（2020），行銷管理：實務與應用，六版，台北市：新文京。
82. 黃啓程（2021），運用BCG矩陣分析食品檢測市場定位，台灣商品檢測驗證中心季刊，126（April），83-89。
83. 鄭佳鳳（2005），企業策略創新與持續性競爭優勢之研究：以Dell公司爲例，東吳大學商學院企業管理學系碩士班，碩士論文。
84. 鄭紹成（2011），企業管理：全球導向的運作，三版，新北市：前程文化。
85. 鄭華清（2011），企業概論，二版，新北市：新文京。

86. 鐘惠玲（2016），茂矽私募-大馬廠商入股，2022.8.03擷取自 https://paper.udn.com/udnpaper/PID0014/292785/web/。

87. 蘇鈺閔（2009），應用TRIZ理論建構企業經營管理之矛盾矩陣與策略創新法則，朝陽科技大學工業工程與管理系碩士班，碩士論文。

88. 日經設計，非買不可！IKEA的設計，天下文化出版，2017。

89. 行李輸送帶解決大量行李搬運問題，圖片來源：http://www.rolconrollers.com/industries/airport-conveyor-rollers.aspx。

90. 最高階層觀點，圖片來源：http://blog.boardsync.com/2016/01/26/four-tips-making-presence-felt-meetings/。

91. 家具霸主IKEA低價又高品質的秘密，資料來源：Tech Orange科技報橘，2017。

92. Amazon行銷通路拓展到消費者家中，圖片來源：Amazon官網。

93. Amazon透過Button Echo創新科技裝置行銷，資料來源：市場行銷實務250講，林文恭、俞秀美撰，碁峯出版社，2020。

94. 行銷4P，資料來源：「市場行銷實務250講」林文恭、俞秀美撰，碁峯出版社，2020。

95. 大數據行銷，謝婕如、王維汝撰，輔仁品服飾行銷，2021。

96. 40人的服務團隊，兩年竟然零離職！遵循這五個要點，你也能有效提升企業留才率，極限人生企管顧問，高啓賢撰，2021。

97. 111人力銀行官網。

98. LinekdeIn個人首頁，資料來源：LinekdeIn官網。

99. 104人力銀行履歷表填寫功能，資料來源：104人力銀行官網。

100. 履歷表範本，資料來源：1111人力銀行官網。

101. 數位學院網站，資料來源：http://weboffice.vnu.edu.tw/ilearn/。

102. 模擬飛行系統圖，資料來源：http://www.atsm.vnu.edu.tw/P5?s=191。

103. 模擬機艙，資料來源：http://www.atsm.vnu.edu.tw/P5?s=53。

104. 台積電的薪酬制度，資料來源：台積電官網。

105. 台積電的福利措施，資料來源：台積電官網。

106. 台積電便利環境，資料來源：台積電官網。

107. 台灣最缺這三類人才外商人資公司總座分析背後原因，葉卉軒撰，經濟日報，2021。

108. 吃日本料理　了解基礎財報知識，資料來源：商周百大顧問團，幣圖誌圖書館撰，2013。

109. 揭密！麥當勞不靠漢堡賺錢　靠這個…，資料來源：中時新聞網，陳舒秦撰，2018。

110. 「不在意營收」的CEO，卻讓星巴克營收152億，資料來源：創新拿鐵，肇恩撰，2017。

111. 一根紅色迴紋針（One Red Paperclip），資料來源：
http://oneredpaperclip.blogspot.tw/。

112. PChome Online網路家庭的B2C網站－PChome線上購物，資料來源：PChome線上購物官網。

113. 中鋼的B2B電子商務網站，圖片來源：中鋼公司官網。

114. YAHOO！奇摩拍賣C2C電子商務網站，資料來源：Yahoo！奇摩拍賣官網。

115. ihergo愛合購－社區合購網－C2B電子商務網站，資料來源：ihergo官網。

116. PChome商店街－B2B2C電子商務網站，資料來源：PChome商店街官網。

117. 17life團購網－O2O電子商務，資料來源：17life官網。

118. Dell電腦提供客製化，資料來源：Dell官網。

119. Amazon網站使用個人化技術，圖片來源：Amazon官網。

120. 勒索病毒發出的警告，資料來源：
http://www.bleepingcomputer.com/forums/t/574686/torrentlocker-changes-its-name-to-crypt0l0cker-and-bypasses-us-computers/。

121. 勒索病毒要求付款取得解碼程式，資料來源：
http://www.bleepingcomputer.com/forums/t/574686/torrentlocker-changes-its-name-to-crypt0l0cker-and-bypasses-us-computers/。

122. SAMPO智慧冰箱，資料來源：http://www.sampo.com.tw/pdetail.aspx?pd=348。

123. 電商亞馬遜（Amazon）展示自家開發的送貨無人機，資料來源：
https://www.bnext.com.tw/article/53543/amazon-shows-off-delivery-drone。

124. ATM提款機，資料來源：
https://www.flickr.com/photos/76657755@N04/8125994718。

125. 企業存活的利器─策略管理，資料來源：(1)2018中小企業白皮書，經濟部中小企業處編印，2018。(2)2021中小企業白皮書，經濟部中小企業處編印，2021。

126. 策略控制程序中的四種類型，資料來源：Schreyögg & Steinmann（1987）與Pearce & Robinson（2011）。

127. 策略控制程序中四種控制類型的比較，資料來源：Schreyögg & Steinmann（1987）與Pearce & Robinson（2011）。

128. 全聯福利中心的成功策略，參考資料：(1)全聯傳奇！零售門外漢林敏雄如何成功變身臺灣連鎖超市新霸主？葉佳華撰，2018/12/28。(2)經理人雜誌，這些年，全聯如何變身零售巨頭？3個關鍵策略，缺一不可！2016/03/16。(3)全聯福利中心維基百科。

129. iThome（2009），用策略創新提升企業競爭力，2022.08.03擷取自
http://www.ithome.com.tw/node/58741。

130. Laudon, K.C. & Laudon, J.P. (2010), 周宣光譯，管理資訊系統-管理數位化公司，11版，台北市：台灣培生教育出版（Pearson）。

131. Archie, B.C. (1991), The Pyramid of Corporate Social Responsibility: Toward the Moral Management of Organizational Stakeholders, Business Horizons, 34(4), 39-48.

132. Barry, R., & Jay, H. (2005), Operations Management (8th Edition), New Jersey: Prentice Hall.

133. Dave, K., & Jeremy, S., (2022). Strategic Management: Evaluation and Execution (v.1.0), August 3, 2022, retrieved from: http://2012books.lardbucket.org/pdfs/strategic-management-evaluation-and-execution.pdf.

134. Drucker, P.F. (1985), Innovation and entrepreneurship: Practive and Principles, New York: Harper & Row.

135. Strategic Management Insight,Strategic Tools and Management, August 3, 2022, retrieved from: https://www.strategicmanagementinsight.com/tools.html.

136. Goold, M. (1991), Strategic Control in the Decentralized Firm,Sloan Management Review, 1991, 2 (2), 69-82.

137. Gray, D. (2012), A Framework for Human Resource Management, New Yorkl: Pearson.

138. Hendricks, D. (2022), How to Take Your Company Global, August 3, 2022, retrieved from:
https://www.startupgrind.com/blog/how-to-take-your-company-global-in-7-steps/.

139. Heinz, W. (1982), The TOWS Matrix a Tool for Situational Analysis, Long Range Planning, 15 (2), 1982, 54-66.

140. Harrison, E.F. (1991), Strategic Control at the CEO Level, Long Range Planning, 24 (6), 78-88.

141. Streeten, P. (2001). Globalisation: Threat or opportunity? Copenhagen: Copenhagen Business School Press.

142. Pearce, J.A., & Richard, B.R. (2011), Jr., Strategic Management: Formulation, Implementation, and Control, New York: McGraw-Hill/Irwin.

143. Sahay, A. (2019). Strategic thinking: my encounter. Leadership, 10 (2). 120-129.

144. Liedtka, J.M. (1998), Linking strategic thinking with strategic planning, Strategy & Leadership; Chicago, 26 (4), 30-35.

145. Koontz, H. (1980), Management, New York: McGraw-Hill.

146. Raymond, E.M., Charles, C.S., & Alan, D.M. (1978), Organizational Strategy, Structure and Process, The Academy of Management Review, 3 (3), 546-562.

147. Nillpraphan, N. (2015), Strategic Planning, Innovation, and Firm Performance in Small and Medium Enterprise, Providence University, Master Thesis.

148. Porter, M.E. (1980), Competitive strategy techniques for analyzing industries and competitors, New York: Free Press.

149. Porter, M.E. (1985), Competitive advantage: creating and sustaining superior performance, New York: Free Press.

150. QuickMBA (2022), Porter's Generic Strategies, August 3, 2022, retrieved from: http://www.quickmba.com/strategy/generic.shtml.

151. 0Raymond, A.N., John, R.H., Barry, G., & Patrick, M.W. (2002), Human Resource, New York: McGraw-Hill.

152. Robert, M. (1995), Product Innovation Strategy Pure and Simple, New York: McGraw-Hill.

153. Schreyögg, G., & Steinmann, H. (1987), Strategic Control: A New Perspective, The Academy of Management Review, 12 (1), 91-104.

154. The Mind Tools Content Team (2022), Developing Your Strategy: Finding Your Path to Success, August 3, 2022, retrieved from: https://www.mindtools.com/pages/article/developing-strategy.htm.

155. Bossidy, L., & Charan, R. (2002). Execution, Crown Business.

156. Pearce, J.A., & Robinson, R.B. (2011). Strategic Management: Formulation, Implementation, andControl. New York: Mc Graw Hill/Irwin.

B

索引表

數字

360度績效評估（360-Degree Appraisal） 4-24

英文

B

B2B（企業對企業） 3-37
B2C（企業對消費者） 3-37
BCG矩陣 7-20
BCG矩陣圖 7-21

C

C2B（消費者對企業） 3-37
C2C（消費者對消費者） 3-37

P

PDCA管理循環 1-7

S

SWOT分析 3-15, 7-23
SWOT分析矩陣 7-24

V

VDSL（Very High Speed Digital Subscriber Line） 6-31

中文

一劃

一般性競爭策略（GenericCompetitive Strategy） 6-7
一階通路（One-Level Channel） 3-24
一對一行銷（One-To-One Marketing） 3-13

二劃

人力派遣 4-15
人力資源規劃 4-11
人力資源策略 7-38
人力資源管理（Human Resources Management） 1-11, 4-5
人力資源（Human Resources） 1-11
二階通路（Two-Level Channel） 3-24

三劃

工作分析（Job Analysis） 4-5
工作日誌法（Work Diary） 4-9
工作申請表（Job Application Form） 4-16
工作規範書（Job Specification） 4-6, 4-10
工作說明書（Job Description） 4-6, 4-10
工作說明單 2-24
工作輪調（Job Rotation） 4-21
大眾顧客化（Mass Customization） 3-13
大量生產（Mass Production） 2-20
三階通路（Three-Level Channel） 3-24
工程管理 2-5, 2-13
工業工程 2-19
口碑行銷（Word Of Mouth, WOM） 3-42
口試（Oral Examination） 4-17
三種一般性策略（Generic Competitive Strategies） 1-31

四劃

五力分析模型（Five Forces Model） 1-31

五力分析（Five Forces Model） 6-7
六力分析 7-11
公用雲（Public Cloud） 6-34
分析型策略（Analysis Strategy） 7-8
支援活動 6-9
比較法（Comparative Approach） 4-23
反應型策略（Reactor Strategy） 7-8
內隱知識（Tacit Knowledge） 6-16

五劃

用人（Staffing） 1-6, 1-15
平台即服務（Platform As A Service, PaaS） 6-33
主要活動 6-9
加值活動 6-9
生產／作業系統 1-9
生產排程 2-7
生產程序 2-7
生產策略 7-37
生產預測 2-7
生產與作業管理（Production and Operations Management） 1-9
生產管理 2-5
生產管理系統 2-5
生產績效管理 2-7
市場區隔（Market Segmentation） 3-11
市場開發策略（Market Development） 7-32
市場滲透策略（Market Penetration） 7-32
包裝（Packaging） 3-21
目標管理法（Management by Objectives, MBO） 4-24
外顯知識（Explicit Knowledge） 6-17
以需要為基礎的市場區隔化方法（Needs-Based Market Segmentation Approach） 3-14

六劃

成本領先（Cost Leadership）策略 7-35
成本管理 2-18
成本領導策略 6-9
成本優勢（Cost Advantage） 7-34
自有資本 5-4
多角化策略（Diversification） 7-33
老狗事業 3-18
交易處理系統（Transaction Processing System, TPS） 6-6
行政管理理論 1-23
行為管理理論 1-25
安索夫矩陣（Ansoff Matrix） 7-31
全球化競爭 1-38
行動（Action, A） 1-6
交替排序法（Alternative Ranking） 4-23
企業文化 1-35
企業內部網路（Intranet） 6-32
企業功能 1-9
企業式垂直行銷系統（Corporate VMS） 3-25
企業的創業模式 1-18, 1-19
企業流程 6-5
企業流程再造（Business Process Reengineering, BPR） 1-31
企業間網路（Extranet） 6-33
企業資源規劃（Enterprise Resource Planning, ERP） 6-11
企業經營組織 1-21
企業對企業對消費者模式（Business to Business to Consumer, (B2B2C） 6-22
企業對企業模式（Business to Business, B2B） 6-20
企業對消費者模式（Business to Consumer, B2C） 6-20
企業管理矩陣 1-8
企業管理（Business Management） 1-4, 1-8
企業價值分析 5-16
企業環境 1-35, 1-37
企業總體層級（Corporate Level） 7-29
企業總體層級策略 7-30
企業（Business） 1-4
劣勢（Weaknesses） 3-17
行銷人員（Marketer） 3-7

行銷組合 7-38
行銷通路（Marketing Channel） 3-23
行銷策略 7-38
有線電視纜線數據機（Cable Modem） 6-31
行銷管理（Marketing Management） 1-10
光纖（Optical Fiber） 6-31

七劃

防火牆（Firewall） 6-28
社交工程攻擊 6-25
私有雲（Private Cloud） 6-34
延伸產品（Augmented Product） 3-20
材料需求計劃（Material Requirement Planning, MRP） 6-11
即時管理系統（Just In Time） 2-26
技術攻擊 6-25
利基（Niche） 3-12
決策支援系統（Decision Support System, DSS） 6-6
批量或間斷式生產（Batch Process） 2-20
批發商（Wholesaler） 3-23
里程碑評核（Milestone Reviews） 7-50
批發（Wholesaling） 3-26
投資分析 2-6, 2-9
投資決策 5-18
利潤 5-13
防禦型策略（Defender Strategy） 7-8

八劃

金牛事業 3-18
拉式生產系統 2-27
固定成本（Fixed Costs） 3-29
物流 6-18
金流 6-18
明星事業 3-18
波特的通用策略 7-35
直接排序法（Simple Ranking） 4-23
事業單位層級（Business Level） 7-29
事業單位層級策略 7-33
事業策略單位（Strategic Business Unit, SBU） 7-33
社群雲（Community Cloud） 6-34
社群網站 4-14
非對稱式加密 6-28
非對稱式數位用戶迴路ADSL（Asymmetric Digital Subscriber Loop） 6-31
供應鏈管理SCM（Supply Chain Management） 6-13
物聯網（Internet Of Things, IOT） 6-40
阻斷服務（Denial Of Service, DoS 6-26
長鞭效應（Bullwhip Effect） 6-14
知識管理（Knowledge Management, KM） 6-16

九劃

活力曲線（Vitality Curve） 4-23
客戶關係管理（Customer Relationship Management, CRM） 6-15
研究發展管理（Research & Development Management） 1-12
研究（Research） 1-11
看板管理（Kanban） 2-25
契約式垂直行銷系統（Contractual VMS） 3-25
重要事件法（Critical Incidents） 4-24
查核（Check, C） 1-6
威脅（Threats） 3-17
封閉式系統（Closed System） 1-29
流動資金管理 5-19
品牌（Brand） 3-13
研發策略 7-39
負債管理 5-9
客製化（Customization） 6-19, 6-23
計劃（Plan, P） 1-6
品質規格 2-7
品質管制（Quality Control, QC） 2-7
品質管理 2-18
指導（Directing） 1-6, 1-15

面談（Interview） 4-17
促銷（Sales Promotion, SP） 3-41
風險 5-14
科學化管理 2-14
科學管理理論 1-22
前瞻型策略（Prospector Strategy） 7-8

十劃

個人化（Personalization） 6-19, 6-24
借入資本 5-5
員工推薦 4-12
員工甄選 4-15
員工績效評估 4-12
核心利益（Core Benefit） 3-20
庫存管制 2-7
特殊警示控制（Special Alert Control） 7-50
效益（Effectiveness） 1-6
財務策略 7-40
財務管理 5-4
效率（Efficiency） 1-6
差異化（Differentiation） 7-34
差異化（Differentiation）策略 6-9, 7-36
高階主管資訊系統（Executive Information System, EIS） 6-7
馬斯洛（Maslow） 3-4
消費者行為（Consumer Behavior） 3-4
消費者對企業模式（Consumer to Business, C2B） 6-21
消費者對消費者模式（Consumer to Consumer, C2C） 6-21
校園徵才 4-13

十一劃

基本產品（Basic Product） 3-20
通用策略（Porter's Generic Strategies） 7-35
推式生產系統（Push Type Production System） 2-27
偏好區隔（Preference Segment） 3-13
混合雲（Hybrid Cloud） 6-34
執行（Do, D） 1-6
部門功能層級（Functional Level） 7-29
部門功能層級策略 7-37
問卷法（Questionnaire） 4-7
現金流量表 5-6
控制（Controlling） 1-6, 1-15
商流 6-18
強迫分配法（Forced Distribution） 4-23
產品生命週期（Product Life Cycle, PLC） 3-32, 7-21
產品組合（Product Mix） 3-20
產品設計 2-6
產品開發策略（Product Development） 7-32
產品（Product） 3-19
專案生產（Project） 2-20
勒索軟體（Rasomware） 6-26
通路（Place） 3-23
區隔（Segment） 3-12
規劃（Planning） 1-6, 1-14
訪談法（Interview） 4-8
問題事業 3-18
基礎設施即服務（Infrastructure As A Service, IaaS） 6-33
組織結構（Organizational Structure） 1-20
組織環境理論 1-28
組織（Organizing） 1-6, 1-14
連續生產（Continuous Production） 2-21
軟體即服務（Software As A Service, SaaS） 6-33

十二劃

無人機（Uncrewed vehicle） 6-37
集中策略 6-9
菲力普・科特勒（Philip Kotler） 3-4
開放式系統（Open System） 1-29
發展（Development） 1-11
策略分析工具 7-11
策略性事業單位（Strategic Business Units, UBU） 3-17

策略的執行（Do） 7-42
策略的規劃（Plan） 7-42
策略的監核與行動（Check and Action） 7-42
策略前提控制（Premise Control） 7-50
策略思維（Strategic Thinking） 7-6
策略重點監控（Monitoring Strategic Thrusts） 7-50
策略執行（Strategic Executing） 7-45
策略控制程序 7-48
策略控制（Strategic Control） 7-48
期望產品（Expected Product） 3-20
策略規劃（Strategic Planning） 3-15, 7-5, 7-51
策略創新 7-10
策略實施控制（Implementation Control） 7-50
策略管理程序架構 7-10
策略管理（Strategic Management） 1-13, 7-6
策略選擇 7-24
策略環境監控（Strategic Surveillance） 7-50
策略（Strategy） 1-13, 7-4
惡意軟體 6-26
創新（Innovation） 7-42
雲端運算（Cloud Computing） 6-33
智慧財產權 6-29
無線區域網路Wi-Fi（Wireless Fidelity） 6-32

十三劃

零工生產（Job Shop） 2-20
電子商務（Electronic Commerce, EC） 3-36, 3-37, 6-17
資本重購 5-9
資本結構決策 5-9
當代管理理論 1-29
零件圖面分析 2-23
資金運用 5-8
資金調度 5-7
感知層（Device） 6-35
資訊 1-12
資訊安全 6-25
資訊系統（Information System, IS） 6-4
損益表 5-6
資訊流 6-18
資訊科技策略 7-41
資訊管理（Information Management, IM） 1-12, 6-4
資訊隱私權 6-30
零售生命週期（Retail Life Cycle） 3-26
資產負債表 5-6
零售商（Retailer） 3-23
資產結構 5-9
資產管理 5-9
零階通路（也稱為直效行銷通路） 3-24
資源需求計畫 2-7

十四劃

需求具有彈性（Elastic） 3-29
實作法（Work Method Analysis） 4-9
需求為無彈性（Inelastic） 3-29
福利（Benefit） 4-25
認知價值（Perceived Value） 3-29
圖表評等尺度法（Graphic Rating Scales） 4-22
管理十四原則 1-24
製造工程 2-19
管理五大功能（Five Functions of Management） 1-13, 1-16
管理式垂直行銷系統（Administered VMS） 3-25
管理的演進 1-21
管理科學理論 1-27
管理者的角色 1-32, 1-33
管理者（Manager） 1-5, 1-32
管理資訊系統（Management Information System, MIS） 6-6
製造資源規劃（Manufacturing Resource Planning, MRP II） 6-11

管理（Management） 1-4, 1-5, 16
製程技術 2-19
聚焦（Focus）策略 7-36
網路人力銀行 4-14
網路行銷（Network Marketing） 3-35
網路釣魚（Phishing） 6-25
網路層（Connect） 6-35
對稱式加密 6-28
網際網路（Internet） 6-30

十五劃

線上到線下（Online to Offline, O2O） 6-22
潛在產品（Potential Product） 3-21
廣告（Advertising） 4-12
價值分析 2-23
質能平衡分析（Material & Energy Balance） 2-23
價值網路（Value Network） 3-24
價值鏈分析 7-17
價值鏈分析圖 7-18
價值鏈（Value Chain） 6-7
價格（Price） 3-28
模擬訓練（Simulation Training） 4-21

十六劃

學生實習 4-13
學徒制（Apprenticeship） 4-20
戰略 7-5
融資決策 5-18
機會（Opportunities） 3-17

十七劃

應用層（Manage） 6-36
講授（Lectures） 4-20
優勢（Strengths） 3-17
薪酬（Compensation） 4-25

十八劃

藍牙（Bluetooth） 6-32
豐田式生產管理（Toyota Mangement） 2-25
職前訓練（Orientation Training） 4-18

十九劃

關係行銷（Relationship Management） 3-39

二十劃

議題行銷 3-41

二十一劃

顧客化行銷（Customized Marketing） 3-13
顧客關係管理（Customer Relationship Management, CRM） 3-40
顧客權益（Customer Equity） 3-39

二十二劃

權益管理 5-10

二十三劃

變動成本（Variable Cost） 3-29

二十五劃

觀察法（Observation） 4-8

N.O.T.E

國家圖書館出版品預行編目資料

經營管理概論/周勝武, 柯淑姮, 蔡秦興編著. -- 二版. -- 新北市 : 全華圖書股份有限公司, 2024.08

面； 公分

ISBN 978-626-328-313-8(平裝)

1.CST: 企業經營 2.CST: 企業管理

494 111014132

經營管理概論(第二版)

作者 / 周勝武、柯淑姮、蔡秦興

發行人 / 陳本源

執行編輯 / 古雅如

封面設計 / 盧怡瑄

出版者 / 全華圖書股份有限公司

郵政帳號 / 0100836-1 號

圖書編號 / 0823501

二版三刷 / 2024 年 08 月

定價 / 新台幣 440 元

ISBN / 978-626-328-313-8

全華圖書 / www.chwa.com.tw

全華網路書店 Open Tech / www.opentech.com.tw

若您對書籍內容、排版印刷有任何問題，歡迎來信指導 book@chwa.com.tw

臺北總公司(北區營業處)
地址：23671 新北市土城區忠義路 21 號
電話：(02) 2262-5666
傳真：(02) 6637-3695、6637-3696

南區營業處
地址：80769 高雄市三民區應安街 12 號
電話：(07) 381-1377
傳真：(07) 862-5562

中區營業處
地址：40256 臺中市南區樹義一巷 26 號
電話：(04) 2261-8485
傳真：(04) 3600-9806(高中職)
(04) 3601-8600(大專)

讀者回函卡

掃 QRcode 線上填寫 ▶▶▶

姓名：＿＿＿＿ 生日：西元＿＿年＿＿月＿＿日 性別：□男 □女

電話：（ ）＿＿＿＿ 手機：＿＿＿＿

e-mail：（必填）＿＿＿＿

註：數字零，請用 Φ 表示，數字 1 與英文 L 請另註明並書寫端正，謝謝。

通訊處：□□□□□＿＿＿＿

學歷：□高中・職 □專科 □大學 □碩士 □博士

職業：□工程師 □教師 □學生 □軍・公 □其他

學校／公司：＿＿＿＿ 科系／部門：＿＿＿＿

・需求書類：

□ A. 電子 □ B. 電機 □ C. 資訊 □ D. 機械 □ E. 汽車 □ F. 工管 □ G. 土木 □ H. 化工 □ I. 設計

□ J. 商管 □ K. 日文 □ L. 美容 □ M. 休閒 □ N. 餐飲 □ O. 其他

・本次購買圖書為：＿＿＿＿ 書號：＿＿＿＿

・您對本書的評價：

封面設計：□非常滿意 □滿意 □尚可 □需改善，請說明＿＿＿＿

內容表達：□非常滿意 □滿意 □尚可 □需改善，請說明＿＿＿＿

版面編排：□非常滿意 □滿意 □尚可 □需改善，請說明＿＿＿＿

印刷品質：□非常滿意 □滿意 □尚可 □需改善，請說明＿＿＿＿

書籍定價：□非常滿意 □滿意 □尚可 □需改善，請說明＿＿＿＿

整體評價：請說明＿＿＿＿

・您在何處購買本書？

□書局 □網路書店 □書展 □團購 □其他＿＿＿＿

・您購買本書的原因？（可複選）

□個人需要 □公司採購 □親友推薦 □老師指定用書 □其他＿＿＿＿

・您希望全華以何種方式提供出版訊息及特惠活動？

□電子報 □ DM □廣告（媒體名稱＿＿＿＿）

・您是否上過全華網路書店？（www.opentech.com.tw）

□是 □否 您的建議＿＿＿＿

・您希望全華出版哪方面書籍？＿＿＿＿

・您希望全華加強哪些服務？＿＿＿＿

感謝您提供寶貴意見，全華將秉持服務的熱忱，出版更多好書，以饗讀者。

填寫日期：　/　/

2020.09 修訂

親愛的讀者：

感謝您對全華圖書的支持與愛護，雖然我們很慎重的處理每一本書，但恐仍有疏漏之處，若您發現本書有任何錯誤，請填寫於勘誤表內寄回，我們將於再版時修正，您的批評與指教是我們進步的原動力，謝謝！

全華圖書　敬上

勘誤表

書號		書名		作者	
頁數	行數	錯誤或不當之詞句		建議修改之詞句	

我有話要說：（其它之批評與建議，如封面、編排、內容、印刷品質等・・・）